自动化机构设计工程师
速成宝典

 入门篇

柯武龙 编 著

机械工业出版社

"工作忙碌又急于'充电',渴望快速提升技能"是制造业技术群体和新入职场毕业生的痛点,本书从企业运作和实践出发,给读者提供"简单、速成、实用、提升"的"技术快餐",帮助读者迅速融入自动化行业和企业,从而更好更快地成长和提升。

入门篇主要包括职业规划之制造业技术路线、企业的产品制造过程、自动化工程师必修基本功、从业观念和学习方法等如何迅速成长为一名优秀自动化工程师的内容。

本书适合新入职的工科毕业生、企业一线技术员、技能人员,以及有志于从事自动化行业的社会青年等阅读。

图书在版编目(CIP)数据

自动化机构设计工程师速成宝典. 入门篇/柯武龙编著. —北京:机械工业出版社,2016.11(2024.5 重印)
ISBN 978-7-111-55284-0

Ⅰ.①自… Ⅱ.①柯… Ⅲ.①自动化-机构综合 Ⅳ.①TH112

中国版本图书馆 CIP 数据核字(2016)第 261909 号

机械工业出版社(北京市百万庄大街 22 号　邮政编码 100037)
策划编辑:何月秋　责任编辑:何月秋　雷云辉
责任校对:刘秀芝　封面设计:马精明
责任印制:刘　媛
涿州市京南印刷厂印刷
2024 年 5 月第 1 版第 11 次印刷
169mm×239mm・13.75 印张・264 千字
标准书号:ISBN 978-7-111-55284-0
定价:39.00 元

电话服务　　　　　　　　　网络服务
客服电话:010-88361066　　机 工 官 网:www.cmpbook.com
　　　　　010-88379833　　机 工 官 博:weibo.com/cmp1952
　　　　　010-68326294　　金 书 网:www.golden-book.com
封底无防伪标均为盗版　　　机工教育服务网:www.cmpedu.com

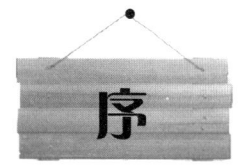

  2013年4月,德国在汉诺威工业博览会上首次提出"工业4.0"战略,其后迅速在全球引起研讨热潮。紧接着,美国发布了《加速美国先进制造业》,日本提出了《日本机器人新战略》,我国也发布了《中国制造2025》。一场全球性的工业变革正在酝酿,世界工业发展将逐步迈向以物联网、移动互联网、大数据、云计算等新兴技术为主要特征的新阶段。

  在这样的背景下,国内制造业迎来了特别的时代,国家发布智能制造发展战略,地方政府纷纷出台激励和补贴政策,企业也在积极推行自动化改造,"机器换人"正在许多企业如火如荼地开展。但是,我国的传统制造业比重较大,无论管理水平还是技术能力都有待提高,在推进自动化的过程中存在诸多困难、误区。例如,有的企业没有建立自动化技术和设备管理维护团队,就盲目导入自动化,结果发现设备很难开动起来;有的企业生产的产品附加价值低,或者生产要求并不严苛,用普通非标自动化设备即可完成生产,却非要去采购国外昂贵的高精尖设备;有些媒体对工业机器人的夸大宣传,导致部分企业片面地认为使用了工业机器人就等于自动化了……

  工业4.0愿景很美好但还很遥远,更像是一个概念性的事物。当前绝大部分企业应该从务实进取的角度出发,一方面紧跟制造业趋势,阶段性地规划和实施自动化技术改造,争取尽快全面实现工业3.0(自动化生产);另一方面要着力于多层次专业人才和技术团队建设,这是企业推行自动化以及升级智能制造水平的前提和根本。

  企业大量从业人员都是从企业内部成长起来的,机器换人的落地和推行,也必然会吸引其他行业或社会人员转行转岗于自动化。那么,要避免行业技术群体的良莠不齐,就必须依靠教育培训来加强员工的知识储备和能力。然而,我国在自动化机构设计方面起步较晚,市面上也很难找到一本接地气的实用培训教材;学校传统理论和企业应用之间出现了认知上的沟壑,学校培养的学生也很难在企业刚入职就可以上手——学校和企业之间需要一座连接的知识桥梁,而本书正是这样一本为入职者架起的一座迈入企业大门,顺利上岗工作的成功之桥。

本书编者结合多年企业的工作实践，为自动化机构设计人员编写了本书，作为高等院校机械或自动化相关专业学习的补充。本书具有非常强的针对性和实战性，也可作为企业员工或社会人员业余加强从业技能的"技术快餐"，帮助我们的行业新兵迅速融入企业，更好更快地在技术工作中成长和提升。

师傅领进门，修行在个人，在此，衷心希望本书把大家领入成功的大门。

重庆大学教授、博导、国家级突出贡献专家　刘飞

前言

在制造企业从事自动化技术及相关工作多年，本人一直想编写一套兼具理论和实战的培训教材，与自动化行业技术新兵（技术员、应届毕业生、初学者等）分享我在工厂自动化领域的一些见闻和感悟。拖了多年后，在机械工业出版社的鼓励和支持下，《自动化机构设计工程师速成宝典》（分入门篇和实战篇）终于得以出版。严格来说，本套书籍不属于传统的理论教材，更像是技术笔记或从业博文性质的文章合辑，具有以下三个特点：

1. 风格大众化。语言通俗易懂——口语化，论述避虚就实——轻量化，淡化理论知识的研讨和减少之乎者也的论调，如非必要的场合，也尽量回避晦涩的理论推导及公式计算。

2. 内容实战化。抓住制造业技术群体普遍"工作忙碌、渴望快速提升技能"的痛点，直接从企业运作和工作实践出发，从常见的自动化机构设计案例的立体图、流程图、方案做法等方面阐述自动化机构的设计制作，图文并茂，一目了然。

3. 技术社区支持。成立于2007年的自动化生产技术门户——柯工网站（www.18zke.com），目前聚拢了行业内数千名从业工程师和技术人员，也收录了大量实际工作中常见的项目案例（图样、方案和视频等），广大读者在工作和学习之余，可利用碎片化时间访问社区，与我们的技术同行进行各种学习交流。

由于自动化机构设计行当的非标性和实战性，学校专业课程和传统理论教材难以满足从业人员"简单、速成、实用"的潜在需求，因此作为"技术快餐"，本套书籍是一个极佳的补充！"入门篇"为行业新人介绍自动化职业应知必会的常识和基本观念，"实战篇"着重梳理机构设计相关的流程、方法、技巧和经验等，两者相辅相成，缺一不可，共同构成广大读者设计入门的速成宝典。特别适合工科机械设计及自动化类本科、专科或高职类毕业生、有志于转岗从事自动化工作的社会青年、企业从事自动化机构设计的初级技术人员等作为课余或业余的参考读物，可帮助读者快速掌握自动化机构设计的要点和技能。

在本书的编著过程中，本人参阅和借鉴了大量的工作和网络资料，由于素材缺乏版权或作者信息，未能一一列明出处，在此深表歉意；我们真诚恭候您的诉求和建议，并且将在修订版结合您的建议加以完善。

  本套书籍的编著和出版，离不开众多前辈和师友们多年来对本人的帮助和教诲，同时也得到了机械工业出版社的大力支持，在此一并表示感谢！

  鉴于笔者水平有限，书中错误在所难免，欢迎广大读者批评指正。

编 者

于东莞

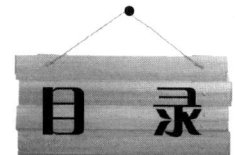

目 录

序
前言

第1章 职业规划之制造业技术路线 / 1
  1.1 企业的技术部门和职业介绍 / 1
    1.1.1 企业的技术部门组织架构 / 1
    1.1.2 企业常见的技术岗位 / 5
    1.1.3 自动化机构设计工程师的职业方向 / 7
  1.2 企业需要什么样的技术工程师 / 8
    1.2.1 自动化机构设计工程师的能力要求 / 8
    1.2.2 技术工程师的四大"非技术性特质" / 9
    1.2.3 企业的职业发展通道 / 11

第2章 企业的产品制造过程 / 15
  2.1 产品的生产过程 / 15
    2.1.1 产品的生产流程 / 15
    2.1.2 工程师的技术支持 / 16
  2.2 某款USB连接器的生产案例 / 17
    2.2.1 从元件到终端产品之旅 / 17
    2.2.2 生产线的非标自动化设备 / 21
  2.3 设备是为产品生产服务的 / 29
    2.3.1 企业自动化项目的实施 / 29
    2.3.2 企业对生产设备的隐性要求 / 32

第3章 自动化工程师必修基本功 / 35
  3.1 设计人员的应知必会 / 36
    3.1.1 产品方面 / 36
    3.1.2 工艺方面 / 55
    3.1.3 生产方面 / 58

VII

3.1.4 软件方面 / 66
    3.1.5 选型方面 / 66
    3.1.6 材料方面 / 72
    3.1.7 机构方面 / 92
    3.1.8 模具方面 / 102
    3.1.9 控制方面 / 130
  3.2 设计人员的"铁人五项" / 141
    3.2.1 模仿能力 / 144
    3.2.2 查阅能力 / 148
    3.2.3 动手能力 / 149
    3.2.4 分析能力 / 152
    3.2.5 沟通能力 / 155

第4章 从业观念和学习方法 / 158

  4.1 非标自动化设备的特性 / 158
    4.1.1 企业的设备要求 / 158
    4.1.2 设计工作的特点 / 168
  4.2 机构设计的学习策略 / 170
    4.2.1 以客户实际和需求为导向 / 170
    4.2.2 把握设备的发展趋势和重点 / 171
    4.2.3 熟悉机构设计的性能指标 / 176
  4.3 夹治具设计是入门钥匙 / 179
  4.4 标准机/件是最好的老师 / 186
    4.4.1 标准机/件应用广泛 / 186
    4.4.2 标准机/件的特点和意义 / 188
    4.4.3 标准机/件的选用依据 / 190
    4.4.4 标准机/件的选型≠选用 / 191
    4.4.5 标准机/件的选用案例 / 192
  4.5 观念左右优劣,细节决定成败 / 194
  4.6 学无止境,养成良好习惯 / 198
    4.6.1 资源泛滥是一个灾难 / 198
    4.6.2 从良好的习惯开始 / 200
  4.7 练好基本功,大胆向前冲 / 202
    4.7.1 练好基本功 / 202
    4.7.2 大胆向前冲 / 205

后记 / 208

第1章

职业规划之制造业技术路线

1.1 企业的技术部门和职业介绍

1.1.1 企业的技术部门组织架构

通常所说的制造业，是指对制造资源（物料、能源、设备、工具、资金、技术、信息和人力等），按照市场需求，通过制造过程，转化为可供人们使用和利用的大型工具、工业品与生活消费产品的行业。制造业包括产品制造、设计、原料采购、仓储运输、订单处理、批发经营、零售等环节。在政策导向和人口红利的推动下，在过去的数十年中，中国制造业获得了飞速的发展，对国民经济的持续增长提供了强有力的支持。

但由于制造业涉及行业过于宽泛庞杂，不便于专业技术论述，因此本书提到的制造业，特指东部沿海和中西部发达地区蓬勃发展的电子、家电、手机、玩具、五金、灯饰、日用品等轻工业。例如全球最大代工厂富士康，家喻户晓的格力、海尔、美的、TCL、华为等，都是此类制造业的知名代表企业。

制造业公司根据不同规模、运营策略、功能定位，会有不同的组织架构。例如有的公司在全世界范围有分公司和分厂，有的公司因产品类别多而分为多个事业部，有的公司推行各地子公司独立运营自负盈亏……总体而言，制造业公司或工厂的基本部门配置，是围绕其产品制造涉及的各个环节展开的，如图1-1所示。

要到制造业公司或工厂从事自动化机构设计的相关工作，首先需要熟悉该角色所在部门或所处地位。一般企业自动化部门的组织架构如图1-2所示。

自动化部门是制造工厂为了实施减员增效而设置的，其主要职能是为工厂产品生产提供自动化设备或工装夹治具。一般来说，机构组的项目工程师是项目的主导者，这个职位往往由设计工程师来兼任，负责资源统筹、工作协调、技术支持等工作。

此外，市场还有大量专门为制造业企业提供设备或工装夹治具的专业设备

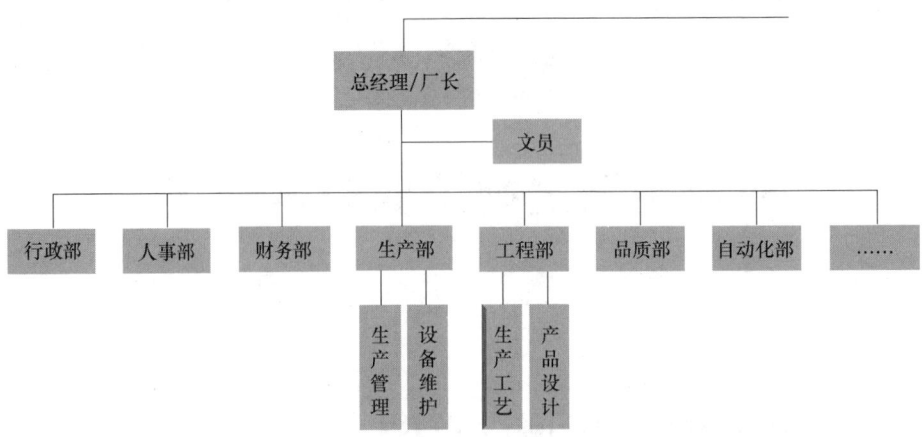

图 1-1 制造业公司或工厂的基本部门配置

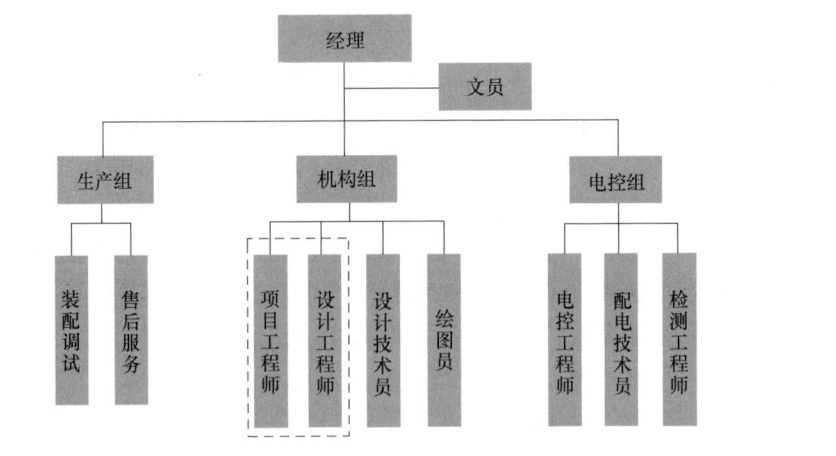

图 1-2 企业自动化部门的组织架构

公司,在职能架设和部门职能上,与企业内的自动化部门类似,如图 1-3 所示。

但两者有以下几个重要差别:

(1) **客户不一样** 自动化部门的客户是公司体系下的制造单位(如××事业部或制造部),只有极少数公司会赋予该部门对外营业的功能。而设备公司的客户则一般是其他公司。显然,服务于内部客户,必然受到特殊照顾和扶持,往往缺乏危机意识和服务精神;处于市场竞争环境中,则运营压力倍增,必须居安思危不容有失。

(2) **运作不一样** 自动化部门从业人员隶属公司体系,理论上讲和其他部门人员没有差异,工作上聚焦于为生产线提供各种设备和工装夹治具。就公司而言,重点其实是制造产品而不是制作设备,因此自动化部门的角色是很尴

第 1 章 职业规划之制造业技术路线

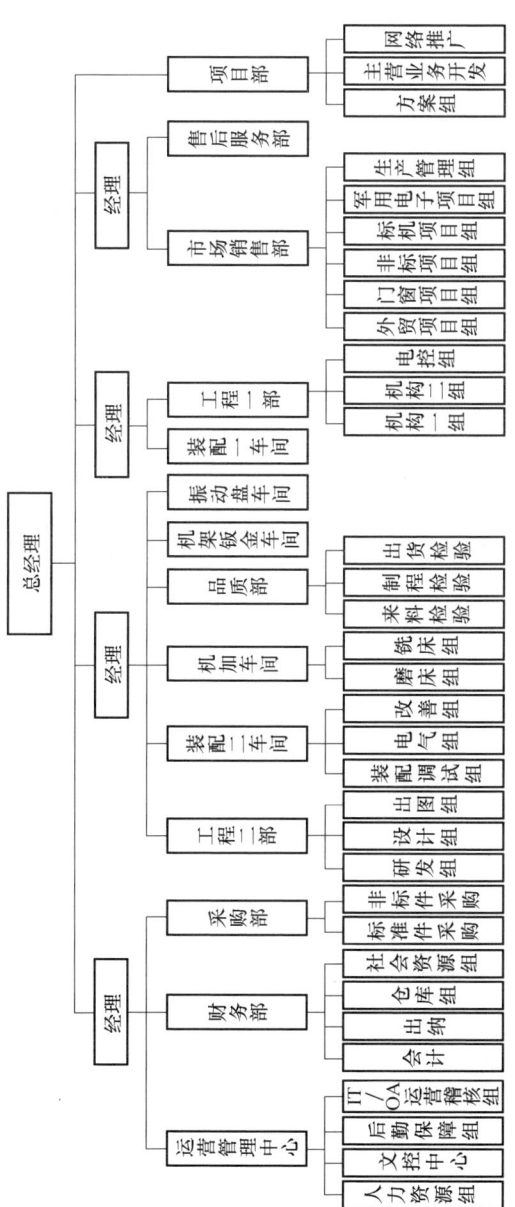

图 1-3 专业设备公司的组织架构

尬的，可以说非常重要但又不是不可取代，很多公司并没有成立单独的自动化部门，而是在工程部或生产部设立这样一个职能小组，或者干脆由一两个资深的自动化工程师坐镇，负责自动化的项目管理及与外部厂商的合作和管理。换言之，公司可以随时撤掉自动化部门，改由外部厂商提供配套设备来服务于生产。设备公司则独立运营，除了必备的专业技术团队外，在大框架下还会有人事、财务、采购、销售等配套部门。公司上下一致的目标是，为客户制作和提供符合他们需求的自动化设备和工装夹治具。

（3）绩效不一样　自动化部门更多定位于公司产品生产的服务部门，业务来自于其他部门的需求，大半是被动式接单，设备的交付倾向于流程化，也有很多商量的余地，几乎不会失败，即使失败也是公司埋单。设备公司则不然，作为一个经营主体，必须主动出击寻求订单，否则容易陷入"无米下锅"的窘境。即便项目运作过程不存在设备本身问题，从意向、方案到交机、验收过程，还是有很多不确定因素，很容易出现各种阻滞和障碍，乃至收不到尾款的事件比比皆是。

同样是做自动化设备，同样是做自动化机构设计，在产品制造企业内部的自动化部门，和在市场独立的专业设备公司，对个人技术发展的影响有很大差别。例如，长期在企业内部的自动化部门谋职，在专业认知上会有所欠缺；反之，一直在设备公司做事，对生产工艺的掌控会有所不足……各有利弊和互补之处。如果有机会有条件，最好能在这两种环境都有从业经历，这样可以使个人素质和能力更加全面和强大。

由于本书主要探讨自动化机构设计，凸显的是本职专业技术上的定位和深度，但又不能忽略和轻视客户端的应用和要求，不妨定义这样一个场景：假设我们是自动化机构设计工程师，在一家专业非标设备公司（××自动化设备有限公司）谋职，客户是类似富士康、美的、华为之类的制造业公司，我们设计和制作的设备最后交付到这些生产制造部门。

由于各企业文化、产品、制程、工艺、品质、现场等存在差异，我们设计和制作的设备需要符合各企业不同的要求，客观上存在一定的非标准（量身订制）特点，这样要做好满足客户期望的设备，一定少不了对非标客户端的熟悉了解。从某种意义上讲，要做好一个自动化机构设计工程师，合理的职业经历是：先到制造型企业从事产品制造的相关工作（如生产技术、设备管理、项目导入等），有了一定的生产实务经验后，再到专业设备公司做自动化机构的设计开发，这将对设备方案和细节的整体把握以及提升设计准确率会有实质性的帮助；如果一开始就跳过第一步，直接从事自动化机构设计工作，则很容易在做具体机构设计时打不开思路或陷入认识误区，出现各种没考虑到的问题、结论不合理、不符合客户要求之类的设计。

因此，作为一名优秀的机构设计工程师，有三个"必须"要贯彻，缺一不可。

1）必须十分熟悉我们的客户，上到文化、标准、制度，下到产品、工艺、生产等。

2）必须强化本职工作基本功，软件、选型、材料、机构、模具、控制等应知必会。

3）必须具备良好的服务意识、职业素养和行为操守等，仅有技术底子远远不够。

通俗地说，对于从事自动化机构设计工作的人而言，只谙熟第1）条还远远不够，只精通第2）条充其量是个功底深厚的"学生"，即便第1）、2）条兼修，也未必能让项目顺畅进展取得成功。以上三条，是我们的行业新人在以后漫长职业生涯中应贯彻始终的"从业信条"，也是从业多年的技术工程师在回顾经历普遍会有的感触和忠告。

本套书籍的论述，也是围绕这三条展开，其中《自动化机构设计工程师速成宝典 入门篇》侧重于第1）条和第3）条，从完善设计人员综合素质角度出发，介绍企业内部的运作、管理、应用等；而《自动化机构设计工程师速成宝典 实战篇》则聚焦于第2）条，围绕实战案例梳理自动化机构设计方法、依据、经验等，读者可根据自身实际情况进行选读。

1.1.2 企业常见的技术岗位

制造工厂有很多细分的技术职种，如产品设计、设备管理、生产技术、制造工艺、品质管理等，均是围绕产品生产各个环节所涉及的技术支持来设置的。一般工科毕业的学生，或者具备机构设计能力的技术人员，从事自动化机构设计工作并不是唯一选择，但却是一个进可攻退可守的工作，可以随时转行去做其他职位，因为几乎所有与技术相关的工作，都或多或少要求具有自动化相关的基础和认识。我们以企业推行和导入自动化项目为例，涉及技术支持的相关职位如下：

（1）自动化机构设计工程师 负责自动化设备整机方案、机构设计、指标确定、项目管理等工作，是一个设备制作团队的总工，很多时候也会兼做项目工程师。

（2）自动化电控工程师 是设备项目组成员之一，配合机构设计工程师做电控设计、布线布管、PLC 编程等工作，一般是先有机构后有电控，更多的是技术支持角色。

（3）生产技术/工艺/制造工程师 负责生产线的各种技术支持（往往不是设备本身）和协调，精通产品制造流程和工艺，清楚对应什么产品该怎么做，但对于自动化设备部分的钻研，大部分都很一般。有些公司的此类职位，直接由自动化机构设计工程师或有类似经验的人员来担当，则在推行自动化项目时，他们一般是当之无愧的主导者。

（4）**设备管理工程师** 一般不太精通设备机构设计，但熟悉设备的维护保养管理，包括操作控制，属于确保工厂设备正常运作、生产顺利进行的现场服务技术人员。

（5）**工业/精益生产工程师** 项目组成员，工作着重于工厂物流、车间布局、生产线平衡、工时测定方面。

（6）**其他相关岗位** 产品设计工程师、模具工程师、品质工程师、采购工程师、各部门的技术员……这些各司其职的技术人员，都可能成为项目组成员，但更多处于协助和配合的地位。

过去国内制造业以劳动密集型为主要特征，很多技术岗位由非专业人士来管理担当。未来在机器换人的大背景下，生产要素慢慢会由工人转变为机器，相应的，各种岗位几乎都要了解技术，尤其是自动化方面的，否则可能会给工作带来诸多困扰与不便，甚至无法胜任相关的工作。反过来说，有一定工科背景或技术底蕴的人员，在未来的制造业工厂，会面临较好的职业机遇，会有较好的发展空间。

其中，有自动化机构设计能力和背景的生产技术/工艺/制造工程师，是企业推行自动化生产过程不可取代的重要角色。企业也许可以没有自动化部门，但不能缺少专业度足够的生产技术/工艺/制造工程师，否则在项目导入和实施时会有诸多困扰或多走弯路。所谓工欲善其事，必先利其器，自动化设备是企业产品生产的利器，而技术团队和专业人员就是实施技术改造的利器。类似以下这些工作，如果交给非专业人员负责，很难高效、合理地做好，并可能在企业推行自动化过程中造成诸多问题。

- 工厂阶梯式推行自动化的计划制订；
- 产品结构是否适合自动化的评估及改进建议；
- 具体自动化项目的方案可行性评估；
- 生产过程出现的异常分析和问题解决；
- 生产线的设备故障处理和持续改善；
- 自动化机构设计工作的开展；

……

还要强调的是，企业的自动化项目，绝对不是简单的设备制作或导入工程，还涉及产品订单预估、生产线整顿、制造流程分析、项目管理、设备维护、厂商评估、部门协调等方方面面的内容，对主导者和负责人的综合素质及专业基本功要求相当高，一般得是技术管理的多面手才能驾驭。换言之，仅仅掌握机构设计本身，充其量就是把设备做好，但不足以说明能把整个自动化项目从头到尾理顺做好；反之，缺乏自动化专业认知和技能，也不太容易在推行项目时应对自如。例如设备本身没什么问题，但迟迟不能验收，因为某个物料品质不稳定；生产线急需当天出一批货，但设备偏偏发生故障了，虽然是小问题但一时搞不定……项目进展得不顺利，会直接影响到设备的"命运"（很多失败案例是非技术原因造成的）。

1.1.3 自动化机构设计工程师的职业方向

作为一位自动化机构设计工程师，在不同类型的环境，工作定位和职责，差异还是挺大的。做产品和做设备，工作目标和内容也相应不一样，如图1-4所示。

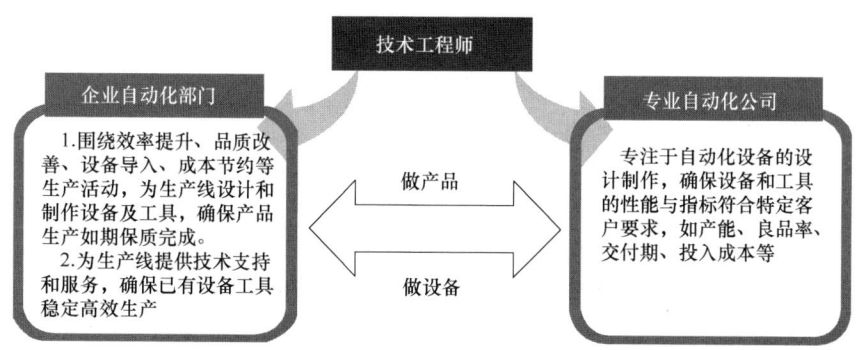

图1-4 不同环境和目标下不同的工作职责

从对项目推进和职业发展有利的角度看，笔者对自动化机构设计工程师职业方向的观点是：

（1）在产品制造企业谋职 企业一般是做产品的，生产线天天热火朝天地开动，对老板来说是最重要的事。设备只是生产环节的构成要素（俗称4M1E，即Manpower人力、Method方法、Machine设备、Material物料、Enviroment环境）之一，不管做得如何，只要产品出货正常及时，企业有时并不太关心。因此，在职业规划和选择上，建议先进入企业的自动化部门学习成长，在具备自动化基本功底之后，寻找机遇转作生产技术/工艺/制造工程师之类，这些职位更容易在企业中体现个人的能力和价值。当然，如果个人志愿或兴趣始终集中在自动化设备制作方面，可以找机遇再回到原来的机构设计岗位（企业岗位调动是弹性的，并不困难），这样的从业经验有利于以后的专业化发展。那么，为什么不建议一直待在同一个部门做同样一个工作？主要是因为，制造型企业很特殊，分工很明确很细致，不同职种有各自的工作侧重点，不利于提升技术人员的综合素质。正如本章着重论述的，自动化机构设计工程师不能仅仅精通机构设计，那样很难设计出真正满足企业需求的设备；企业上下有技术含量的其他岗位人员，如果对自动化有基本的认识，对工作也是有促进和帮助的。

(2) 到专业设备企业谋职 假如平常做的是纯粹的自动化机构设计工作，如果同时非常熟悉生产技术/工艺/制造工程师的工作内容和经验（参考 1.1.2 节相关介绍），将对设备项目的顺利推进帮助极大。例如，为了将来设备能够达成生产指标要求，客户一般会提出若干指标作为验收标准，其中有个稼动率达到多少的要求，很多机构设计工程师漠不关心或一片茫然，经常在设备验收时被客户以该指标没达成而拒收。这里要强调的是，如果一毕业就在这类企业做设计工作，相对上述情况（1），从业人员的专业度无须置疑，但综合能力偏于薄弱，在开展具体项目工作时，常有力不从心的感觉，建议多积极参加培训班或交流会来弥补自身的短板。

1.2 企业需要什么样的技术工程师

1.2.1 自动化机构设计工程师的能力要求

如前所述，在企业的自动化部门和在设备公司，自动化机构设计工程师的定位和工作内容是有差异的，但往往都被赋予自动化设备项目总工的角色。项目的发掘、评估、导入、实施、验收、改进等，都需要机构设计工程师的专业建议和技术支持。例如公司为了节省人力，决定对某生产线进行技术改造和机器换人（见图 1-5），那么一系列工作的展开，一般是由自动化项目组中来自各部门的成员共同完成。其中，发挥主导和协调作用的，几乎都是有自动化背景的生产技术/工艺/制造工程师，或是有生产技术/工艺/制造经验的自动化机构设计工程师。

图 1-5 实现减员增效的自动化改造

设备公司的机构设计工程师负责的项目本身是明确的，就是开发和制作自动化设备，其流程如图 1-6 所示。这里很容易让我们产生疑问，把设备做好一些交给客户就可以了，我们的本职工作就做好了，为什么前面会提到，只有贯彻三大从业信条，才可能做好自动化项目，让客户满意？

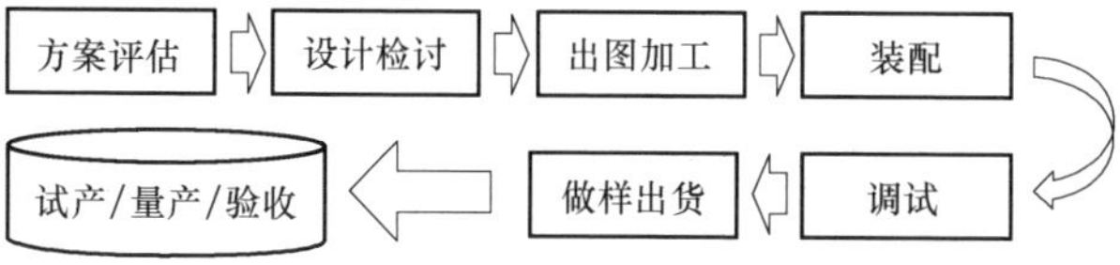

第1章 职业规划之制造业技术路线

图1-6 自动化设备的开发制作流程

在回答这个问题之前,我们需要思考另外三个问题,如果没有很清晰的认识和答案,则请牢牢记住三大从业信条,反之则恭喜您,可以独当一面了。

1)我们要怎样才能保证把设备做好?
2)我们如何保证设备满足客户需要?
3)我们凭什么让客户买我们的设备?

另外,我们再来看一组招聘自动化机构工程师的信息,如图1-7和图1-8所示。显然,对于应聘者的能力要求和侧重点,产品公司和设备公司是有差异的。

自动化机构工程师Automation Mechanical Engineer
工作职责:
1.负责自动化案件的改善与优化;
2.负责新产品治工具的开发;
3.负责指导设备维护及生产车间设备异常案件处理;
4.负责图面标准化设计及培训技术员。
任职要求:
1.本科或以上学历;
2.CET-4,英文读写良好;
3.熟练运用AutoCAD、Pro/E等绘图软件;
4.五年以上connector或cable assembly相关工作经验。

图1-7 某产品公司的自动化部门招聘要求

如果加以总结和延伸,自动化机构设计工程师的三大"核心能力"如图1-9所示。事实上就是三大从业信条的体现,不过各有侧重罢了,少了其中的哪一项,综合能力都会大打折扣。

1.2.2 技术工程师的四大"非技术性特质"

很多企业都有性格和职业倾向测试,语无伦次做不好老师,五音不全做不了歌手,朝九晚五成不了老板……这些都是有一定道理的。从事技术工程师,也是要有一些特质的,未必一定是技术性的,归纳起来,大概有四个,

9

高薪急聘高级机械工程师 高薪

工作职责：

1. 根据项目要求完成设备结构、机械部件的设计及方案的制订，绘制工程图及编制BOM；

2. 估算设备的设计成本和制造成本；

3. 对设备装配图样、零件图样进行绘制，参与产品加工过程中的质量跟踪；

4. 生产现场调试过程中进行技术指导、协调与沟通；

5. 负责非标自动化设备的规划，并指导项目团队成员设计；

6. 带领项目团队进行技术攻关。

任职要求：

1. 机械制造及其自动化、机电一体化等机械专业，大专及以上学历；

2. 10年以上非标自动化设备设计经验或具备单独设计20台以上自动化设备的开发经验；

3. 能独立进行大型自动化设备的规划与设计；

4. 熟练使用Pro/E、AutoCAD、SolidWorks，转化2D/3D图样；

5. 熟悉机械加工工艺，机械标准配件运用自如，抗压能力强；

6. 精通工程材料应用、力学、机械结构学；

7. 有强烈的责任心和设计成本意识，须有自动化设备行业项目从业经验。

图1-8　某专业自动化设备公司的招聘要求

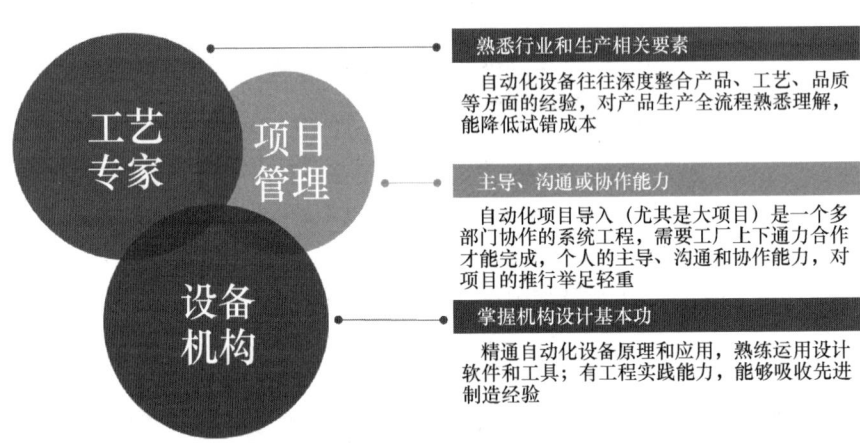

图1-9　三大核心能力

如图1-10所示。

　　这四大非技术性特质绝对不是可有可无，而是与三大核心能力共同构成了一个优秀自动化机构设计工程师的必备素质。没有团队精神很可怕，随时有可能会把项目搞砸；不能解决问题，不能为企业为团队担责和分忧，再多的工作资历都白搭，充其量就是初级水平的菜鸟；态度决定一切，不能认真负责做

1. 有团队精神
项目一般有很多环节和多人参与，要做好设计工作，除了要有个人能力外，良好的人际关系和工作技巧，也是提高做事效率和工作绩效的重要因素

2. 能解决问题
工程师之间能力差别的表现之一，就是分析和解决问题的速度和效果，这种素质难以速成，有赖于平时的工作总结和经验积累来养成

3. 责任心到位
根据经验，很多项目之所以失败，跟项目的责任人是否有足够重视和投入不无关系，没有监控、协调和推进各环节的工作意识，结果往往不尽如人意

4. 抗压能力强
工厂内的案子，一个接着一个，问题也接踵而至，会议三天两头……常常会处于压力很大的工作状态

图 1-10　四大非技术性特质

事，想要把项目做好几乎不可能；没有一定的身心承受能力，也很难承受这个技术行当的工作强度和挑战……

经常有企业感慨人才难觅，事实也的确如此。许多从业多年的机构设计工程师，论机构设计能力一般问题不大，但一旦做起项目来，效果有时和资历并不相称。举个例子：某自动化项目由 A 君负责，在设备试产时，设备运行很不顺畅，客户投诉设备没做好要求整改，A 君认为是来料品质不稳定造成的，事不关己，高高挂起，并坚持认为客户应该自己找原因并改善……最后，由于客户也很强势，没拿出什么解决问题的举措，导致设备多日无法开动，最后客户以各种理由退货，并终止合作关系。

在这个事件中，我们好像并没有发现 A 君有什么不对的地方（确实不是他的错），但是结果却不是希望的。究其原因，在于做设备≠做项目，如果用纯技术的眼界和方式来做项目，会发现很难把项目做好。企业不是研究院，也不是福利院，而是始终把利益和绩效放在首位。换言之，技术人员有再好的技术技能，如果没有把事情落实办好，并不能得到老板的赏识和肯定。老板要的是办事能力，要的是有一个好的结果。因此，技术之外的一些能力和特质，对技术工程师而言，也是非常重要的职业素质和发展因素。

1.2.3　企业的职业发展通道

传统制造型企业的生产线，普通工人占据相当大的比例（80%或以上，见图 1-11），随着自动化设备的不断导入，未来这个比例会逐渐缩小。

从业人员在企业有两个职业发展方向，一个是技术，一个是管理，很多时候是两者兼具。例如高级工程师，除了自己要做一些研发项目，可能还会带个小团队，也有的技术人员成为主管后，职责主要是人员管理，但还是会做些技

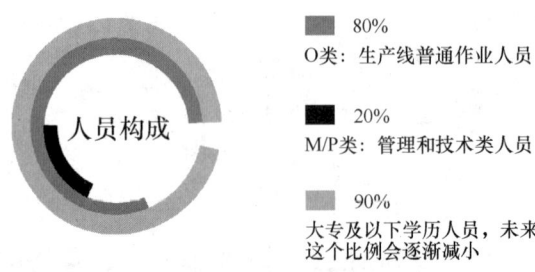

图 1-11　制造型企业不同类的雇员分布

术相关的工作。职业发展双通道如图 1-12 所示。

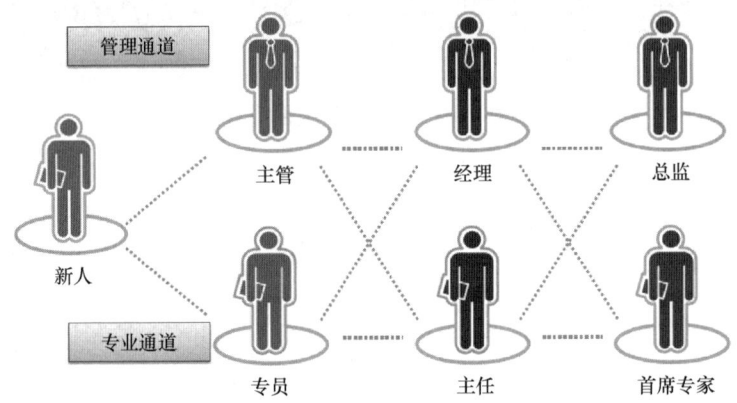

图 1-12　制造工厂或设备公司的自动化部门职业发展双通道

如果职业规划上以专业通道为导向,则一般的奋斗路径如图 1-13 所示(本书提到的工程师,特指企业授予员工的职业等级,不是官方认证工程师)。

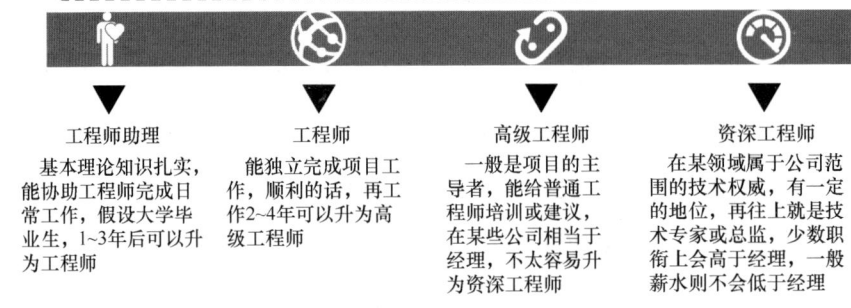

图 1-13　专业通道的奋斗路径

值得一提的是,在非国营制造型企业从事技术工作,各种职业等级和称谓,都是企业根据员工综合能力和素质自行评定授予的,并不需要官方组织和协会的考核与认证。换言之,有没有一张国家认可的机械工程师资格证书并不重要，是否具备企业需求的素质和能力，才是技术人员敲开职场大门和职业发展的关键。当然，如果能够忙里偷闲，在业余时间多充电学习，拿到一些职业相关的能力资格和权威认证，或多或少有它的额外作用，起码证明有该领域的学习经历和从业资质。

同时，在企业从事技术工作的，将来可能有些人会出来，或创业，或转行，或跳槽到待遇更高的企业。这有一定原因：其一，工厂应用层级的自动化设备技术，其实没有那么高精尖，在工作十年八年后，会感觉技术上难有突破（纯属误解），也不好意思再跟渐渐赶上来的后辈们抢饭碗，而企业的领导岗位有限，晋升的难度和竞争很大；其二，从事自动化技术相关工作，由于生产任务繁重和紧迫，平时加班加点是常有的事，在年轻时可能没多大问题，但上了年纪后会有力不从心的感觉，所以在积累一定技术、资本和人脉后，谋求更好的发展，也是顺理成章的事。

然而，从业经验告诉我们，频繁跳槽或转行，其实是不利于个人职业发展和技术提升的。首先，好不容易进入一家公司，经过很多努力后，刚刚得到领导的关注和肯定（升职加薪是迟早的事），离开是很可惜的，换个新环境，个人能力和业绩的展示，几乎又要从头开始。其次，从事技术工作的，其实未必一定要做领导或管理，绝大多数企业还是爱惜人才尊重技术的，资历深、经验足、能力好的技术工程师，待遇并不比经理或主管之类的领导差。再者，博而不专是做技术的大忌，有十年八年的从业经验，其实不算什么，如果对自己的技术能力很满意了，那只能说明没有深入进去，企业待攻关的项目不知还有多少呢，技术行当也从来没有"到顶"的说法。相较之下，很多国外的技术工程师，把本职工作当作终身职业，兢兢业业，数十年如一日，也许就做一件事。他们的自动化技术之所以先进，与这种所谓的工匠精神不无关系。

此外，很有趣的一个现象是，无论是创业开公司，还是转行其他职业，都或多或少和原来的行当会扯上点关系，很少有人能够彻底摆脱原来的行业。例如，做销售管理，可能卖的是设备或元器件，管的是技术人员；做教育培训，可能做的是企业员工的职业技能培训……这给我们的启示是，做一行爱一行精一行，这样在职业和个人发展上，才会有更扎实的基础和更丰富的经验来传承和支持。

对于刚入行的新人，可能非常关心这个行业的技术前景和薪资待遇。其实，这是多余的，任何职业的回报高低，更多取决于个人能力、表现和机遇，也受制于地区经济发展水平，这是真理。况且，每个行当都有一个供求平衡的关系，待遇好了，很多人往里挤，结果肯定拉低水平，反之则"人稀为贵"。还要强调的是，尽管目前制造业的整体薪资水平处于社会中等偏下水平，可能会让部分从业者产生悲观的情绪，但是可喜的是，属于技术人员的最好年代已经来到。

当下，全球主要国家都在大力推行智能制造，尤其我国，政策导向和支持力度巨大，行业也在呈现一个空前火爆的局面。作为这场制造业变革的根基，技术群体的回报必然不会太差。事实上，目前从事自动化行业相关工作的有经验、有能力的技术工程师，福利待遇还是相当可观的，而且人才的需求缺口非常巨大，在我们的技术社区，时不时就有企业发布高薪揽才的信息。

　　所以，既然选择了充满挑战和机遇的自动化行当，就风雨兼程努力前行吧！

第2章 企业的产品制造过程

2.1 产品的生产过程

2.1.1 产品的生产流程

这里提到的产品的生产流程,不是指某个具体产品制造的工艺流程,而是对企业产品生产管理所涉及的流程环节的总称。几乎所有制造型企业的产品生产,都可概括为图 2-1 所示的流程图。如果是新产品生产,需要先导入和组建生产线;如果是成熟产品生产,也会有大量品质提高、效率提升、成本节约的持续改善;这些都离不开技术支持。

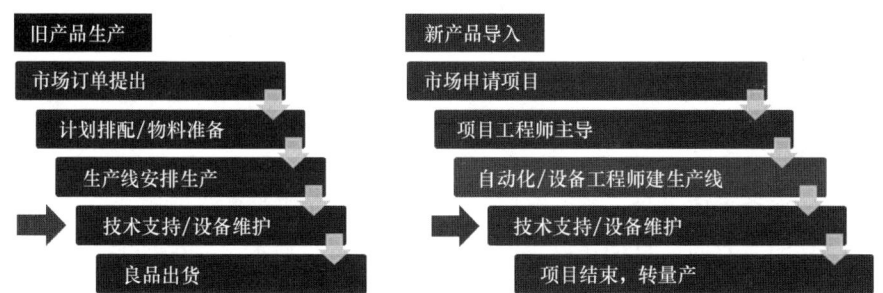

图 2-1 产品的生产流程

需要强调的是,产品生产过程遇到的较为复杂的技术问题或瓶颈,往往是一个综合因素的结果。例如,某条自动化设备生产线的生产不良品率居高不下,我们就不能简单认为,问题一定出在设备或工装夹治具上。零件尺寸波动不一致、产品品质管控不适当、人员操作管理不规范、组装工艺设计不合理等,这些都会影响到生产状况和结果。因此,企业一般都会设置多个职能部门(如品质部、机修部、工程部等),委任各种专业度高、分工很明确的技术人员(一般叫××工程师);大家平时分属各部门,各司其职,生产需要支持时,则会根据问题性质确定谁来干。如果问题比较严重和棘手,还可能组合成一个项目性或临时性的团队来处理或攻关。企业生产遇到的多数问题的分析和解决，靠的是团队（多角色），靠的是程序（制度化）；个人英雄主义行不通，多数情况会疲于奔命而效果不佳，这也是本书多次提到三大核心能力和四大非技术性特质的原因所在。在企业工作，千万不要以为技术做到位了，事情就能办好，结果就会让人满意。

2.1.2 工程师的技术支持

由于专业问题，我们这里只谈自动化机构设计工程师对于产品生产流程的技术支持，概括来说，主要有四个方面，如图2-2所示。

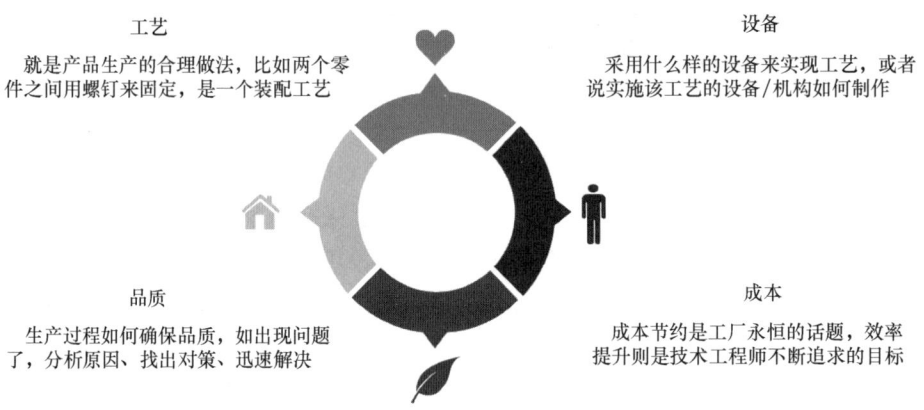

工艺
就是产品生产的合理做法，比如两个零件间用螺钉来固定，是一个装配工艺

设备
采用什么样的设备来实现工艺，或者说实施该工艺的设备/机构如何制作

品质
生产过程如何确保品质，如出现问题了，分析原因、找出对策、迅速解决

成本
成本节约是工厂永恒的话题，效率提升则是技术工程师不断追求的目标

图2-2 技术支持的四个方面

（1）**工艺方面** 就是研究产品是怎么制造的，包括产品的结构设计、零组件的装配方式、设备或工装夹治具的制作等，这些无疑都需要有自动化机构设计工程师的建议。

（2）**设备方面** 毫无疑问，是自动化设计工程师的本职工作。

（3）**品质方面** 自动化设备的运行状况，会受到来料和品质管控的影响，因此有必要结合机构设计的实际，提出自己的要求，或者找到对策。例如，最终的成品高度尺寸公差是±0.05mm，零件的对应尺寸公差是±0.03mm，则分配到生产段的组装公差为±0.02mm，如果设备或机构能力达不到，就需要对产品设计部门提出异议，要么考虑放大成品公差，要么考虑加严零件公差。如果诉求没有得到满足，就要研究对策，看看有没有更精密的机构或设计，个别情况可能不得不放弃项目。

（4）**成本方面** 制造成本是产品成本构成的一部分，而人工成本则是制造成本构成的一部分。过去由于人工成本低廉，所以企业老板对人工成本不太敏感，随着工人工资的逐渐提高，企业的制造成本压力越来越大。另一方面，部分发达国家也在积极倡导制造业回归，不少外资企业因此撤出中国，也有不少企业搬到用工成本更低廉的东南亚国家……从某种意义上讲，中国制造业迎来史上最好的也是最坏（机遇和挑战并存）的年代。机器换人成为大势所趋，也是企业谋求出路的关键战略。

作为自动化机构设计工程师，或者有自动化技术背景的生产技术/工艺/制造工程师，在设备和工装夹治具方面的技术支持，对于维持生产线正常运转而言，举足轻重！除了设备或工装夹治具出现故障或问题，我们需要去处理和解决之外，其实还有很多生产异常乃至停线的情况，设备和工装夹治具本身没有问题，我们也要有理有据地分析并加以证明，然后告诉团队：这是××问题导致的，不是生产设备的原因，建议……只要找到原因，只要方法是对的，问题也许很快可以得到解决，生产线可以很快恢复开动。

反之，事不关己，高高挂起的工作态度，很可能会让问题持续恶化和蔓延，最后一旦不好的结果出现（例如因为长期没有产出，客户取消订单，生产停顿，设备废弃等），再要标榜自己技术能力如何强，恐怕就很困难了。毕竟老板是很实在的，看结果，企业是很现实的，看绩效。可能，有人会觉得冤，就算项目失败了，也不能一概而论吧，如果不是设备问题，该是哪个部门谁的责任，总要有人站出来担当吧？问题就在这里！品质部说，产品是设备或工装夹治具做出来的；生产部说，我们员工操作规范没问题；机修部说，设备经常要调试导致生产不良品率高……要证明自己没问题，就必须指明是谁的问题，而这个时候，很微妙，谁都不想有问题。最后发现，担当人只好就是设备的设计人或项目管理人，大多数情况都是这样。

2.2 某款 USB 连接器的生产案例

由于非标自动化设备最后都要放到企业车间用于制造产品，所以作为自动化机构设计工程师，必须要十分熟悉企业内部的运作和生产管理。我们以自动化设备应用较为普及的电子行业（以最广为人知的 USB 连接器作为载体）为重点，为大家进行介绍。

2.2.1 从元件到终端产品之旅

绝大多数电子产品，都需要模具来生产物料（塑胶和五金件），然后经过一系列流程和工艺装配成产品（即成品），进而提供给下游厂商作为物料，继续参与他们的组装生产……到最后，可能是一台手机、电脑、电视或者其他产品。如图 2-3 所示，是一个印制电路板（Printed Circuit Board，PCB）企业的产品，其生产流程就是把各种零组件（如连接器、集成电路、电容、电感、电阻、二极管等）作为物料焊到电路板上。

其中的功能零件连接器，应用十分广泛，例如生活中常见的 USB 数据传

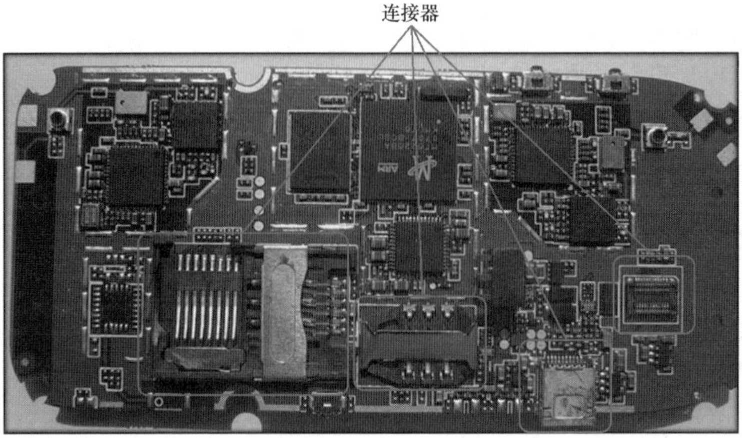

图 2-3 手机的 PCB

输线就有 USB 连接器，如图 2-4 所示。由于连接器的组件和工艺相对单一，非常适合自动化生产，所以该行业的自动化发展较早也较成熟。国内大多数制造业的自动化机构设计人员，尤其是早期的前辈，或多或少都有连接器行业自动化方面的从业经历。

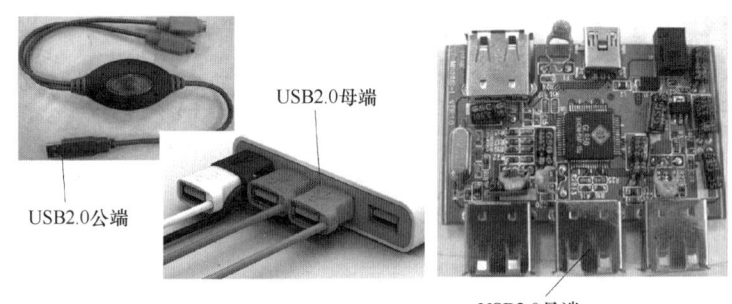

图 2-4 数据传输线和充电宝上的 USB 连接器

下面我们简单介绍一下一个 PCB（图 2-5 所示的电脑主板）是怎么生产出来的。

PCB 上有大量的功能元件，作为物料，企业需要从配套厂商来采购。对于多如牛毛的供应商来说，他们各自生产自己的元件，然后销售给下游企业。我们以 USB 连接器为例，介绍一下作为元件的连接器的生产流程。

首先是由冲模生产出五金件（主要是俗称的端子，也可能包括铁壳、接地片之类的零件，具体视连接器结构设计而定），由注射模生产出塑胶件（也称为绝缘本体），各自的生产流程如图 2-6 所示。

作为物料，送到装配车间进行组装前，五金件一般会先进行电镀之类的表面处理（主要是为了防氧化，提高使用寿命）。经过来料品质确认后，符合规

图 2-5　电脑主板

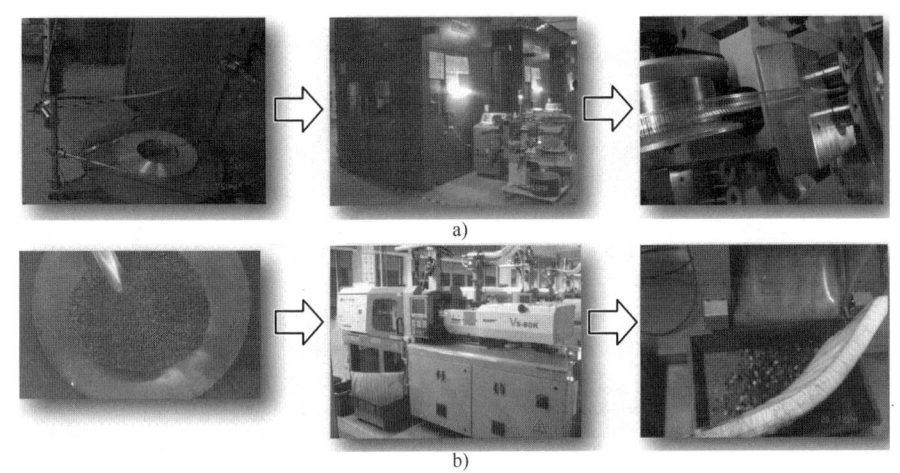

图 2-6　端子和塑胶的生产流程

a）金属端子冲压过程　b）塑胶注射过程

格要求的物料，会根据技术部门制订的生产流程和工艺进行组装，如图 2-7～图 2-9 所示。不同的产品，组件和装配均不相同，典型的工艺有插端子、装铁壳、切料带、包装、检测等。

上述是人工生产线的流程，现在绝大多数企业都已经实现了自动化生产，各种各样应用于企业生产线的非标自动化设备如图 2-10 所示。

经过品质部门检查，确认合格的产品会出货，开始它的下一站之旅。例如，供货给某 PCB 企业的产品，那接下来就会在客户车间进行他们自己的生产流程……经过若干制造环节后，成为终端产品，最后投入市场，如图 2-11 所示。每个环节的生产流程都不一样，工艺形式和设备类型也有很大差别，上一家企业的成品，是下一家企业的来料。

图 2-7　端子和塑胶的装配流程

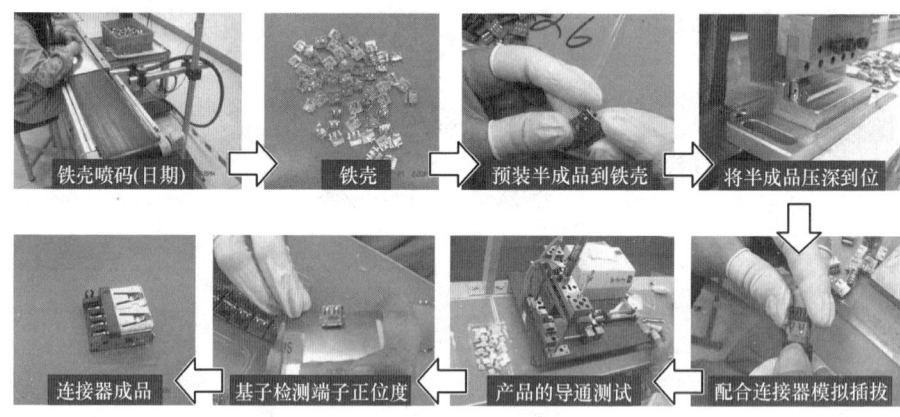

图 2-8　半成品和铁壳的装配流程

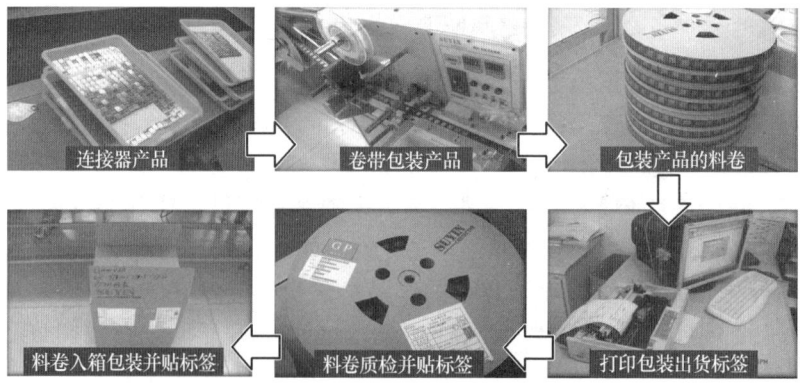

图 2-9　成品的包装出货流程

图 2-10　典型的连接器生产设备

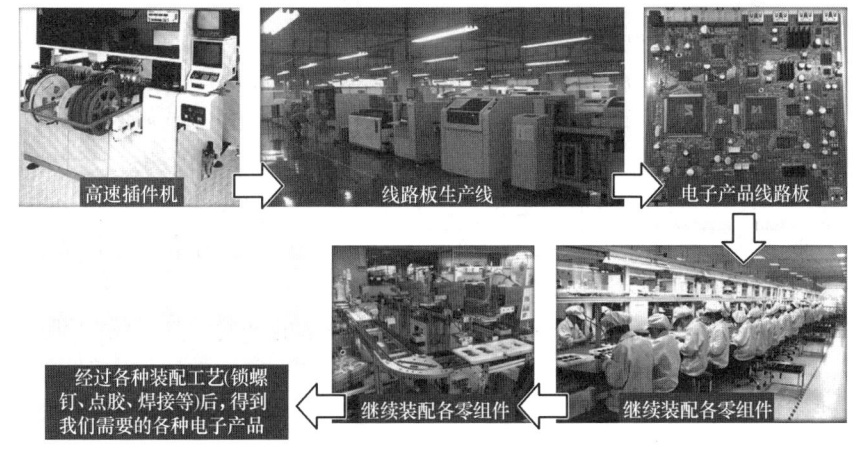

图 2-11　一站接一站的生产环节

2.2.2　生产线的非标自动化设备

不论什么企业,基本都是做产品(即便做设备,它也是个产品)的,都有一套严谨而完整的制造程序。设备是这个程序的一个生产要素,可能是必要的,也可能是辅助的,但肯定是为产品的制造服务的,几乎都是量身定制。不同行业的企业,同一行业的不同企业(客户),产品和制造流程都不同,对应的设备模式和要求也各异,很难用一种设备模型或思路来限定,于是就有了非标自动化设备(行业内一般简称非标设备),如图 2-12 所示。

非标设备,指的是用户定制的、用户唯一的、非市场流通的自动化系统集

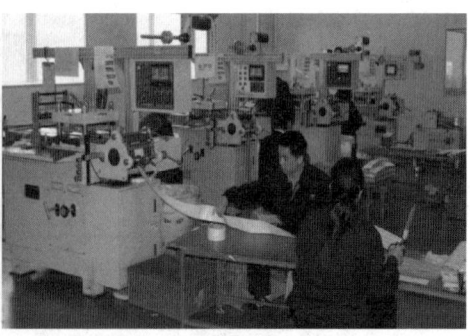

图 2-12　企业在用的非标设备

成设备，是根据客户的用途需要而开发设计制造的设备。不同类型客户，其产品工艺要求均不相同，需要根据具体的使用场所、行业特征以及用途进行独立设计。或者可以这样来理解非标设备：不是按照国家颁布的统一的行业标准和规格制造的设备，而是根据自己的需要，自行设计制造且外观或性能不在国家设备产品目录内的设备。

非标设备的广泛应用，缘于近几十年制造业的崛起和蓬勃发展。遗憾的是，传统的机械教育和学科资料并没有跟上步伐，以致相关领域的理论研究没有得到重视，大多数零散的技术总结来自于少数企业或从业人员。

而标准设备呢，指的是用途或工艺单一、采用行业标准和规格制造的单元设备，根据具体的规定或按流程制作就可完成，例如注射机、焊接机、供胶机、贴标机、贴片机、工业机器人等。

一般来说，我们都是根据客户或市场进行设备的开发设计，做的都是非标设备，很多情况会参考和整合现成资源，这时才有大量标准机的应用；另一方面，即便外购标准机，也不能买来就用，需要针对性地设计制作"周边设备"。例如，用于塑胶生产的注射机，它是一个通用的标准设备，但核心部分（模具）需要重新设计和安装（不同产品对应不同模具），才能投入生产，如图 2-13 所示。从这个角度看，企业的设备几乎都是非标设备，其制作过程

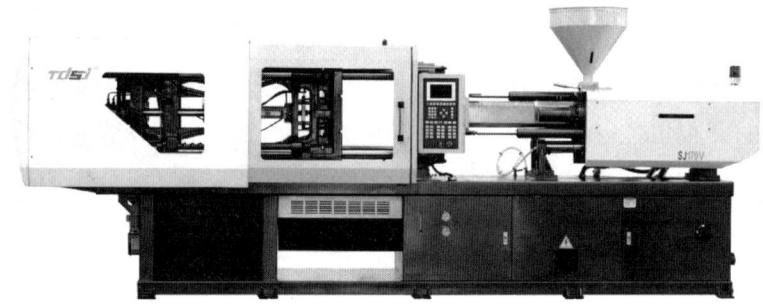

图 2-13　企业在用的标准设备——注射机

必然伴随着二次整合工作与集成设计的内容，如图 2-14 所示。

图 2-14　应用非标设备的生产车间

为了增强广大读者对非标设备的感性认识，我们再来看一组企业生产车间的照片。如图 2-15～图 2-18 所示，制造型企业内部所用的设备种类繁多，很难用哪个固定模式去定义和描述。

图 2-15　某企业的自动化生产车间

然而，尽管非标设备看似各式各样，但实际上有它的功能构成和设计套路，图 2-19 和图 2-20 所示的两个案例，就很有代表性。非标设备通常可以划分为机架、电控箱、防护罩、供料机构、上料机构、移料机构、工艺机构、收料机构等。例如供料振盘，就是供料机构的一个核心标准件，可以外购后直接整合到设备中；工业机器人也一样，是设备移料机构的主体，配上非标设计的工装夹治具，就能实现搬移功能。

图 2-16　普通的非标自动化生产线

图 2-17　应用工业机器人的生产车间

图 2-18　应用工业机器人的工作站

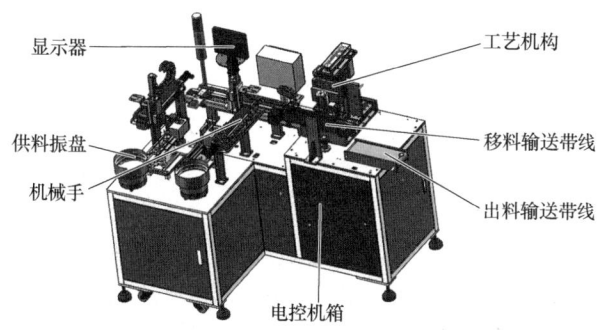

图 2-19　常见的非标设备

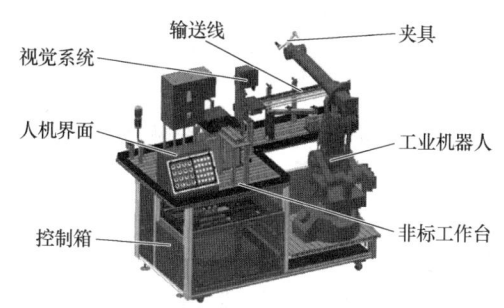

图 2-20　集成工业机器人的非标设备

从生产环节看，产品往下游企业流动，虽然越来越复杂，但趋于组件化和标准化。因此，自动化设备的非标成分也越来越低，并且精密等级要求逐渐下降（设备精度≠机构或零件精度），这是制造业的特征之一。

所谓组件化是指，虽然产品零件会越来越多，但更多会是组件（俗称模组）的形式。图 2-21 所示，是一个电磁炉的内部结构，由若干个模组（器件）构成。

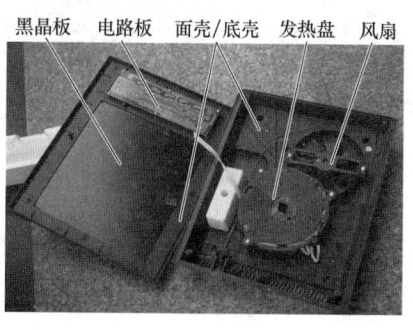

图 2-21　电磁炉的内部结构和主要模组

所谓标准化是指，模组与模组之间的装配安装，通常使用的都是比较常见的工艺，例如螺钉联接、点胶、焊接，或者靠组件与组件之间卡扣之类的设计来实现。图2-21所示的电磁炉，黑晶板和面壳之间靠点胶工艺固定，面壳和底壳、发热盘和底壳、风扇和底壳等靠螺钉来固定。此外，由于零件和模组的尺寸不断增大，以及零件之间存在相互影响、约束，产品的精密性下降，对设备的精密程度要求也有所减弱。

相比而言，终端产品的组装流程繁琐但工艺比较简单，所用生产线都很壮观冗长，但用的大都是市场的通用设备。设备的基础工艺都有很成熟的方案，涉及某个项目的具体应用，无非是研究如何自动供料、上料、移料以及工装夹治具定位之类的问题。这些对于从事非标机构设计的人而言，不存在多少技术上的门槛。例如同样采用工业机器人来实现码垛，箱体大小不同，抓取或吸取的工装夹治具就不同；场地空间不一样，或效率要求不相同，具体的实施方案也会有所差别。

生产终端产品的企业，其非标特性更多体现在生产线方面，为了兼顾柔性，通常会采用图2-22所示的"倍速链+载座（可更换）"生产线模式。生产线导入的设备，主要是用于实现产品功能的模拟和检测（见图2-23），因为到了这个阶段，产品出厂了，就直接到消费者手上，品质不容有失。其次是各种标准设备，如锁螺钉机（见图2-24）、点胶机（见图2-25）、焊接机（见图2-26）、包装机（见图2-27）、工业机器人（见图2-28）等；再者是一些能够改善物流、减少浪费的辅助设备，如自动牵引车（Automatic Guided Vehicle，AGV，见图2-29），以及简易工装夹治具。

图2-22 倍速链生产线

图 2-23　产品的功能检测机

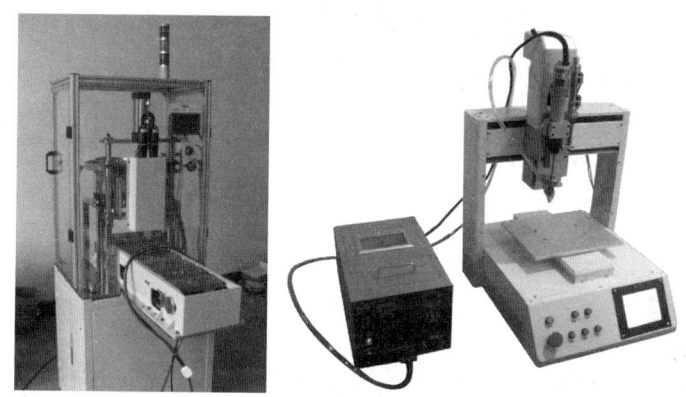

图 2-24　锁螺钉机

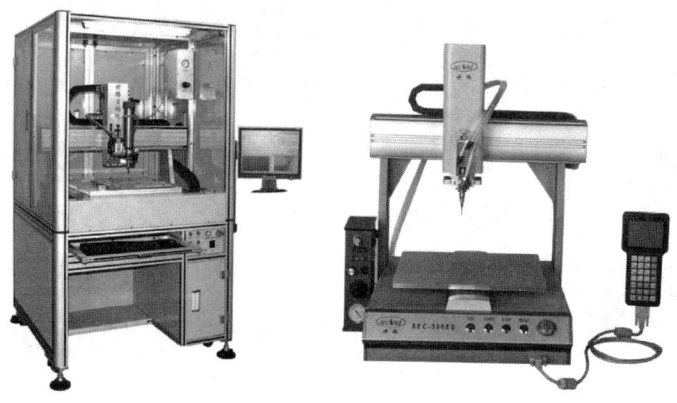

图 2-25　点胶机

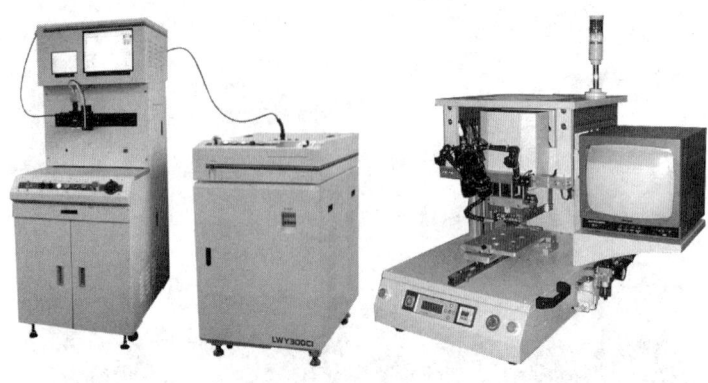

图 2-26　焊接机

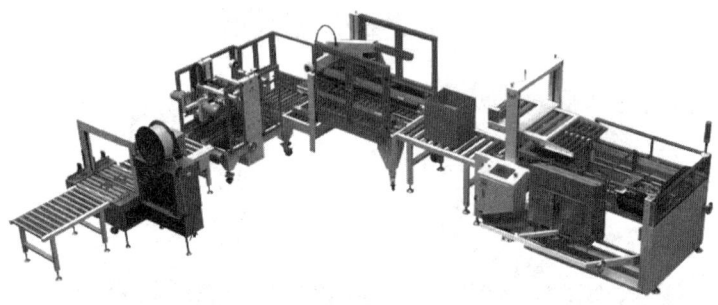

图 2-27　包装机

图 2-28　工业机器人

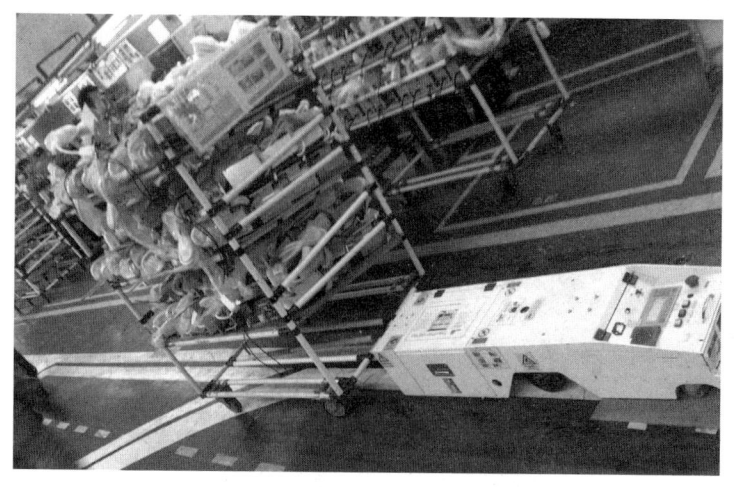

图 2-29　采用 AGV 搬运物料

　　总体而言，企业应用层面的大多数非标设备的技术含量其实不高，但是不等于容易制作，由于其非标的特性，很多时候设计起来也是煞费脑筋和操心劳神的。这些机构设计背后的门道还是挺多的，是从业人员必须要了解和知道的。

2.3　设备是为产品生产服务的

2.3.1　企业自动化项目的实施

　　大多数制造型企业导入非标设备有一套完整的工作程序，必须按部就班地执行。所谓专业人做专业事，项目一般是技术人员（如生产技术/工艺/制造工程师）来主导完成的。其中，比较关键的环节"方案制订""验收评估"和"项目申报"（见图 2-30），是需要一定专业背景和技术支持的。方案制订不合理，后面的工作不好进行，要么焦头烂额，要么以失败告终；指标制订不客观，不太容易通过验收，一旦成为失败案例，可能会纠缠不清；项目申报不谨慎，可能造成投资浪费。

　　1）自动化项目导入流程图，如图 2-30 所示。

　　2）项目推进的关键环节，如图 2-31 所示。

　　非标设备的制作有一定的风险，受影响的因素太多，很容易因为某个环节没做好而产生阻滞。举个例子，假设有两家客户，A 客户内部管理制度完善，有自己的生产技术和设备维护团队；B 客户连个设备操作员工都没有。如果我们把同样的设备卖给这两家客户，结果是有很大差异的。卖给 A 客户，设备

项目申报

1. 现场调查和评估，结合供应商反馈，拟出一个可行性方案。
2. 填写《×××项目申报表》，论证项目建设的必要性和可行性，含目标、技术、效益、风险、意向供应商等内容

方案制订

1. 项目申报通过后，将之前的方案整理成文件形式，如《×××项目技术协议》及必要的图样或说明书。
2. 该协议应和供应商充分沟通和相互认同，尤其细节方面

招标准备

1. 制订现场招标方案，包含标的名称、数量、金额、供应商简介、具体形式、时间、付款方式、保证金等。
2. 将招标方案和技术协议、项目申报表文件，包含邀请书、一并递呈审批。
3. 通过审批后，则开始制作招标文件，包含邀请书、授权书、招标书、报价表、承诺书等，以邮件方式发给拟竞标供应商

定价申报

1. 举行现场招标会议，必须有财务、工程、设备、生产等单位签到，现场确定中标还是流标，对于中标情形，填写定价报批表，包括几轮竞价、最后定价、中标供应商等信息

合同签订

1. 招标定价报批表通过审核后，则拟定合同，连同技术协议、项目制作方案等一起，再次递呈审批。
2. 通过审批后，则可以请供应商签订合同，同时邮件通知执行

验收评估

1. 供应商根据方案制作设备，并按期交付，在厂内完成安装调试后，经确认可以生产，则给予初验收，通知财务预付款20%~40%。
2. 项目运行1~3个月，如稳定生产，则给予正式验收，通知付二期款，一般是50%~70%。
3. 剩余款项，在供应商保质期(半年达到一年达成后付，一般10%

图 2-30　自动化项目导入流程图

30

第2章 企业的产品制造过程

	其他环节
20%	或多或少影响着项目的进度和质量
20%	项目申报 看似流程化的文书操作,实际上很多表单、指标、协议都会成为项目进展顺利与否的影响因素
30%	验收评估 这个环节是问题最多的,往往也成为项目失败的重要环节
30%	方案制订 这个环节是最关键的,几乎决定了项目的质量和成败

图2-31 项目推进的关键环节

有什么生产异常,他们大都可以自己解决,即便有些(技术)诉求,也不会很离谱,只要设备能正常生产,一般都不会有验收上的问题。卖给B客户呢,没人会操作,得派人去教,设备有个什么小问题(例如哪个螺钉松了或哪个运动部件卡到废屑),都要逼着供应商现场处理……如果供应商耗不起或服务不周,很容易陷入"水深火热"的局面,并造成最终的项目失败。

反过来讲,站在企业自身的角度看,是需要进行检讨的。图2-32列出了一个自动化项目失败的原因(比例数据为个人观点,仅供参考)。从工作经验看,多数项目的失败,并不是因为没技术或技术不足,而是技术之外的很多工作没做到位,以及一些规划、沟通之类的问题所致。从团队成员贡献看,对自动化项目的开展起举足轻重作用的是技术人员,但也不能忽视采购、生产、品质人员的影响,如图2-33所示。换言之,如果一个企业想导入自动化项目,离开技术人员,几乎不太可能取得成功;离开非技术人员的支持和协助,项目

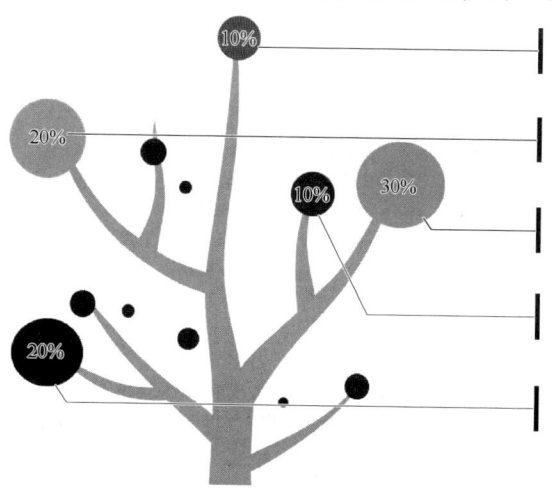

图2-32 自动化项目失败的原因

31

也很难顺利开展。

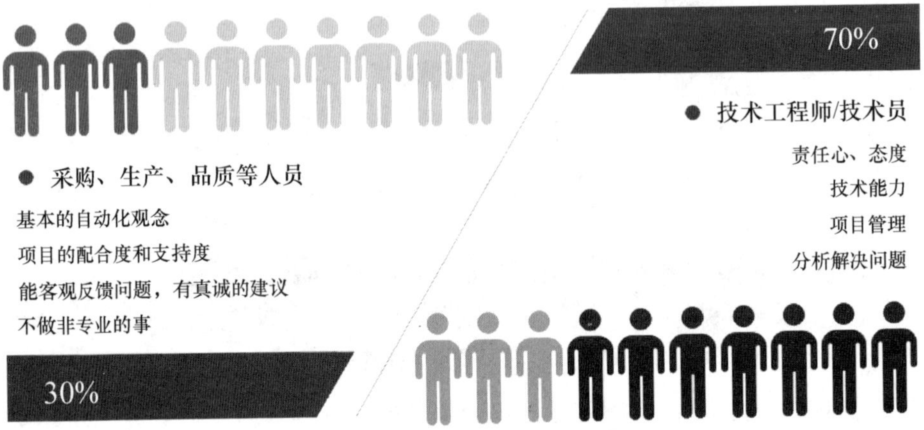

● 技术工程师/技术员
责任心、态度
技术能力
项目管理
分析解决问题

70%

● 采购、生产、品质等人员
基本的自动化观念
项目的配合度和支持度
能客观反馈问题，有真诚的建议
不做非专业的事

30%

图 2-33　不同成员对自动化项目的影响权重

2.3.2　企业对生产设备的隐性要求

企业应用的设备，是有隐性要求（没有明文规定）的，聚焦在"应用、成熟、非标、速成"这几个关键词。从事机构设计工作的人员，要有这个起码的认识和工作倾向，否则就难以适应本职工作和企业要求，制造型企业对生产设备的隐性要求，如图 2-34 所示。

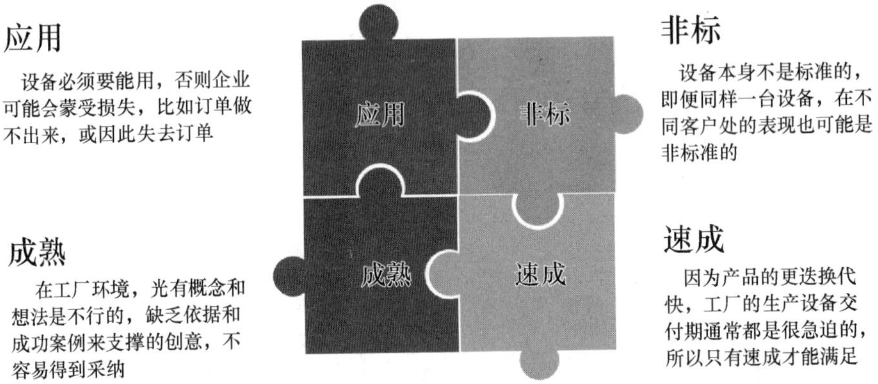

应用
设备必须要能用，否则企业可能会蒙受损失，比如订单做不出来，或因此失去订单

非标
设备本身不是标准的，即便同样一台设备，在不同客户处的表现也可能是非标准的

成熟
在工厂环境，光有概念和想法是不行的，缺乏依据和成功案例来支撑的创意，不容易得到采纳

速成
因为产品的更迭换代快，工厂的生产设备交付期通常都是很急迫的，所以只有速成才能满足

图 2-34　制造型企业对生产设备的隐性要求

1. 应用

企业的设备，做出来都是要能用的，换言之，不能用的设备就意味着失败，哪怕失败的原因有很多种，也许并不是设备没做好。我们判断自动化设备项目的可行性时，单纯设备本身的技术考虑，虽然也重要，却不是决定性因素，务必同时对客户技术和管理能力进行深入的评估。例如企业没有自己的生

产设备维护团队,如果强行导入自动化设备,就很容易因为没人会操作而沦为摆设;再例如,企业品质控制混乱或员工品质意识淡薄,导入设备生产后,一旦有品质异常问题发生,可能会扯不清、理还乱。

2. 成熟

企业导入设备,都有效益指标的,也有订单压力,因此不允许失败。失败意味着损失,而损失的往往不止设备投入这些小钱,可能是一个订单,可能是一个客户,甚至可能是让公司陷入危机。刚毕业的学生或行业新人,头脑中是有很多概念或想法的,但是在企业这个环境,光有概念和想法是不行的,缺乏依据和成功案例来支撑,一般不容易得到采纳。所以,遇到这种情况,没必要抱怨怀才不遇,让自己迅速成长才是王道。如果概念很好想法很对,就下点功夫去调查和分析,就花点精力去找证据和做案例,获得别人的认同和支持,只是时间早晚的事。

3. 非标

因为产品和工艺等差异关系,为企业制作的设备一般都是量身定制的,即便用到了标准设备,也会有大量的非标设计。这一点,客观上需要从业者具备较广的见闻和较多的经验,否则做起设计来,思路狭隘,在所难免。同时必须强调,所谓的非标,应该分两个层面来理解,一个是机构本身的设计不是标准的,另一个则是同样一个机构在不同客户处的表现,也可能是非标准的。后者的意思是,我们评估一个设计方案,其实也要兼顾不同客户的管理状况和运营能力(差异性)。

4. 速成

企业的设备交付期通常都是很急迫的,如图 2-35 所示,类似该企业生产车间的这类普通设备,交付期是 2~3 个月,所以只有速成才能满足。但是要做到速成,谈何容易。一台设备的制作,从方案到实体机,有一个几乎通用的

图 2-35 某企业生产车间的非标设备

流程，如图2-36所示，每个环节都需要时间。对于企业，过去靠的是让员工加班加点，但未来则更多地需要靠技术和管理兼具的综合实力的加强，否则难以适应越来越快的交付期要求。对于个人，也一样需要提升综合素质、能力，例如基本功的扎实与否、设计经验的多寡、思考能力的强弱、解决问题的快慢、资源管理的灵活性……

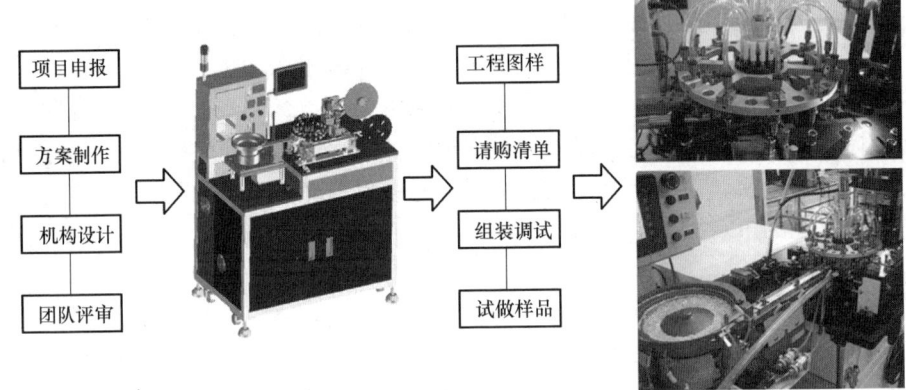

图2-36 非标设备的制作流程

了解上述这些"看不到"的要求，能让我们更深刻地理解非标设备的制作特点，并纠正一些偏激的认识和观念。例如，我们大多数情况下所做的机构设计，带有模仿和应用性质，有成熟的机构拿来就用（专利限制情形除外），这些都是正常的。很多人经常感慨，我们的设计人员缺乏创新精神，可是在特定的企业环境下，设计工作并不是随心所欲的，创新就意味着风险，如果没有足够的理由，很难得到老板的支持。

在企业做设计工作，忌讳光想着个人的技术创新或突破，因为单纯追究技术上的新、奇、特，本身并没有意义。举个例子，生产某个产品（利润并不好），只要做一台5万元的普通设备就可以了，如果非要为了显摆技术实力，这摆一个工业机器人，那放一台激光检测仪……结果是感觉很高端，但这种折腾对企业来说，除了奢侈浪费，不会产生任何价值。

企业不是不鼓励创新，只是有一个前提条件：为企业创造价值。

第3章 自动化工程师必修基本功

所谓基本功，就是从事某种工作所必需的基本知识和技能。那么，自动化机构设计工程师的基本功是什么呢？涉及内容非常庞杂，仅仅精通机械理论是无法在企业从事自动化机构设计工作的，基本功缺乏或不足，做起设计来就会捉襟见肘，甚至丢三落四。概括地说，如图3-1和图3-2所示，九大"应知必会"和五大"基本能力"共同构成了设计人员的从业基本功。

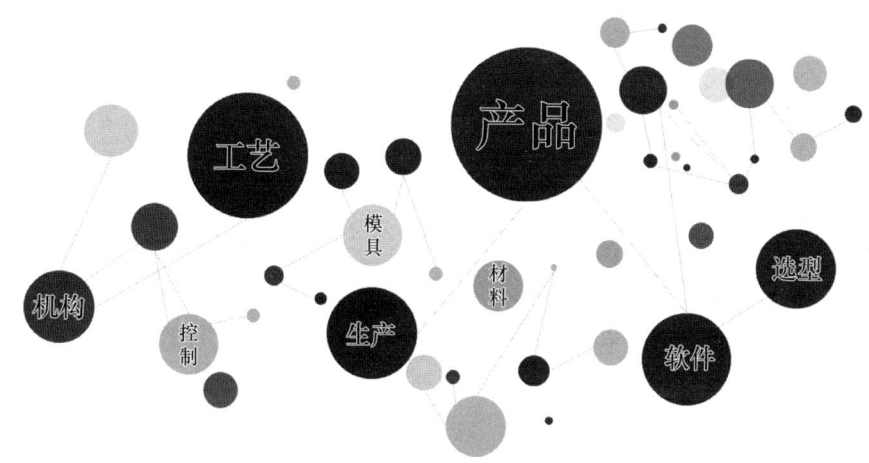

图3-1 九大应知必会

技术这个行当很特殊，没有忽悠或敷衍的余地，具体一个作品，憋出来的也好，抄过来的也罢，行就行，不行就不行。虽然项目成败的因素错综复杂，但是我们从事这行的底气，多半来自于基本功。在具体的项目实施和机构设计过程中，如果遇到各种障碍和问题，基本功就会发挥作用，基本功的扎实与否，将会影响效率、品质，甚至会决定项目的成败。

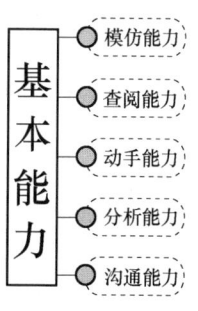

图3-2 五大基本能力

3.1 设计人员的应知必会

3.1.1 产品方面

设备是服务于产品制造的,离开这个前提,就是一堆破铜烂铁。因此,要想做设备的机构设计工作,首先一定要了解产品,知道它具体是什么东西。其次,产品的生产过程是有一定原理依据和实施方法的,这就涉及制造流程和工艺,它告诉我们,产品是怎么生产出来的。产品生产出来后,会有一些是有缺陷的,这就需要保证品质,降低不良品率,或者将不良品剔除,确保出货均是良品。换言之,自动化设备扮演的是一个优化制造流程和品质以及提高效率的工具角色,它是不能脱离这些基本制造要素的。宏观的产品制造简易流向示意图如图3-3所示。

图3-3 宏观的产品制造简易流向示意图

自动化行业有个说法:隔行如隔山,指的就是不懂产品、制造流程和品质管控的机构设计者,基本上无法胜任本职工作。做跨行业自动化设备需要磨合期,对产品、制造流程(工艺的排配)、品质控制等制造要素要有一个认识、理解和适应的过程。无论处于什么行业,从事自动化机构设计的技术人员,以下三个"了解"是必须贯彻落实的。

1) 了解产品,包括产品的应用、结构、基本特性等。
2) 了解制造流程,包括生产线工站的排配、具体工艺、管理方法等。
3) 了解品质,包括产品的品质管控重点、规格要求和作业状况等。

只有揉入特定行业的产品、制造流程、工艺、品质等约束和条件的设备,才是符合企业需要的非标设备。单纯的原理性机构谁都能做,但和产品、制造流程、工艺、品质这些结合后,它就有了一定依据和约束,不是可以任意发挥或随便处理的,设计过程要综合考量以上几个制造要素。

另一方面,制造业门类非常庞杂,各行各业的产品、制造流程和品质等制造要素,固然有共性,但更多的是差异;同样一个行业,不同企业之间的技术能力和管理水平有时也存在较大差异。所以,作为自动化机构设计者,受限于精力和视野,要完全掌控各种行业的设备设计与制作几乎是不可能的。例如,对电子行业自动化了如指掌的技术专家,可能并不了解食品行业是怎么自动化生产的,这都是正常的,即所谓术业有专攻,这对自动化技术的从业者而言,也是适用的。"两耳不闻窗外事,一心闷头做技术"的时代已经终结,现在的设计人员更应该放眼行业,加强交流,在技术上要善于整合资源,取长补短。

当然，不管怎么说，打铁还需自身硬，机构设计人员首先得练好基本功。下面我们以电子行业的典型分支——连接器行业为载体，介绍该了解哪些必要的信息（初入行的读者朋友，无须纠结于本书对具体行业的专业介绍，如果一时理解不了，可先把学习重点放在思路介绍和方法指引上）。进入一个行业，了解产品，应侧重以下几个方面。

1. 产品应用

连接器，也叫接插件、插头或插座，一般是指电器连接器，用于传输电流或信号。连接器的种类很多，保守估计有几十万种，其应用于各行各业，几乎所有互联的设备都需要连接器，每台设备少则几个，多则几十个，充电宝的电路板、电脑主板、数据线等，不胜枚举。图 3-4 和图 3-5 所示，分别是充电宝电路板和数据线，都用到了连接器，类似的应用场合，还有许许多多。

图 3-4　充电宝电路板

图 3-5　数据线

2. 行业状况

包括产品和设备两方面的资讯，这些未必和自动化设计有很大关系，但应该有所了解。比如连接器行业年产值 500 亿美元以上，前十大公司基本为美日韩企业，国内较有名的有得润电子、长盈精密、航天电子、华丰电子、立讯精密等；比如做设备的厂商多如牛毛，有哪几家做得有规模和有口碑，去他们网站上看看设备做得怎样；比如连接器行业较有分量和地位的公司有哪些，到这些公司取取经；比如××类机器，目前有哪些比较先进或有竞争力的设计，看看有无借鉴之处；再比如××新产品未来可能成为主流，提前规划设备的研发……我们说，要紧跟制造业自动化主流和趋势，就是要洞悉行业资讯，不断调整和改进，不能闭门造车！在整个电子行业产业链中，连接器作为一个典型元件，处于上游（开始端）和中游之间，如图3-6所示。

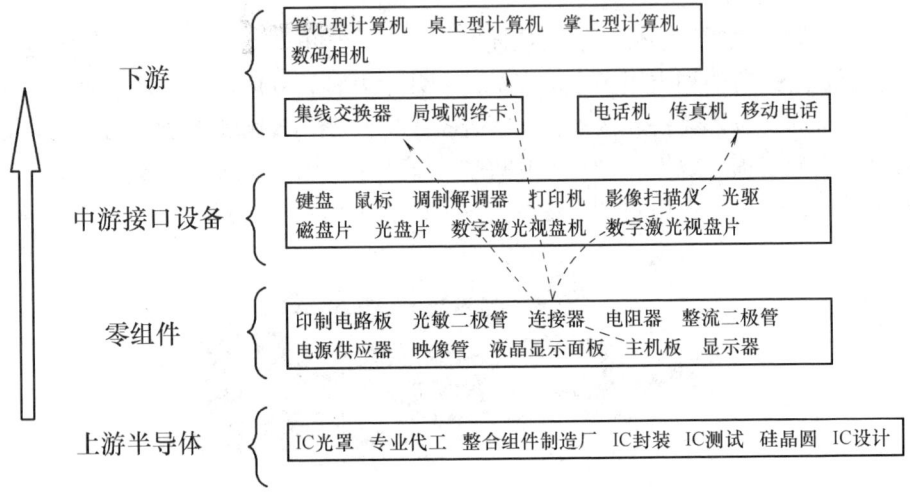

图3-6 连接器在电子行业的位置

3. 组件属性

设计工程师在拿到一个项目时，首先评估的对象就是产品及其组件，所以要非常了解这块的特性和一些常识，下面对其做一个框架性介绍。

（1）组件构成 最基本的连接器，由起绝缘作用的塑胶本体（俗称塑胶）和起导电作用的五金件（俗称端子）构成，有些复杂的连接器则同时还包含其他零件，如图3-7和图3-8所示。

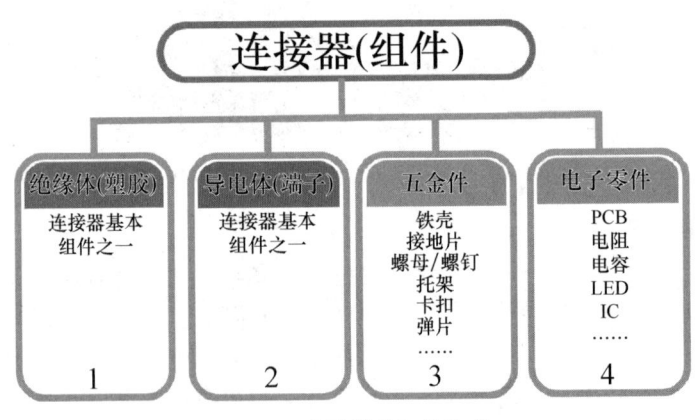

图3-7 连接器的组件构成

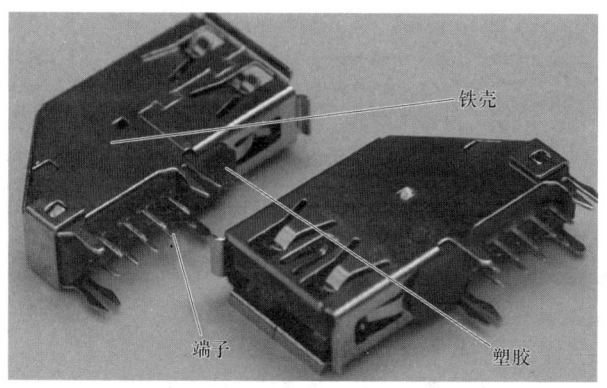

图 3-8　典型的连接器——USB 连接器

（2）**零件属性**　连接器的组件都很简单，但有各自的属性功能（见图 3-9），如能熟练利用，对自动化机构设计大有裨益。以塑胶为例，由于其主要属性是绝缘，同时作为产品的结构本体，与其他零件进行装配时，要有足够的导向、防呆（一种预防矫正的行为约束手段，运用避免产生错误的限制方法，让操作者不需要花费注意力，也不需要经验与专业知识即可直接无误地完成正确的操作）和防尘措施，生产上应该注意减少和避免尺寸波动、应力集中、来料变形，以免影响产品的装配。因此，设备上应该注意杜绝可能对塑胶造成破坏的机构或工艺，裂纹和破损缺陷都可能造成产品功能失效……

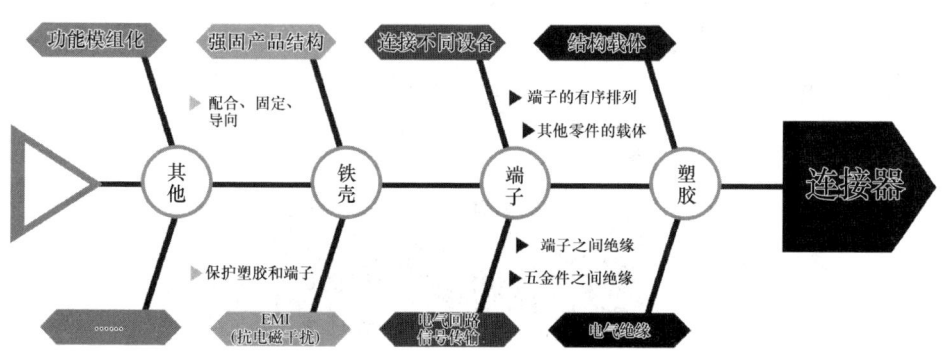

图 3-9　连接器的组件属性功能

连接器可以根据功能进行模组化，这种情况相对较为复杂，生产工艺比较繁琐，自动化实现上难度也增加不少。如图 3-10 所示，若干个连接器和其他电子元件，可以组合成新的连接器组件（俗称连接器模组）。

（3）**性能指标**　一般来说，连接器的性能指标主要有机械、电气和环境三大类，如图 3-11 所示。其中大部分性能取决于产品设计，会在新产品开发阶段通过实验或测试的方式确定下来，比如力学性能中与端子相关的力（插

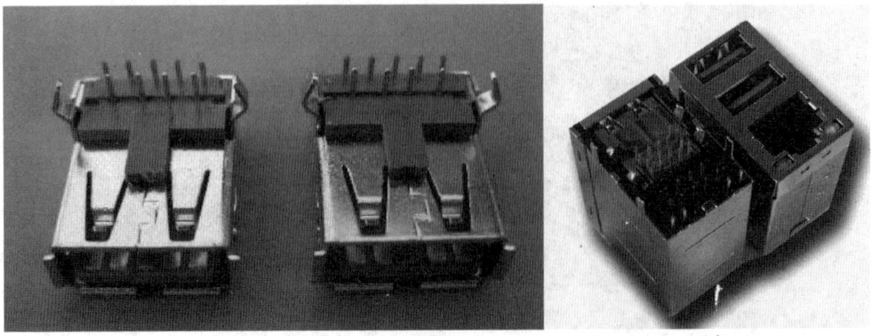

图 3-10 单个连接器及连接器模组化

a) 单个连接器　b) 带 LED 的多连接器组合模组

拔力、保持力等），公母端（配对使用的连接器，一端为公，一端为母，俗称公母端）配合的插拔力、插拔寿命，电气性能中的接触、绝缘阻抗、驻波比、电磁兼容性，环境性能中的各个子项等。在产品进入量产后，这些指标通常是由品质部门责成品质管理人员抽检给予确认。

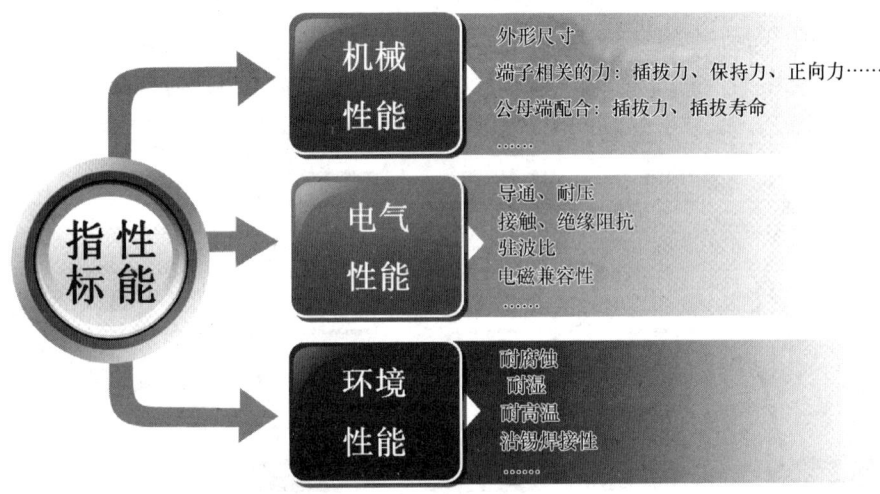

图 3-11　连接器的主要性能指标

除此之外，还有部分性能指标，由于容易受到来料、组装影响而出现品质异常，是需要在制程工艺上给予 100% 检测和确认的。比如机械性能中的装配尺寸、电气性能中的导通短路、耐高压等，还包括包装数量、外观缺陷等，都需要在生产过程中得到管控。

如果我们进一步概括连接器的性能，可以这样来理解：连接器厂家使用供应商的端子、塑胶、铁壳等物料生产连接器，然后送到客户那里，连接器本身又作为后者的物料继续生产（线缆、线路板等）……最后到达消费者手里。显然，作为物料，其性能指标或品质要求，应该包含两个方面：一个是下游客户生产没问题，一个是终端消费者使用没问题。当然，两者都依赖于可靠的产品设计，并可能受到来料品质变异和制造工艺的影响。如图 3-12 所示，电路板上有一个 SIM 卡连接器（俗称 SIM 卡槽），两侧区域 1 叫焊接区，中间和 SIM 卡接触的区域 2 叫接触区。那么，和 PCB 的焊接区域（俗称金手指）对应的 6 个端子焊脚尺寸（共面度、位置度）及焊接性，就有一定要求，如果没做好可能造成空焊、连焊等缺陷；接触区的端子弹片高度和弹力，也有一定规格，如果没做好可能造成接触不良或不稳定。所以，在做自动化机构设计时，要有这样的认识：产品的结构设计，几乎决定了产品品质，所以必须首先把好关；制程工艺也会影响到产品品质，这部分有赖于稳定的来料品质管控、严谨的制程工艺设计、可靠的机构或工装等来加强管控。

图 3-12　电路板上的 SIM 卡连接器

4. 装配设计

产品一般有它的装配特性，这个是由产品设计来定义的，了解内容越多、越深，对自动化机构的设计越有好处。下面举一些装配特性的例子。

(1) 预加载荷　即预加载荷的设计方式。自由状态下来料端子的弹片高度大于装配后的，相当于靠塑胶格栏或内壁作用了一个预压力（挂住端子头部），从而确保弹起高度的稳定性。甚至可以有意让供应商将弹片高度尺寸做大一些，这样即使有尺寸上的波动，装配后也能保持较为一致的状况。因此，如果一个连接器有多个端子，对于弹片高度尺寸要求较高时，这样的设计更为合理，如图 3-13 所示。预加载荷结构的特点是：

1）弹片高度稳定。

2）装配时，需要一个厚度合适的舌片（伸进产品内部的零件，一般称为舌片）先抵住弹片，然

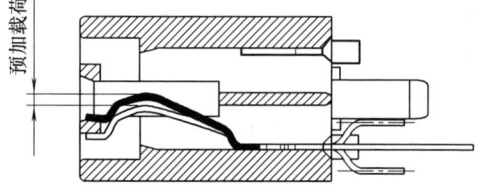

图 3-13　端子弹片的预加载荷设计

后再插进塑胶。

3）弹高尺寸，决定于端子来料及塑胶槽对应的尺寸。

同样是有弹片高度要求的结构，再看图 3-14 所示的非预加载荷的设计方式。由于端子头部是悬空的，很难获得稳定的弹片高度，如果制造流程中有配对插拔（例如我们把 U 盘插入电脑接口，在生产上叫配对插拔）之类的工艺（如测试），由于导体端子相互接触挤压，就会影响到其弹起高度，造成弹片高高低低、参差不齐。这样的设计，一方面对来料尺寸要求较高，另一方面对制造流程工艺的细节处理要求也很高。

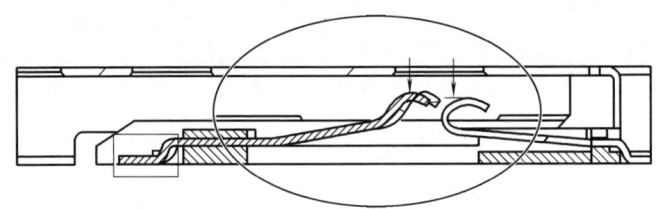

图 3-14　端子（弹片）的悬空设计

当然，并不是所有产品都适合预加载荷设计的，例如有些卡类连接器产品（与市面常见的 SD 卡、MS 卡、多合一卡等配对使用），由于结构轻薄，就很难采用这种方式，转而借助其他方法来解决：一个是采用注射成型（通常注射模是成型塑胶的，但也可在注射模中增加放置端子的结构，然后注入高温高压塑胶，直接成型）方式（见图 3-15），减少后段零件装配生产过程对产品的影响和破坏；一个是采用人工维修高度的方式（在专用测试仪器的监控下，把高的压低，把低的挑高）给予解决，虽然无形中增加了人工成本，但也是无奈之举。

图 3-15　注射成型的产品

（2）装配方式　不同零件组合成一个产品，依靠的是各种装配结构和固定设计。不同行业或产品，装配和固定设计存在差异，但绝大多数都是典型工艺，例如拧螺钉、点胶、焊接、热熔、卡扣、刺破……此外，同样一类产品，装配方式也不是唯一的。

例如连接器，端子上有倒刺或凸台设计，在外力作用下压入或插入尺寸匹配的塑胶孔槽后,就会形成刺破或干涉作用,从而有一定的保持力。如图 3-16 所示,外力作用于端子位置区域 1(一般称为肩部),将端子送入塑胶孔槽 3,此过程端子的倒刺 2 和孔槽存在刺破和干涉,就不会轻易脱落或退针。常见的干涉状况有单边干涉、双边干涉、U 形干涉等,如图 3-17 所示。而铁壳的装配,一般是先将插好端子的半成品装入,再通过铆合铁壳脚的方式,将半成品卡住,如图 3-18 所示。

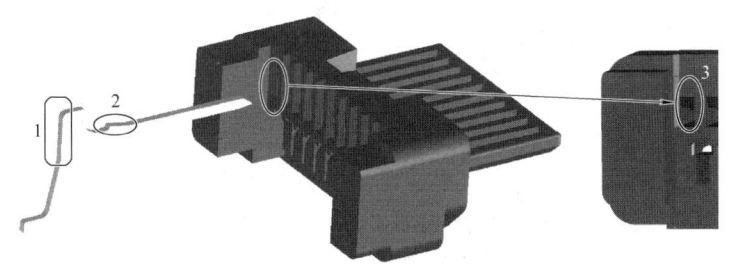

图 3-16　连接器的端子和塑胶干涉状况

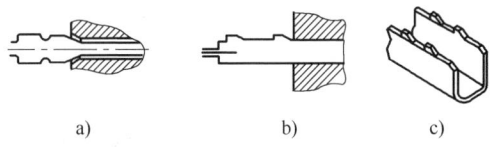

图 3-17　连接器的端子和塑胶干涉状况 1
a)双边干涉　b)单边干涉　c)U 形干涉

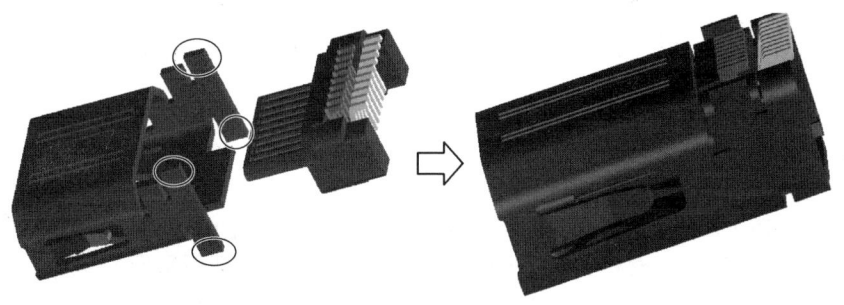

图 3-18　连接器的端子和塑胶干涉状况 2

(3) 物料特性　作为连接器核心基本组件之一的端子,为了便于运输,来料一般是做成连接件(卷盘包装)形式。当然,也有散件来料(一根一根的散装)的方式。相比之下,连接件更容易实现生产上的高速、稳定装配。图 3-19 所示的区域 1 部分,端子与端子之间的连接载体称为料带,而区域 2 部分叫作保护脚(防止卷装时端子挤压变形,有的端子则不需要保护脚),这两部分在生产过程中是要去除的。其中,料带边有切口和没切口两种,特性是不一样的：前者模具费用较高，但料带平整无毛边，缺口可做初定位用，适合插端子时直接铆压料带的情形；后者模具费用较低，但料带不平整，有毛头，适合插端子时不是铆压料带的情形（料带去掉后，再铆压端子的肩部），如图3-20所示。

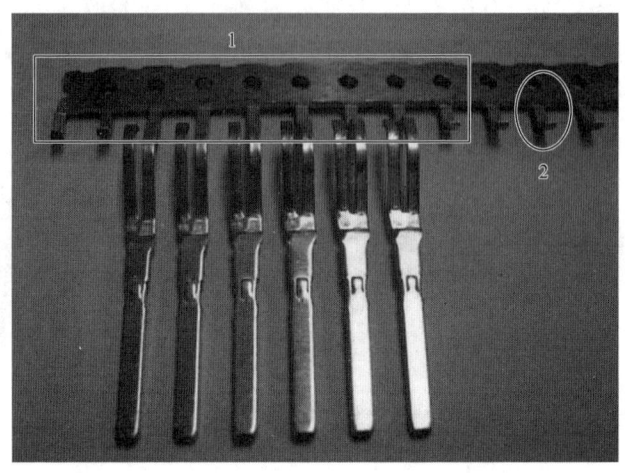

图3-19 端子来料的连接件方式

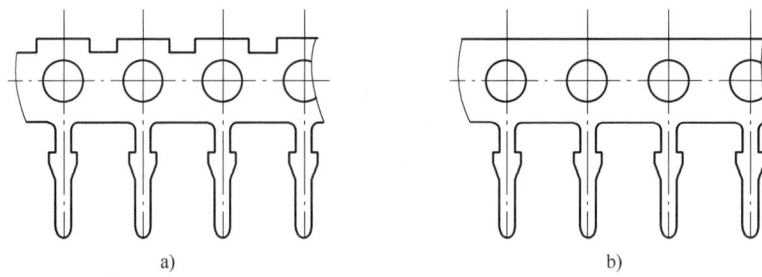

图3-20 料带边有切口和无切口的区别
a) 有切口设计 b) 无切口设计

再比如下述注射成型产品，如图3-21所示，需要在生产时进行端子的折弯工艺（圆框所标记位置），有时可能会遇到折弯位置裂纹或易断问题。如果在机构本身上没找到什么问题，那就要从物料、从产品上来分析了。类似这种延展类铜材，其内部是有组织纤维方向的，如图3-22所示，如果折线是平行于组织纤维的方向，就可能开裂。此外，成形的内径 R 和料厚 t 的比值 R/t 也是一个衡量指标，实际是用V形块来测定，铍铜的规格大概是2.5，大于这个值的物料则相对成形性不好。

5. 品质信息

品质信息包含两个层面：设备本身的品质和设备服务对象（产品）的品质，前者固然是最基本的也很重要，但经验告诉我们，对后者的把握不足，也

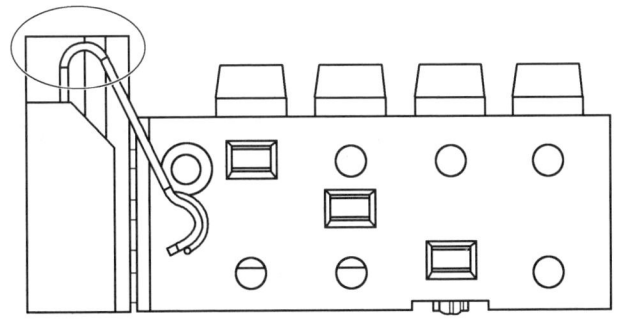

图 3-21　端子需要折弯的产品

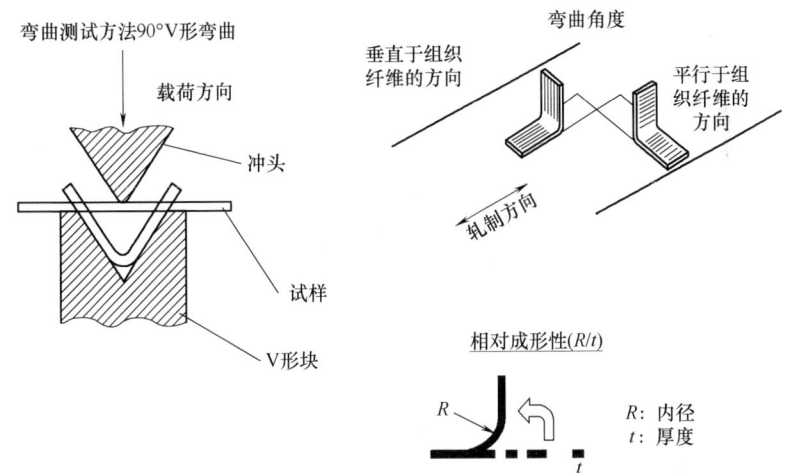

图 3-22　压延类铜材的折弯成形特性

往往会导致项目的阻滞。很多从基层做起的设计者，品质概念比较淡薄，这是个非常严重的问题。品质是产品的生命线，对做设备的人员来说，同样要有很强的品质观念。

(1) 设备本身的品质　设备本身就是一个产品，只不过因其功能而能够生产别的产品。把设备当产品来做，会使自己的品质观念有一个提高。换言之，非标设备企业也要有一套品质管理程序，比如零件检测、异常处理、出货确认、图样归档等，都要有明确而制度化的作业规范。对于设计者来说，设备品质保证的重点就落在机构运转、标准件寿命、工程图样等内容上，务必持续改善，不断优化。

一台设备从设计方案到最终交付，每一个环节几乎都会影响到品质，这里只针对工程师的设计阶段做一个简单介绍。

1) 方案是客户要的：客户的项目指标、标准要求、现场条件等都要烂熟于心。

2)具体设计是有竞争力和说服力的:技术亮点、价格优势、创新机构。

3)细节是考究的,也是有依据的:制程合理、工艺可靠、品质保证。

4)工程资料是准确的和标准的,例如:

① 规范化的图样表达。如果单纯衡量一名普通工程师的绘图能力,除了三维(3D)图样的机构布局,二维(2D)图样的标注,尤其是公差的处理方式,也是个重要参考,我们要推断一个公差是 ± 0.005 还是 $^{+0.008}_{-0.002}$,这里面包含了设计细节信息在里边,是需要一定依据的。设备的技术文件中一般会有易损件备件图,生产部的人员按图样加工出来的东西(如刀具),如果每次更换时都需要频繁调试,那就有问题了。可能是机构没设计好,也很可能是图样没标注好(加工错误的情形毕竟不多见),这也是一个设备品质的问题。

② 资料管理的完整性和检索性。一台设备的工程资料包括 3D 图样、2D 图样、外购标准件清单(表)、加工零件表,2D 图样要有组装图、爆炸图等,各种资料要完整而便于查阅。

③ 要经常维护和更新"应用仓库"。设计人员都有一些自己的资源积累(我们称之为"应用仓库"),以便在设计时可以调用,省时省力。但是,这个仓库是否足够准确,是否足够先进,是否足够实用……不同的人来做,会有不同的效果。笔者建议,可借鉴气动标准件厂商 SMC 的型录方式,模型树层层分级,最后一层最好有预览图片(如软件自带预览效果的则更佳),方便查阅,如图 3-23 所示。

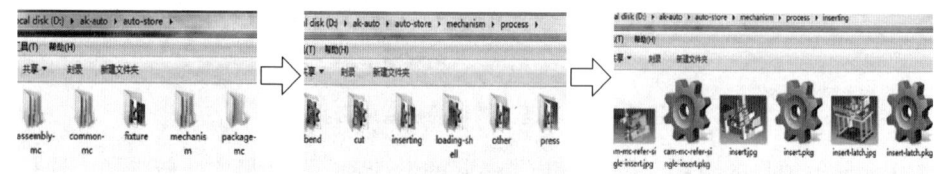

图 3-23 应用仓库的形式

④ 记录变更和改进履历。在非标设备制作过程中,难免存在一些小纰漏,除了要及时更新和保存外,还要特别注意记录变更的理由和效果。这样既方便后续追溯,同时也是一个积累经验的好习惯。经常这么做的人,三五年后回过头来翻翻设计修改记录,会很有收获的。

⑤ 符合客户规定或习惯的工程资料。要么事前跟客户协商不提供资料,如果提供,请按客户的规定和习惯来做,并且不要有意破坏,否则容易获得负面的评价。

(2)设备服务对象(产品)的品质 产品设计之初,会定义具体的品质要求,但未必能经受得住生产的考验(例如达不到品质要求),所以往往有个持续改良和修正的过程。很多人可能会认为,品质越严苛越有保障,但事实上每家公司都有自己的产品制造和品质管控能力，而这个能力也不是短期能够铸就的。如果品质要求不切实际，制造过程会很辛苦很被动，有时甚至会走冤枉路。品质要求要结合公司自身能力拟定，可以适度拔高，但也不能过于严苛。

提到这点，可能很多人会奇怪，设备就是做产品的，把产品做好了，设备品质不就没问题吗？其实不然，请不要把对品质的理解，定位在"针插到位了"或"刮伤不见铜就可接受"之类狭隘而粗浅的层次。品质的基本要素是数据、证据和规范，是理性而客观的东西。对做设备的人员来说，很忌讳感性处理与品质相关的问题，否则几乎没有品质可言，或只能做做简单的项目。撇开一些体系或标准不提，针对产品，以连接器产品为例，至少需要重点关注：客户制造流程的品质管控要点；产品装配的品质敏感度；设备的物料流向和工艺细节；产品的设计图样信息（参考本节第6点）。

1）了解客户制造流程的品质管控要点。设备稳定的依据是什么？答案就是：做出来的产品，能顺利通过客户的各种品质管控要求！如果我们不清楚是怎么管控产品品质的，就没法保证设备在客户端能顺利生产。所以，机构设计人员需要了解企业管控产品品质的手段及其内容。

体系上，不同客户有不同的产品品质管理体系，大概包含图3-24所示的一些概念和内容，限于篇幅，不在此赘述，仅就设备能力评估常用到的"C_{pk}"进行一个简单的介绍。

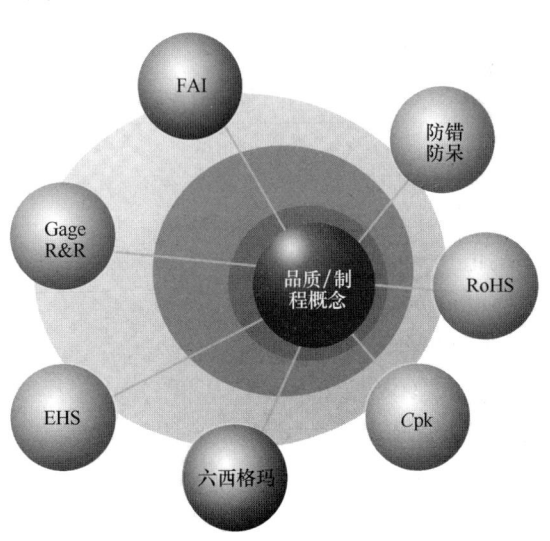

图3-24 企业产品制造流程涉及的品质管理概念

C_{pk}（Process Capability Index）的定义为：制造流程（简称制程）能力指数，是现代企业用于衡量制程能力的指标，也即某个工程或制程水准的量化反映,也是工程评估的一类指标。作为制程水平高低的量化反映,Cpk 考察长期的制造能力,其值大于 1.33 才代表有稳定的制造能力,最好大于 1.66,指标意义见表 3-1,处理原则见表 3-2。

表 3-1 指标意义

Cpk	每一百件中的不良数	每一百万件中的不良数	合格率(%)
0.33	31.7	317310	68.3
0.67	4.5	45500	95.5
1	0.27	2700	99.73
1.33	0.0063	63	99.9937
1.67	0.000057	0.57	99.999943
2	0.0000002	0.002	100

表 3-2 处理原则

等级	Cpk	处理原则
A+	≥1.67	无缺点,考虑降低成本
A	1.33≤Cpk<1.67	状态良好,维持现状
B	1.00≤Cpk<1.33	改进为 A 级
C	0.67≤Cpk<1.00	制程不良较多,必须提升其能力
D	Cpk<0.67	制程能力太差,应考虑重新整改设计制程

【案例】 某设备制造工序的尺寸规格要求为 $(10±0.1)$mm,实际测出的 50 个样本值见表 3-3,请计算出该工序的 Cpk。

【解】 数据平均值 $x=9.998$,公差 $T=$ 上极限偏差 $-$ 下极限偏差 $=0.2$,公称尺寸 c 为 10,标准差 $\sigma=0.038$,则

$$C_a = (x-c)/(T/2) = (9.998-10)/0.1 = -0.02$$
$$C_p = T/(6\sigma) = 0.2/(6×0.038) = 0.877$$
$$C\text{pk} = C_p(1-|C_a|) = 0.877×(1-|0.02|) = 0.895$$

【注意】

① 方差为 $s^2 = [(x_1-x)^2 + (x_2-x)^2 + \cdots + (x_n-x)^2]/n$,而标准差 σ 为方差的算术平方根。

② 有的公司可能会要求设备装配产品的尺寸的 Cpk 达到一定值,如果不理解该值的含义不要轻易答应,不然会给后续的生产带来很多麻烦(需要做 Cpk 分析的尺寸通常很重要,但有时并不容易稳定做到)。

表 3-3　某设备制造工序尺寸规格的 50 个样本值

9.995	9.981	9.963	9.947	10.016
10.014	9.971	10.095	10.034	10.004
9.928	9.914	10.017	10.021	10.006
9.983	9.976	9.968	10.026	9.991
9.972	10.054	10.159	9.973	9.984
10.016	10.003	9.994	9.983	9.976
9.992	10.027	10.018	10.005	10.003
9.987	9.995	10.001	10.017	10.003
10.025	10.021	9.987	10.006	9.982
9.972	9.975	10.002	9.943	9.994

　　程序上，设备调试好交付给客户后，客户会安排人员生产若干数量的样品，提交给品质部门（俗称首件检验），进行全尺寸或重点尺寸检测。如果没有问题便可开始试产，有问题则要查找问题、进行改善或协商（设备没有充分调试好便送给客户，会很被动）。

　　客户会规定一个时间（例如 8h 内）进行小批量生产（也叫试产），然后就产能、良品率、直通率（产品从第一道工序开始一次性合格到最后一道工序的参数，能够通过该过程了解在产品生产过程中所有工序下产品直达成品的能力）等指标进行综合评估，得出一个评审报告，如果通过了，设备就开始正式生产（设备能做几个样品，不等于就可以交付使用了，从交机起要 1~2 个月后，客户才愿意正式验收）。

　　正常大批量生产时，就会和其他生产线一样，每天正式生产前做首件检验，同时品检人员中途会每 2h 或 4h 抽检一次。如果是一台检测设备，则每个班组开动生产线之前，会用标准块（校验检测基准的工件）、好坏板（好品样板和坏品样板）之类的工具，对该设备/工序进行功能校验。

　　手段上，不同客户不同产品，品质管控手段上会有一些差别，对设备交付有很直接的影响。比如同样是过波峰焊的双倍速率同步动态随机存储器（Double Data Rate，DDR）连接器产品，有的客户检测焊脚用电荷耦合元件（Charge Coupled Device，CCD），有的则只要过"基子"（一种仿制 PCB 落板工艺的检测工装夹治具），两者直通率有时相差很大（实际产品可能是一样的，但在生产效率和稳定性方面，CCD 虽然投资较大但优势明显）。又比如，有些产品尺寸有 Cpk 要求，在设备交付时客户就会要做这个检验，不通过可能被拒收。再例如，机器上有测试机构的，一定要有对应的能证明或确认机构可靠性的方法，通常 CCD 要有标准块（用于校核 CCD 基准的工件），电测机要有好坏板（良品和坏品，分别校验检测功能是否正常），基于要做测量系统的重复性和再现性（Gauge Repeatability and Reproducibility，GR&R）验证，对于这些，品质管理人员都要一一进行确认。

不管是在企业的自动化部门谋职，还是在专业做设备的企业工作，以上体系、程序和手段了然于胸将会有助于项目的顺利推进。

2）认识品质敏感度。产品的品质敏感度，对设备来说，就是产品品质对工艺影响的敏感程度。这个概念非常重要，它是我们评估一个项目好不好的重要指标。敏感度高的，项目不好做，或者说设备需要有更好的精度和稳定性；反之，敏感度低，出于成本节约方面的考虑，可以降低相应的设备配置和设计要求。

例如图 3-25 所示的串行硬件驱动器接口产品（Serial Advanced Technology Attachment，SATA），插端子工艺上需要先折弯 90°，然后再插入塑胶。

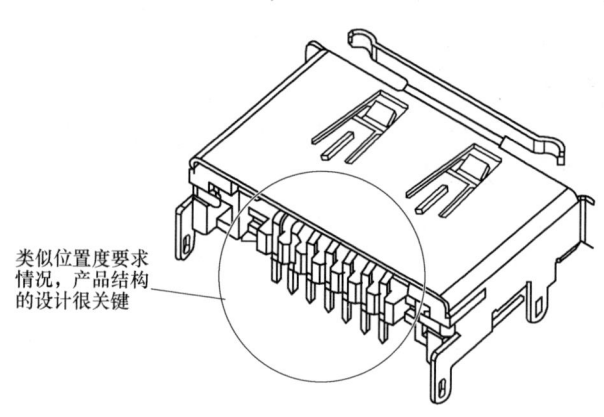

图 3-25　SATA 产品

根据经验，设备可以满足上述工艺要求，但这并不意味着，机构达到的精度，能够完整传递到产品的制造中去，这里就涉及了产品结构的品质敏感度。对这个产品，分析思路是：

① 假如折弯角度允许偏差为 ±2°，无塑胶格栏的产品结构，端子压入塑胶后的状态受来料尺寸影响大，有塑胶格栏（起支撑作用）的产品结构，端子压入塑胶后的状态受来料尺寸影响小，因为来料角度的偏差可被塑胶格栏部分抵消（塑胶支撑端子，像杠杆一样，即便端子折弯角度更小，只要压入深度一致，产品的状态变化就很小）。

② 压深精度一般是足够的（机构本身误差基本可以忽略，也比较容易调整），这样，圆框所示的焊脚位置精度是可以保证的。假如产品结构无格栏呢？则稳定性大不一样，对于自动化机构设计而言，难度将大幅提升。

当物料装配方向上品质要求较高时,如图 3-26 所示,端子的插入深度要求较高,则要尽量优化产品结构,抵消一部分不稳定因素,否则制造流程的品质不容易管控。

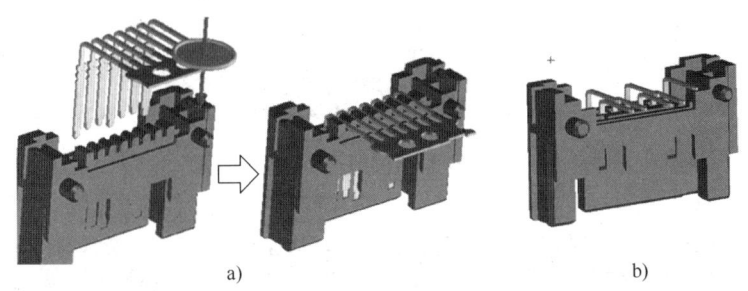

图 3-26 装配方向上品质要求较高
a)易实现 b)难管控

当物料的装配方向上品质要求较低时,如图 3-27 所示,端子的插入深度要求不严苛,如果端子的 Z 形折弯是在来料前就已成形好的,生产线的制造流程的品质相对容易管控;如果端子的 Z 形折弯是放到组装生产线来做的,则会影响产品生产品质(Z 形折弯尺寸有轻微波动,都会造成装配后产品的共面度不合格),这种情况也要尽量避免。类似端子的成形工艺,应交由模具部门负责,因为其技术(专业度)和设备(冲床吨位大、模具精度高)较强,所以稳定性较高。

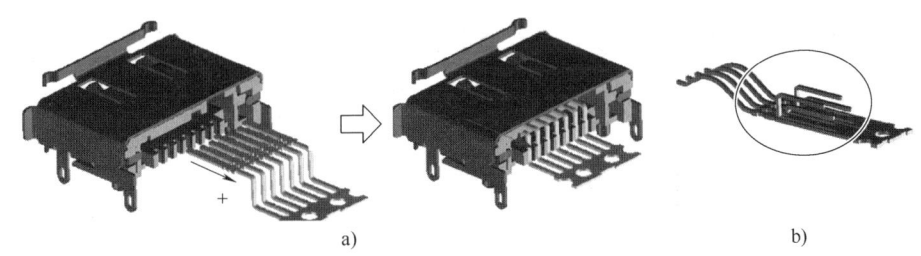

图 3-27 装配方向上品质要求较低(注意工艺之间的相互影响)
a)难管控 b)易实现

合理的产品机构设计,可以使品质基本不受装配影响,但一些产品设计工程师因为缺乏自动化的基本认识,可能会忽视该方面的影响,因此,这方面往往需要自动化机构设计工程师自行评估和提出建议。

3)设备流程工艺本身有严谨的品质。加强设备品质,有一些方法和工具,比如防呆防错(见图 3-28 和图 3-29)、失效模式分析、设计审查表(用图表形式罗列技术要点,易于检查确认)等。

图 3-28　不合格品通不过 V 形限位

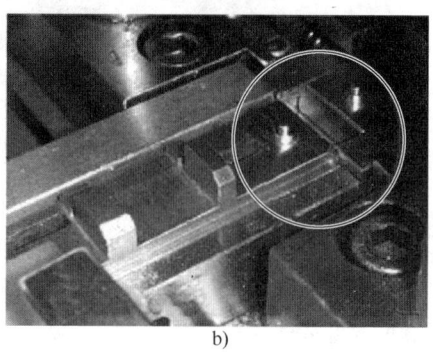

a)　　　　　　　　　　　　　b)

图 3-29　载具放反则进不了流道

a）方向正确　b）方向错误

6. 产品图样

务必提高自己的读图能力，不论遇到什么客户什么产品，对每个项目都要认真仔细阅读产品图样，尤其是 2D 图样，这是自动化设计者的终极指导文件，信息重点包括：

1）基本标注。

2）专业名词。

3）工艺信息。

4）品质信息。

5）其他信息。

评估项目时，客户一般会提供产品图样，包含 3D 图样和 2D 图样，或者其中之一。任何时候，产品的 2D 图样才是设计的依据，必须评估；3D 图样虽然直观形象，但只能用来绘图或交流。而反观实际情况，由于 3D 辅助设计软件的普及，现今设计人员习惯于直接用 3D 建模的方式进行机构设计。如果不重视产品 2D 图样的阅读（类似图 3-30~3-33 所示），或者看不懂产品 2D 图样，单纯看看客户提供的产品 3D 模型（可能是粗糙的，也可能是错误的）就开始做机构设计，经常会出现不对题或不达意的严重后果。

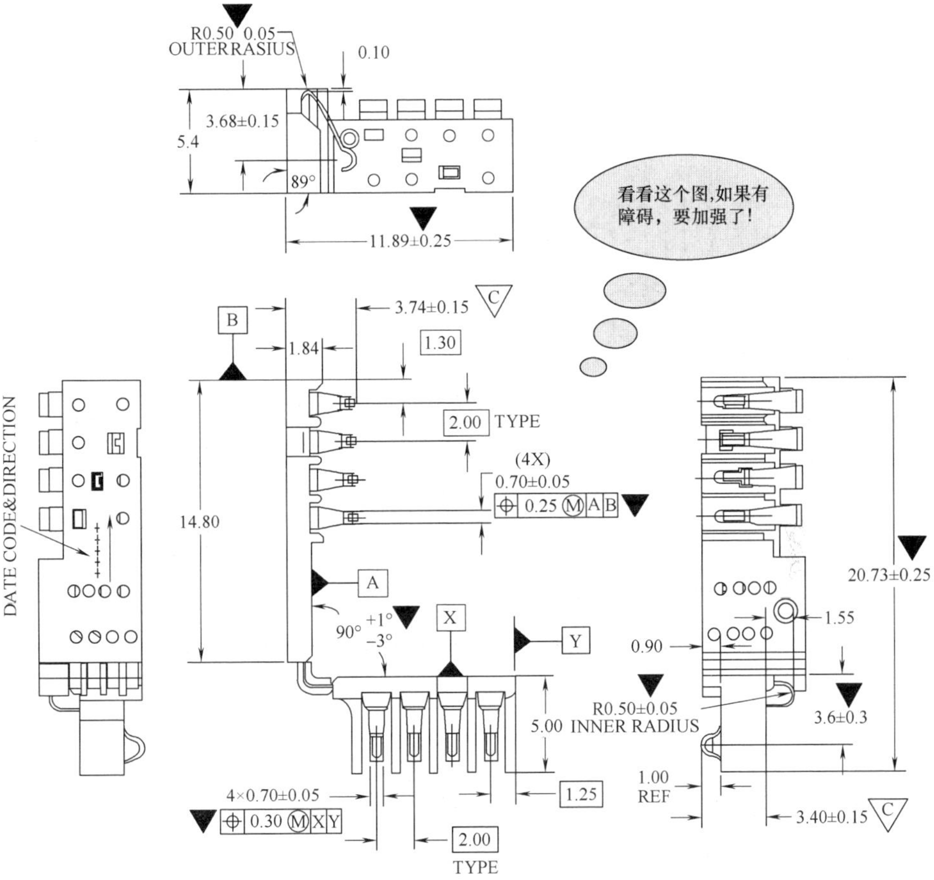

第3章 自动化工程师必修基本功

图 3-30 手机的电池连接器 2D 图样

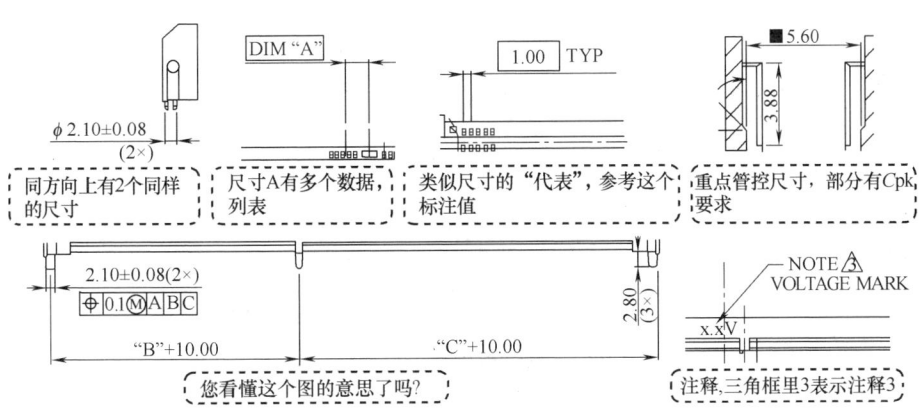

图 3-31 电脑主板上 DDR 连接器的塑胶零件 2D 图样

○ 为保持厂方图样的原始性，故未对本图及图 3-31~图 3-33 的内容及标注等进行修改。

53

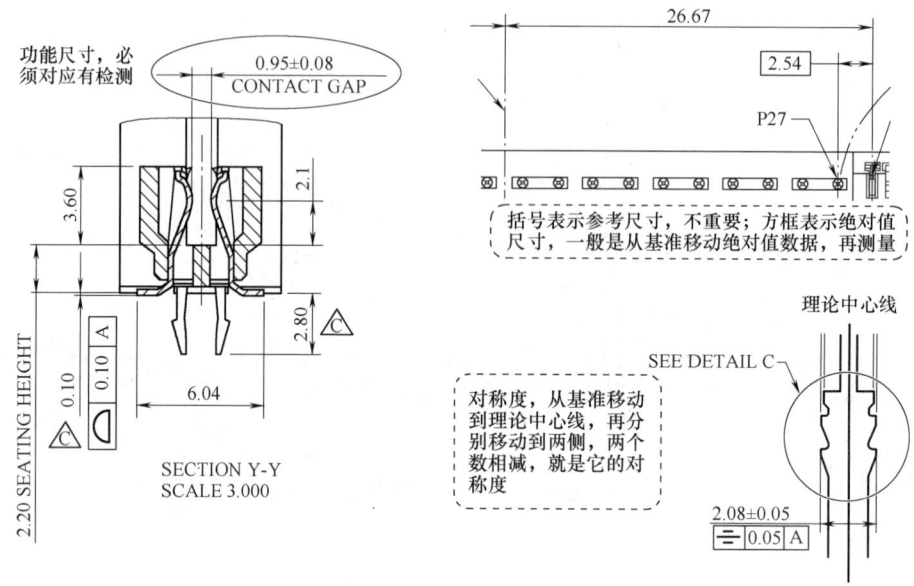

图 3-32 电脑主板上 DDR 连接器 2D 图样

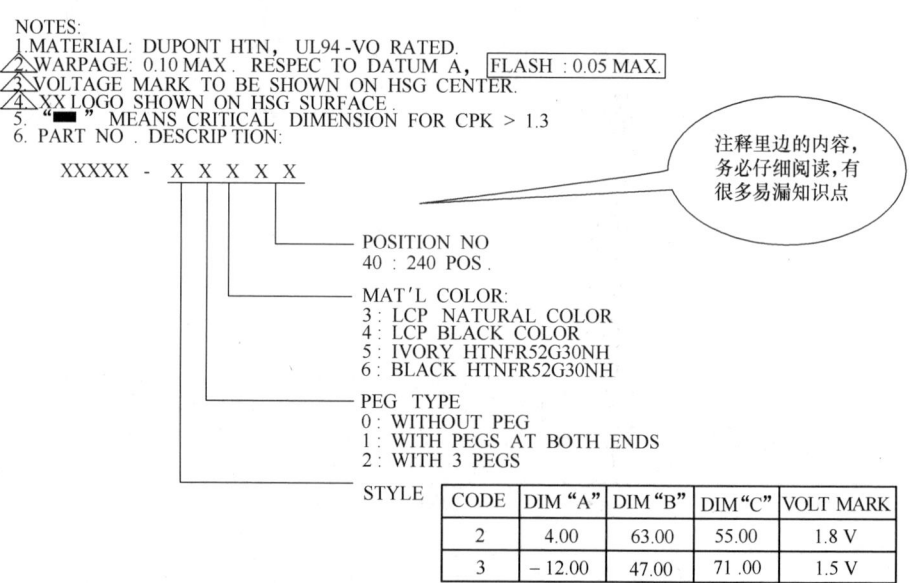

图 3-33 产品 2D 图样上的注释和说明

设计人员常容易犯的失误是,在做系列化或标准化产品的自动化机构设计时,由于有了一定的经验,往往会想当然从而忽视要求差异性,图 3-34 所示为产品 2D 图样的重点信息。不同客户对产品的品质要求包括设备本身的一些外在要求和自己的特定标准，有时不同客户间的差异很大。不要让客户问到你，那么换一个料号时，这台机器该如何处理××问题，而你哑口无言，或者自己默认为就是这样和那样了，但结果不是。很多项目"死"在缺乏沟通上！

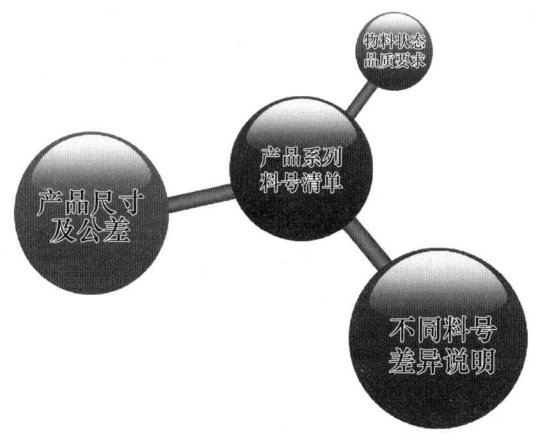

图 3-34 产品 2D 图样的重点信息

关于连接器的产品知识远不止这些，上述内容仅为抛砖引玉，目的在于说明，虽然我们做的是自动化机构设计，但是设备最终是要用来制造产品的，如果连产品都不了解，那么如何保证设备的机构设计是准确的、可靠的、客户需要的呢？所以应先从了解产品着手。

3.1.2　工艺方面

工艺是劳动者利用生产工具对各种原材料、半成品进行增值加工或处理，最终使之成为制成品的方法与过程。制造流程是工艺的先后排列组合，决定着物料流向和机构次序。换言之，制造流程是机构布局的决定因素。不同从业背景的入行者，在以下两个方面互有优势。

1. 基本制造流程

基本制造流程，通俗来说，叫作产品生产的工序先后排配规范，在企业内一般用流程图来表达。很多从基层员工转做机构设计工作的人员，在对细节的把握上没有多大问题，也善于分析和解决设备相关的生产问题；但对制造流程的把握，比较主观而零散，需要注意拓展知识面，同时要注意对经验进行梳理和总结。例如，他们对经常做的一些产品是怎么生产的非常熟悉，但是对于新产品，也许他们就很难制订出一个合理的生产流程来。

生产线制造流程图的制订（类似图 3-35 所示），一般是生产技术/工艺/制造工程师的工作内容，但是在企业自动化逐渐普及的背景下，也需要自动化机构设计者具有这样的能力。例如，许多客户有自己的人工生产线，但是可能对于转型自动化生产没有什么概念,如果要我们做一个自动化方案出来,大部分的构思和评估工作,都会落到我们身上。我们要有生产技术人员的思维和能力,才能把这个工作做好。所谓隔行如隔山,要制订一个合理的自动化生产流程,有时并不容易。平时缺乏制造流程细节捕捉和训练的人,遇到这种情况就会感到力不从心。

2. 工艺细节

工艺细节相当于具体的作业方式,包含物料、手法、设备(工具)、品质检测等诸多要素,一般由标准作业流程(Standard Operation Procedure,SOP)来定义描述。作为自动化机构设计者,可能更多地只关注设备(工具)这个元素,很少去关注其他工艺细节,这是不全面的。一些没有跟进过产品或很少接触生产一线的设计者,对基本流程的了解可能问题不大,但对工艺细节方面的把握则略显

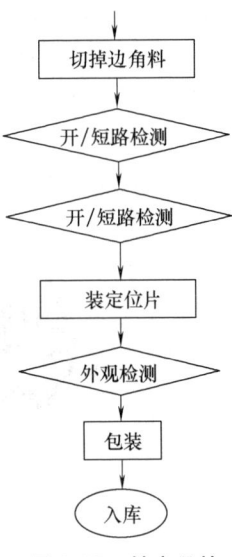

图 3-35 某产品的生产线制造流程图

薄弱。例如,虽然了解设备原理和结构,但当出现一个稍微复杂的生产异常时,可能不知道如何去应变和处理,因为生产的问题往往不是单一的设备问题。因此要把握好各种机会,多在这方面下功夫。

说到工艺细节,一般设计人员都是精于本行业的,对跨行业不是很适应。这个问题应该这样来理解:首先,做某个行业设备的人,如果闭关自守,视野肯定是狭隘的,如果平时有意识地多搜集整理,其实是可以做到尽可能多地掌握各行各业工艺信息的;其次,除了极少数技术含量高的行业(如上游半导体行业),其他普通的行业,其实很少有特殊复杂的工艺,相反,更多的是一些通用工艺,比如焊接、点胶、铆接、锁螺钉等;再者,具体到一个非标机构设计,难度更多体现在供料、上料、移料等搬运环节上,工艺本身反而没有那么复杂。工艺细节有几个特点,是我们在学习时要注意的。

(1) 工艺细节是需要捕捉的 图 3-36 所示是某产品的检验工序。该工序原来是由人工完成的,现在想用自动化机构来实现,可以归纳出一些设计要点。

1)这种产品属于"落板"类型,在客户端是插到 PCB 孔,然后过波峰焊,相比表面贴装技术(Surface Mounted Technology,SMT)制程,对零件的尺寸要求稍低。在管控上,一般可以用这种叫"基子"的检具,它模拟 PCB 实际使用状况,孔径一般为 PCB 孔径的最大值。

2)如果是手工检验,要求是轻松插入,意味着力量要尽可能小(极限是依靠产品自重),动作要轻缓,不能有冲击或碰撞。

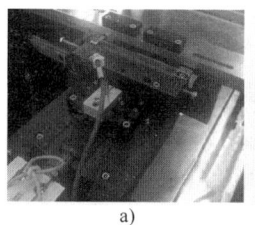 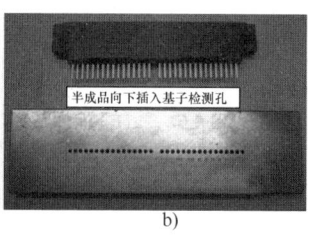

半成品向下插入基子检测孔

a)   b)

图 3-36　某产品的检验工序

a) 设备上的基子　b) 手动线上的基子

3) 如果要实现设备自动检验，那么可以模仿手工检验的方式，先定位产品，然后用基子插向产品，如果轻松插入，则说明焊脚的位置是符合 PCB 尺寸的，判为合格；如果有阻碍（利用传感器来侦测基子受阻碍的状况），则说明有焊脚变形或尺寸不合要求，判为不合格。

(2) 工艺细节是需要总结的　机构上的一些工艺细节，有时候实际情况会和设想存在偏差，往往需要遇到问题后现场调试设备才能有切身体会。经常总结和思考是一个非常重要的方法，在之后更多的具体设计上，就能有效降低出错率，避免问题的重复发生。图 3-37 所示是一个对现场设备调试后的总结，很多问题在设计时没做到位，这样的总结，对于机构的持续改进及后续的设计，具有切实的指引意义。

自动机本身问题点(夜班反映异常)
1. 插端子机头扭力过载报警(频繁，难调机，影响生产)
原因：机头运转阻力大，是滑动机构的不顺畅造成的
改善：1)清理滑槽滑块脏污，操作员加强机台5S管理；
　　　2)在1)措施不能持久改善前提下，考虑对机构进行简单的改进
2. 预插机构退回报警(须停机复位再开机，影响生产)
原因：机头预插端子后，退回，位置感应器太靠后
改善：将感应器往前挪动一些，机器无报警
3. 送料(端子)报警
原因：定位针侦测光纤松脱(感应不灵敏)
改善：将上述光纤固定好，机器无报警
4. 摇料不断
原因：TML连料预断偏浅(适合手动线生产，因此没改)
改善：通过调整摇料初始位置，暂未发现摇不断
5. 噪声大
原因：主要是由链条和链轮摩擦/碰击产生，此外摇料机构声音也较大
改善：上述机构具有噪声偏大特点，可通过调整链轮和链条的张紧程度以及摇料机构工件配合来减小噪声，但不能消除

此处滑动不顺畅
此处光纤松脱
此处感应器位置前移
通过此处调整摇料初始位置
摇料爪

图 3-37　调试设备的总结

(3) 工艺细节是需要凸显的　所谓凸显，就是在评估一个生产工艺时，一定要抓住它的关键点。

例如，一般插端子，都是功能区（不允许碰触，以防遭到破坏）在前面（见图3-38a），推动或夹取物料非功能区。但也有相反的设计，如图3-38b所示）的方框所示，在机构细节设计上就有些特别，除了插的方向有些特别，还要注意推动或夹取机构不能碰触到功能区，这样夹切插工艺以及刀具的使用就要细心考究了。

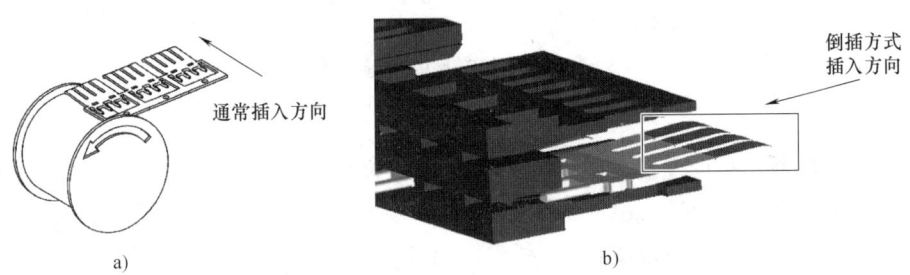

图3-38 特殊的产品结构和装配设计

a）通常插入方向 b）倒插方式插入方向

再例如，我们知道，刀具冲裁五金片时，难免会有飞边产生，一般在0.05mm以内是可以接受的。但是对于类似图3-39所示的结构，因为焊脚有共面度要求（放置于PCB上）的，通常会要求焊脚共面度在0.1mm以内，所以为了避免受飞边影响，活动刀的冲裁应该按图示方向。

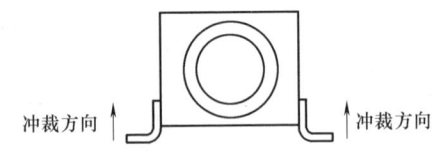

图3-39 冲裁焊脚（去连料或裁短）的冲裁方向

真正掌握制造流程的人，除了熟悉基本的流程外，对其中的工艺细节也应该了如指掌。做自动化机构设计的，如果有机会，可以到生产技术部门和设备维修部门去工作或实习个一年半载，这样对于产品的工艺细节，会有更多更深的理解！

3.1.3 生产方面

很多人可能会有疑问，技术人员专心做技术就好了，有必要关心生产吗？别忘了，非标机构设计的四个潜在要求之一，就是应用于生产。对于一台设备的制作，从生产线开始量产，考验才真正开始。非标设备属于为客户量身订制的产品，要放到具体场景实现具体工艺，所以现场条件、配套人员、生产要求等，都是制订设计方案和硬性指标的重要考量点。简言之，我们要把设备使用单位当作客户,要非常熟悉客户的习惯和要求,这样才能有所侧重。

如图3-40所示,概括地说,非标设备的硬性指标就是CQETS(C:Cost 成本,Q:Quality 质量,E:Efficiency 效率,T:Time 交付期,S:Standard 标准)。硬性指标的达成,属于最基本的设备功能层面,但要做好非常不容易。

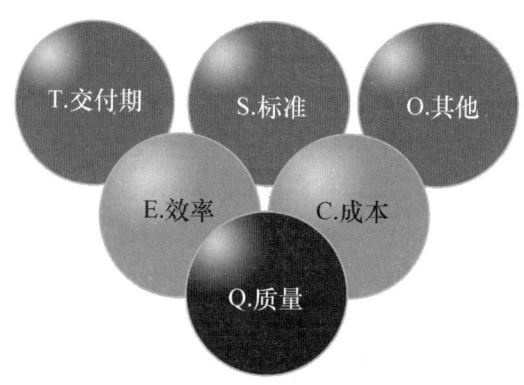

图3-40 非标设备的硬性指标

1. 设备的生产能力

设备的生产能力简称产能,一般定义为每小时生产多少个产品,至于一天的产能,则要看工作时间的排配,这是设备的验收指标之一。客户关心的是实际的良品产能,所以设备产能往往被拆分成产能、时间稼动率、良品率三者来描述。一台设备正常作业的产能,可以通过预估得到一个相对合理的数据,但要做到精确几乎不可能。此外,最后生产的实际产能,受到很多客观或临时因素(如料号切换、故障维护、来料异常等)的影响,有时落差非常大,所以不是一个能简单算出的数据,关键在于和客户沟通确认好,对于产能的定义和估算方法,达成一致的意见。另一方面,由于部分客户的专业度有限,兼之缺失技术上的沟通,经常会出现供应商和客户之间,对于产能的认知出现较大的偏差。为了减少这方面的困扰,下面对与产能相关的内容进行一个梳理。

(1)有关时间的几个概念

1)机构动作时间。机构动作时间可通过动力标准件(如气缸、电动机)性能参数和具体机构来估算。例如气缸动作的速度一般为50~500mm/s,滚珠丝杠机构的线性运动速度可通过丝杠螺距和电动机转速来计算。但单纯看这些数据,很难定义一个设备或机构的作业时间,还要结合产品装配特性和具体制造流程以及工艺或品质要求,才能评估出作业时间,后者是要一些分析和经验的,例如:

① 连接器行业的气动插针设备作业周期,一般快的1s、慢的1.5s左右。产品的针数多且需要单插(每次插1根针)的产品,比如柔性电路板(Flexible Printed Circuit，FPC）类，就不适合用气动方式。对策有两个：一个是提速，采用高速凸轮机构；另一个是增设插针机头，多工位同时插针。

② 本行业目前大部分稳定作业的单插凸轮机转速约为 300~500r/min，较好的可达到 800r/min，极少数能达到 1200r/min，再高速的情况也有，但适应面有限。（这里的转速，不一定指电动机的转速，如果配有减速机，指的是实际减速后的转速，相当于每分钟插针多少次）

③ 采用转盘的组装机，作业周期很少能突破到 1s 以内，多数都是 1.5~3s。这倒不是机构本身的转速达不到，而是转盘机常用于散件装配，转速太快会有不稳定状况（如果是简单搬移动作的实现，也可以达到每分钟几百转的转速）。

2）生产节拍。生产节拍为生产每件产品耗费的时间，比如 2s 做一个产品，那么节拍就是 2s。这个概念也可以理解为设备运行周期，即从物料供给到最终产品生产出来所经历的时间，当然分为理论设计节拍和实际产出节拍。

3）工作时间。制造型企业正常工作时间是 8h/班，如有加班，一般是 11h/班，提前下班或延时加班，需要把时间相应减掉或加上，同时还要扣去用餐时间。比如，如果白夜两班倒，工人工作时间是 22h/天（11h/班），扣掉用餐各 1h，通常按 20h/天（10h/班）计。

4）负荷时间。负荷时间 = 工作时间 – 计划停机时间，计划停机时间也是工作时间，如早会、休息、点检、试做、换线、培训等（见图 3-41）。

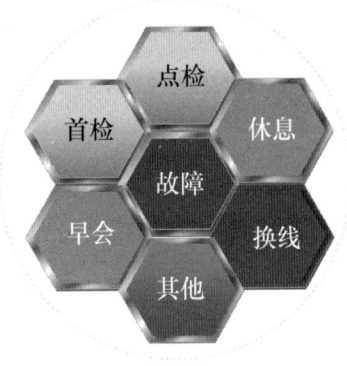

图 3-41 设备停机的原因（计划/非计划）

5）稼动时间。稼动时间 = 工作时间 – （计划停机时间 + 非计划停机时间）= 负荷时间 – 非计划停机时间，后者包括故障、调机、换刀、作业慢、操作失误等意外损失时间。

6）生产线更换时间。比如更换设备模具、刀具，理论上讲，也应该计入意外损失时间。如果是偶尔切换一下生产线，对生产的影响较小；如果频繁更换生产线的设备，则生产线利用率较低，最好在签合同前和客户沟通协商，否则后期可能会为此推卸责任。

（2）时间稼动率

稼动率指一台设备实际的生产数量与可能的生产数量的比值，包括时间和性能（产能）两方面（采购合同上的稼动率，指的是时间稼动率，为了防止误解，最好注明稼动率的公式内容，因为有些客户的专业度有限，未必能准确理解该概念）。

① 时间稼动率，可理解为机器顺畅运行时间所占的比重。提高时间稼动率，就必须要减少换模具、换刀具、故障、调整的损失时间，以及质量确认、操作失误、上下流等待等停机时间（主要是指非计划内的）。如果能将这些时间减为零，那么稼动率就可以达到百分之百，但谈何容易，复杂产品或工艺的生产设备，难以做到90%以上（通常定在70%~90%之间，有的情况甚至可能低于70%，具体要看项目的繁琐和困难程度）。

$$时间稼动率 = 稼动时间/负荷时间 = \frac{(工作时间 - 计划停机时间 - 非计划停机时间)}{(工作时间 - 计划停机时间)}$$

② 提到稼动率，通常都是指时间稼动率，其实还有个反映设备实际工作速度和理论速度差异的指标——性能稼动率。该指标反映设备本身的理论设计和实际生产表现之间的差异，如果小于100%，说明没有达到预期，大于100%则超过预期。

$$性能稼动率 = (理论生产节拍 \times 产能)/稼动时间$$

【案例】 某设备的理论生产节拍是2s（即每2s生产一个产品），实际运行时间10h（已扣除各种停机时间，即稼动时间），生产了16000个产品，求性能稼动率。

【解】 性能稼动率 = $(2 \times 16000)/(3600 \times 10) = 88.9\%$

③ 单看时间稼动率，或单看性能稼动率，无法完全侦测设备对生产的贡献程度。比如，假设预估的设备理论生产节拍是2s（承诺给客户），但实际运行时可以做到1s，性能稼动率几乎倍增，但同时设备故障和问题频发，结果一个班组下来，没有几个小时在正常运行，即时间稼动率很差，这样实际产能也一样很低。

新设备投产时的理论生产节拍，是设备投产前的一个预估，难免和实际生产节拍有出入，但一定不能太随意，最好给后续生产部门留一些空间。例如，某台设备最快的节拍大概1.8s，我们就不能随便定为1.5s，可以定2s或2.5s，只要客户能够接受即可。道理很简单，定为1.5s后，就会据此预估产能，如果最后生产部门达不到，就会很大压力；定为2s或2.5s，经过一些努力达到1.8s后，客户的生产部门也有绩效，同时也不会留下设备设计不达标的评价。

④ 生产线实际的做法是，设备量产后，由精益生产工程师对设备的生产节拍进行确认，然后修正这个节拍（实际多少就多少），据此预估一个生产部门的产能，并用设备综合效率（Overall Equipment Effectiveness，OEE）来评估。它可以准确清楚地告诉我们设备的效率如何，在生产的哪个环节有多少损失，以及可以进行哪些改善工作，达到提高生产效率的目的，同时使公司避免不必要的成本投入。

$$OEE = 时间稼动率 \times 性能稼动率 \times 良品率$$

【案例】 设某设备某一天工作时间为8h, 班前计划停机15min, 故障停机30min, 设备调整25min, 产品的理论生产节拍为0.6 min/件, 一天共加工产品450件, 有20件废品, 求这台设备的OEE。

【解】 稼动时间 = 工作时间 − 停机时间 = [(8×60) − 15 − 30 − 25] min = 410min

负荷时间 = 工作时间 − 计划停机时间 = [(8×60) − 15] min = 465min

故

时间稼动率 = 稼动时间/负荷时间 = 410/465 = 88.2%

性能稼动率 = (理论生产节拍×产能)/稼动时间 = (0.6×450)/410 = 65.9%

良品率 = (产品总数 − 不良品数)/产品总数 = (450 − 20)/450 = 95.6%

故

OEE = 88.2% × 65.8% × 95.5% = 55.4%

【注意】 OEE偏低,代表着生产线设备的利用程度偏低,需要针对性地采取措施进行改善。比如本来理论产能应该是410/0.6 = 683件,结果却只有450件,相当于实际生产节拍为0.9min/件,导致性能稼动率低至65.8%,要改善这一指标,就要从机构设计着手;另一个途径是,对不准确的预估数据进行修正,将实际生产的理论生产节拍改为0.9min,这样性能稼动率就提升至98.7%。这种方式,固然给生产部门缓解了压力,但设备不达标,始终是一个事实,所以指标评估须谨慎。

⑤ 实际给客户的产能承诺(合同约定),一般是时间稼动率、理论生产节拍(也可用单位小时生产数量)、良品率三个指标,如图3-42所示。有些客户可能不会关注这些指标,只是笼统要求一个班能生产多少件。这种情况,一方面要向客户解释产能的指标意义和影响因素,另一方面在承诺产能时要特别注意,指标制订要结合客户能力、管理水平、要求内容、项目性质等,忌讳"一厢情愿"或"想当然"。笔者的建议是,评估得出的作业产能,要打个折

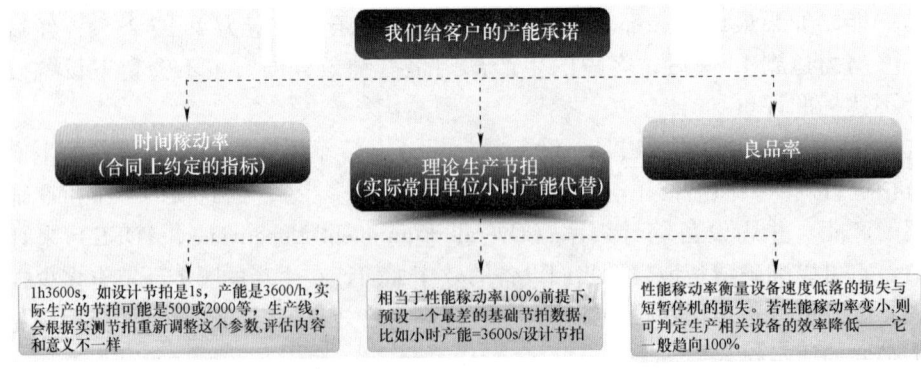

图3-42 设备产能的指标(写在合同上)

扣,主要根据以下两点进行灵活变通。

a) 一般情况下,效率 = 时间稼动率 × 良品率,理论产能 = 稼动时间/理论生产节拍,承诺的产能 = 理论产能 × 效率。

b) 设备制作难度和风险系数较高(如设备机构设计难度大或客户技术和管理能力很差)时,承诺的产能 = 理论产能 × 效率 × 难度系数 × 客户制造能力系数。至于难度系数和客户制造能力系数如何定值,仁者见仁,但如果完全忽视,肯定是有问题的。

(3) 良品率 不同行业不同产品的生产,都可能出现一些有品质缺陷的坏品、次品,我们一般用良品率或不良品率来定义。比如连接器行业,产品生产的不良品率通常在 1%~3% 以内,如图 3-43 所示。

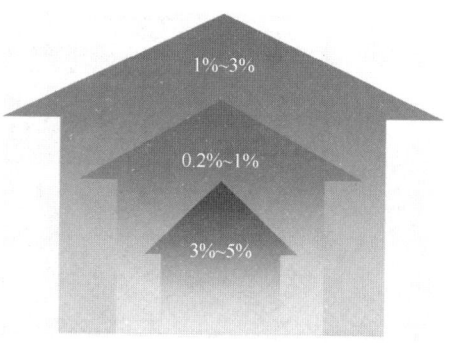

图 3-43 连接器产品生产线不良率(包括设备本身导致)

生产设备本身导致的能接受的不良品率大概是 0.2%~1%,具体情况要和客户协商好,这也是交付设备时的验收指标之一。

$$良品率 = (生产总数量 - 不良品数)/生产总数量$$

$$不良品率 = 100\% - 良品率$$

要精确评估产品的生产不良率,难度是很大的,因为影响因素太多,建议:

1) 清楚了解客户产品或制造流程的实际情况,例如人工生产线的不良率是 5%,现在找我们做设备,就不要轻易承诺可以做到 5% 以内。客户有实力,代表他们也努力过,要超越并不容易;客户没实力,那更糟糕,说明可能技术或管理薄弱,即使是好的设备交付后,也可能达不到要求。当然,如果我们有足够的经验,通过客户端现场调查,分析原因,可以找出对策,或者我们刚好有成功案例,那另当别论。

2) 对于成熟稳定的产品,只要认真分析过了,实际的不良率和预期的差距一般不会差太多,可以大胆预估和承诺,比如一个并不特别的插端子机,一个简单的铆压设备,一个用于检测产品尺寸的 CCD 设备……

3) 要避免以下这三种状况:设备的不良率比客户手动生产线的不良率高;竞争对手的同类设备在旁边同时运转,生产状况却比自己的设备要好;无所谓,先拿到订单再说。

新设备交付客户后,通常运行 1~2 个月就会验收,但在这么短时间内,未必能将设备调整与磨合到最佳状态,可能会有个别设计指标达不到预期。在设备运行顺畅的前提下,如果良品率指标与承诺数据只是存在少许偏差,一般是可以接受的。

【案例】 假定某客户工作时间为11h，负荷时间为10h，预期产能8000/班，那么图3-44三种情况，哪种指标的制订比较合理？

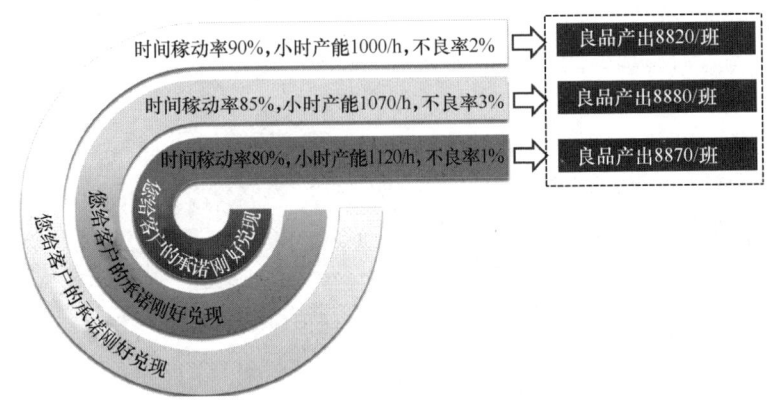

图3-44 相同产能下不同的指标

【分析】 客户关注的一般是最终的良品产出，假设达到预期了，一般都不会难为供应商。但这并不意味着可以轻视细分的指标，类似上述3%的不良率，可能会被要求整改，毕竟对客户来说，不良品多了，意味着物料浪费也多了。反过来，最终良品产出达不到预期时，设备的问题就会很多，很可能验收不了。一般来说，时间稼动率最容易被忽略或随意设定，不同客户都可能要定不一样的数据；产能则更多取决于性能稼动率，这个和设备本身性能有关，但也受客户端物料或品质管控影响；不良率和设备本身性能有关，也受客户端物料和品质管控影响。各参数指标设定原则：各指标制订时以降低客户预期和验收难度为原则，这样对供应商有利，可说服客户接受；设备复杂，宜侧重低稼动率；工艺困难，宜侧重高不良率；工艺繁多，宜低产能和高不良率。也就是说，实际情况和要求不同，指标的制订思路和方法就不一样，需要灵活处理，并无标准答案。

2. 投资成本

非标设备的价格不是固定的，要综合考虑实际成本、客户档次、行业竞争等因素。

企业最终一定是以营利为目标的，所以非常注重自动化设备项目导入的投入产出比。不同企业可能存在差异，但大部分是这么粗略计算的：某项目设备总投入 A 万元，能节省 B 个人力，平摊各项费用（管理、税收、营业等）后的人工成本 C 万元/年/人，忽略设备折旧和日常备件费用（有时也纳入核算内容），则回收周期为 $A/(BC)$ 年。回收周期越低，代表设备的性价比越高，也就越值得投资。

一般来说，回收周期在 1 年内，企业都乐于投资设备；在 1 年~2 年时会犹豫不决；超过 2 年几乎不太会考虑，除非是特殊情况，例如为了解决突发的品质问题。这倒不是企业吝啬或不懂机器换人的大势，而是一种客观的无奈。制造业竞争激烈，很多产品生命周期短，尤其是电子行业，产品的市场寿命可能在一两年后就会随时终结，到那时再好的设备也没有用处了。

3. 客户标准/要求

大公司的标准化做得较好，会有很多设备设计和验收标准及要求（包括车间布局、生产指标、电气规格、环境健康安全标准等），在采购设备时，会以文件的方式，向供应商提出要求。例如大公司为了确保品质，一般会限定设备标准件的品牌供应商，类似表 3-4。有的要求甚至细化到具体的机构设计，例如刀具所用材料硬度不能低于 58HRC，铝材要阳极氧化，设备主色采用石灰颜色，机架要用铝合金，换线时间要少于 × 小时，流道上的产品可窥视，要防呆防错等。

表 3-4 自动化设备常用标准件品牌

	分 类	品 牌 一	品 牌 二
品牌选择	气动元件	SMC	—
	滚珠丝杠	米思米（Misumi）	THK
	伺服电动机	安川（YASKAWA）	松下（Panasonic）
	步进电动机	东方（Oriental）	信浓
	减速机	新宝（Shimpo）	精锐广用（Apex）
	普通用途电动机	东方（Oriental）	—
	线性滑轨	米思米（Misumi）	THK
	导柱导套	米思米（Misumi）	—
	轴承	米思米（Misumi）	NSK
	其他机械配件	米思米（Misumi）	
	PLC	三菱（Mitsubishi）	欧姆龙（Omoron）
	开关电源	明纬（MW）	—
	触屏	海泰克（Hitech）	—
	三色灯	天得（TEND）	—
	光纤及放大器	基恩士（Keyence）	—

4. 设备交付期

设备交付期的问题常常会困扰很多设备公司，该问题受诸多因素影响，常出状况（拖延交付期）。

5. 其他

3.1.4 软件方面

早期的自动化机构设计人员，大都使用 2D 绘图工具，有的甚至采用手绘方式。3D 辅助设计软件的问世，给自动化机构设计者带来了福音，更加具象化的设计过程，使设计者可以更自由和更准确地表达构思和意图。目前市面上的 3D 辅助设计软件种类不少，从业者使用较多的有 SolidWorks 和 Pro/E 等，尤其前者，覆盖人群较广。

软件是一种设计工具，使用得心应手能够提高设计效率，所以从业者首先务必掌握。但是软件用得再好，也只是个出色的绘图员，也只是起到更快更好表达设计的作用，并不能取代设计构思和方案，这点必须强调。有些培训机构，简单教一下××软件绘图，就美其名曰"机械设计培训"，这是一种误人子弟的宣传。做机构设计的，虽然需要掌握至少一门绘图软件，但并不能跟机构设计划等号，类似于学会了写字，并不等于就能写出好文章。

对于从事设计工作的人员来说，加强专业素养和经验积累才是最重要的。对于绘图工具，个人认为够用就好，无须花哨和深入。例如做机械设计的，用曲线曲面的场合并不多，也就没有必要学得太精湛。设计人员主要比拼的是设计理念、能力和水平，而不是绘图技巧和速度。

当然，作为工程语言的技术图样，用什么方式来表达以及表达得如何，还是非常重要的。现今很多场合，技术交流并不局限于技术人员之间，用一堆枯燥死板的线条图案进行沟通，很多时候需要兼顾非技术群体，没有立体、具象、动态的表达效果，有时不太容易展示自己的设计。例如，到客户处讲解一台设备的设计方案，对方可能会从各个部门抽调人员参与评审，看到的是 2D 图样、公式、纯文字，还是 3D 图样、动画、示意图，两者沟通效果是有很大差别的。

当然，软件是设计工程师的必备工具，还是必须得熟练应用。推荐使用 SolidWorks，使用人群较广，至于 Pro/E、UG、Inventor、Creo、OneSpace Designer（见图 3-45）等也可以考虑，结合自己工作需要选用。原则上挑使用人数较多的，这样无论是平日的工程交流还是日后可能的工作变换，都能尽量维持较高的适应性。

现今各种 3D 辅助设计软件功能强大，教程丰富（图书、视频、动画等应有尽有），学起来并不吃力。用于自动化这部分的内容，大概 7~15 天就可以入门（开始画图）。

3.1.5 选型方面

行业内有一种说法，非标机构的设计很少或不需要计算。事实上不是这样的，稍微复杂的设备都离不开计算分析，尤其是早期一些有技术含量的设备

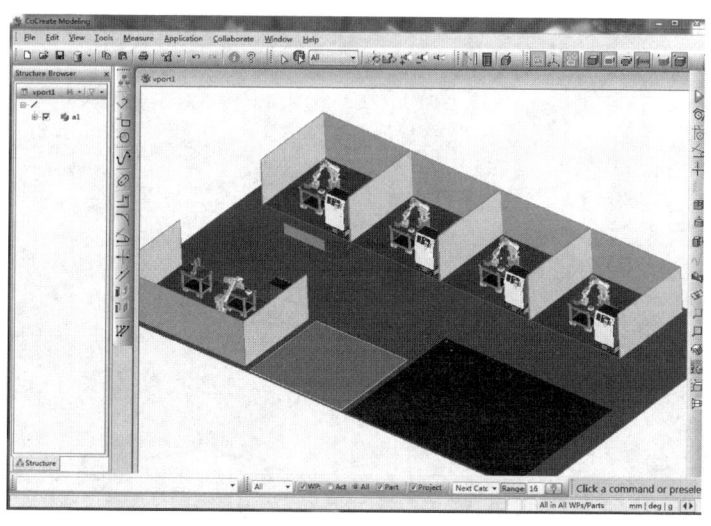

图 3-45 绘图软件 OneSpace Designer 的主界面

（如凸轮机）。但是行业是动态发展的，多年来，在分工协作的基础上，细分出了很多专业标准件厂商和企业，能够提供各种产品和服务，帮助我们简化设计和提高效率。我们在做机构设计时，需要计算的内容多集中在标准组件上，有厂商帮助我们来完成后，需要我们亲力亲为的内容自然就变少了。换言之，自动化机构设计行当一个很重要的演变是，几乎每台设备都有占 1/3～1/2 成本的标准机/件，例如气缸、电动机、分割器、线性滑轨、滚珠丝杠以及工业机器人等。图 3-46 所示为一台普通的转盘设备，有大量已经标准化（市场可采购到）的组件；图 3-47 所示为某个五金件送料机构，有一些气缸、线性滑轨、联轴器、伺服电动机、滚珠丝杠等常用标准件。标准件/机的大量应用，是现阶段非标自动化设备的一个典型特征。

从某种意义上讲，机构设计的内容没有变更，只是标准件厂商帮我们把一部分内容进行了重新定义和赋予了功能，考虑不同场合和条件并设置不同的规格型号，能够最大限度适应不同场合的机构设计需要，大大简化了我们的构思和设计时间。这就意味着，我们只需要阅读标准件厂商的说明书（一般叫型录），熟悉其产品性能和应用，就能正确选取各种组件并将之融入到我们的设备，这个过程我们叫标准件选型（案例内容将在《自动化机构设计工程师速成宝典　实战篇》中讲解）。本篇我们仅以工业机器人为例，简单介绍标准机/件的应用意义。

顾名思义，工业机器人就是应用于工业的机器人（跟服务型机器人不太一样，基本没有人的外形或特征，并且行业内慢慢衍生出另一种广义的说法：

图 3-46 转盘设备

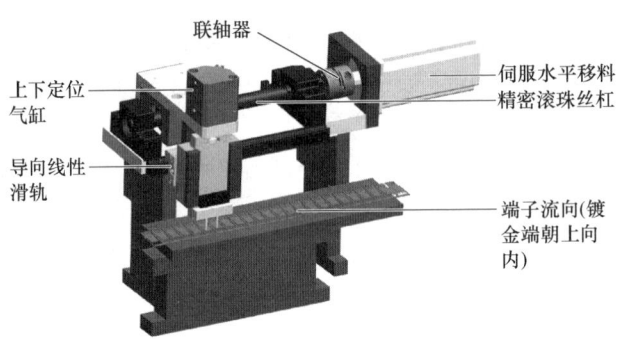

图 3-47 五金件送料机构

可以代替人工干活的自动化设备,都叫工业机器人)。根据结构原理,以下对工业机器人进行了分类。

(1) 多关节工业机器人(关节串联机器人) 多关节工业机器人如图 3-48 所示。一般是五轴或六轴,拥有五个或六个旋转轴(电动机),类似于人类的手臂,适合于几乎任何轨迹或角度的工作。应用领域有装货、卸货、喷漆、表面处理、测试、测量、弧焊、点焊、包装、装配、切屑机床、固定、特种装配操作、铸造等。

(2) 选择顺应性装配机器手臂(平面关节机器人) 选择顺应性装配机器手臂如图 3-49 所示。选择顺应性装配机器手臂(Selective Compliance Assembly

Robot Arm，SCARA），是一种圆柱坐标型的特殊类型的工业机器人。有 3 个旋转关节，其轴线相互平行，在平面内进行定位和定向。另一个关节是移动关节，用于完成末端件在垂直平面内的运动。

图 3-48　多关节工业机器人　　　　　图 3-49　平面关节机器人

（3）Delta 机器人（并联机器人）　Delta 机器人如图 3-50 所示。可以定义为动平台和定平台通过至少两个独立的运动链相连接，具有两个或两个以上自由度，且以并联方式驱动的一种闭环机构。在高刚度、高精度或者大载荷而工作空间有限的领域内得到了广泛应用。

（4）直角坐标机器人　直角坐标机器人如图 3-51 所示。在工业应用中，能够实现自动控制、可重复编程、多功能、多自由度、运动自由度间成空间直角关系、多用途的操作机。它能够搬运物体、操作工具，以完成各种作业。

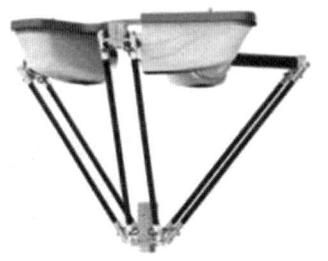 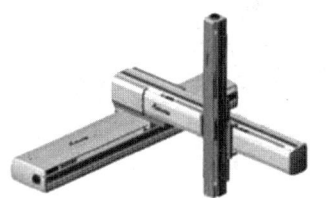

图 3-50　Delta 机器人　　　　　　图 3-51　直角坐标机器人

（5）搬运机器人（Automated Guided Vehicle，AGV）　搬运机器人如图 3-52所示。可广泛应用于烟草、汽车制造、电子、纺织、医疗、食品、造纸等行业。物流操作涉及各行各业，AGV 是物流装备中自动化水平最高的产品，拥有巨大的市场空间。

工业机器人之前主要应用在汽车制造业（自动化程度高），在向 3C（Computer 计算机、Communication 通信和 ConsumerElectronics 消费类电子产品）、电子、卫浴、五金等行业拓展的过程中，难度不小。一是价格问题，比如普通六轴工业机器人，国产的价格在 5～10 万元，进口的价格则倍增，一下子把很多产品附加价值低的行业挡在了门外。虽然根据有关媒体预测，每年会有 5%～10% 的降幅，同时有国家补贴政策，但始终是以市场为导向，并且补贴的受惠企业数量有限。二是性能问题，工业机器人的精度，在生产汽车这样的大件产品时游刃有余，但对于精密电子行业动辄

图 3-52 搬运机器人

±0.05mm 乃至更高的精度要求常常显得力所不及，对于国内大量中低端制造业产品（如刀具、脚轮、螺钉等）的生产却又恰恰相反，显得大材小用了。三是管理问题，工业机器人需要专业技术人员来操作维护，但很多企业忽视技术团队的建设，导致部分设备开动不起来。

从应用领域看，焊接、喷涂、搬运、码垛、装配五大领域应用占比 80% 左右，几乎集中了工业机器人的主要应用领域，如图 3-53 所示。

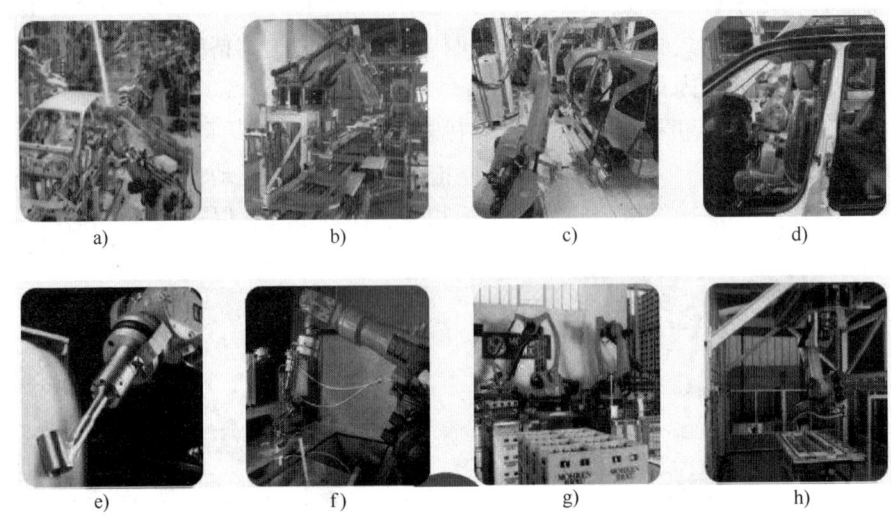

图 3-53 工业机器人的应用领域

a) 焊接 b) 搬运 c) 装配 d) 组装 e) 打磨 f) 检测 g) 码垛 h) 机械加工

当然，从技术角度考虑，工业机器人在智能化、柔性化、模块化方面的优势是非常明显的。这也是目前为止已经标准化、规格化的能够适应未来智能制造趋势（小批量、多品种、客制化）的最先进的机构形式。在某些行业某些产品某些工艺的制造上，工业机器人的确是非常好的选择。

从纯机构设计的角度看，工业机器人本身已经高度集成，可独立作为一个工作站，完成指定的工艺；也可以当作一个柔性的标准机构，整合到我们的设

备中去。但不能拿来就用,需要依据现场条件和工艺要求,重新做方案或夹具设计。如图 3-54 所示,我们以一台 PCB 插件机为例,对机构进行剖析后可以看到,工业机器人(此处采用的是发那科的并联机器人)跟普通机构并没有区别,作为设备的一个组成机构,它和周边机构进行整合后,实现具体的插件工艺应用。同样的道理,工业机器人作为一个标准组件,也可以集成到其他的设备中,如图 3-55 所示。

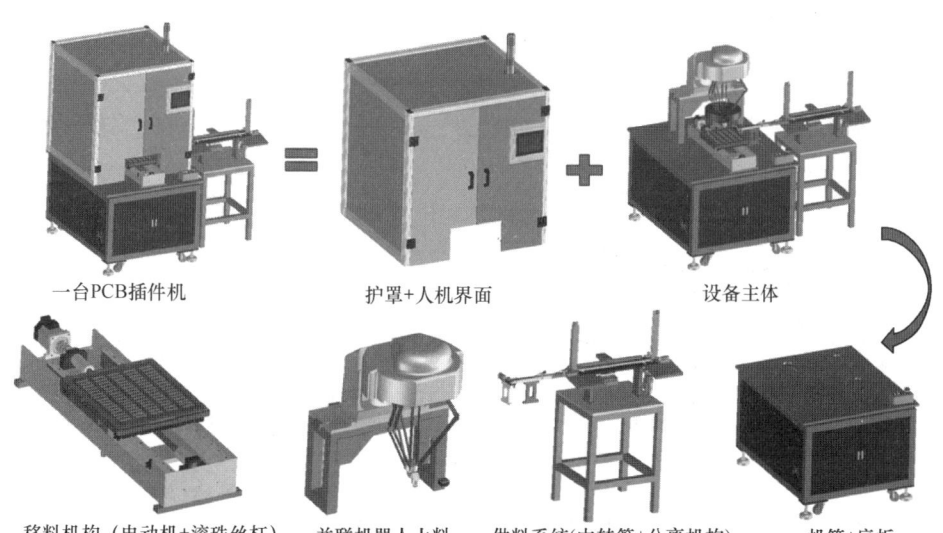

图 3-54 工业机器人在 PCB 插件机上的集成应用

因此,不管是柔性智能的工业机器人,还是简单的标准机/件,都可以成为我们非标机构设计的素材。如图 3-56 和图 3-57 所示,很多有实力的标准机/件厂商的技术支持和服务非常完善,不仅供应各种各样的标准机/件,还会提供大量图文并茂的设计指引和培训文件。这有些类似于做网页,10 年前做一个网站可能要自己写每一行代码,但今天做网站,绝大多数页面都可以嵌入各种现成的块(已写好代码),乃至直接套用模板。也有点类似手机生产企业,虽然产出的是手机,但只是把各家供应商已经做好的组件、物料拼装到一起,并不需要细化到零组件层次。

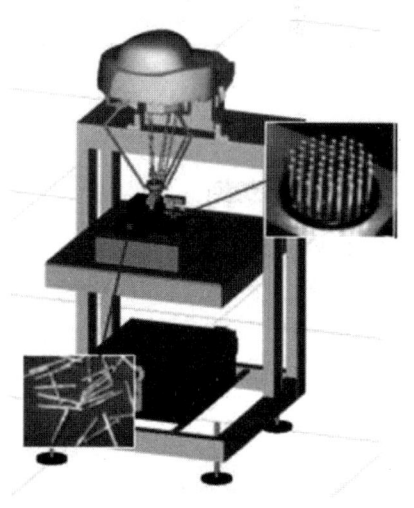

图 3-55 工业机器人在插针机上的集成应用

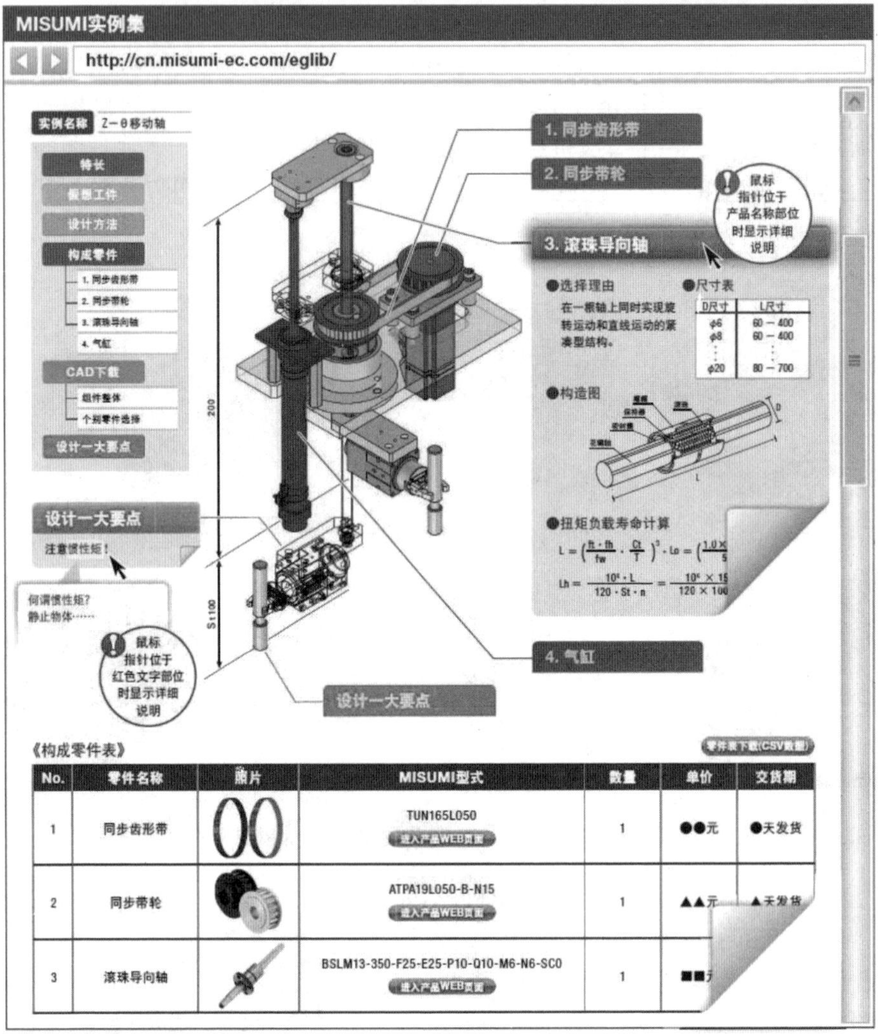

图 3-56 标准件应用指引

我们做自动化机构设计也一样，现今应更多聚焦于整体方案和集成设计，善于将配套厂商先进实用的机构或组件整合到我们的设备中，并且准确无误、经济实惠。具体的设计方法，将在《自动化机构设计工程师速成宝典　实战篇》中给广大读者介绍。

3.1.6　材料方面

由于工业发展的程度不同，各个国家都有自己的材料标准（见表3-5），造成名称和记法的多样化。比如 GB 的 45 钢，JIS 记为 S45C；GB 的 Cr12Mo1V1，JIS 记为 SKD11，AISI 记为 D2。

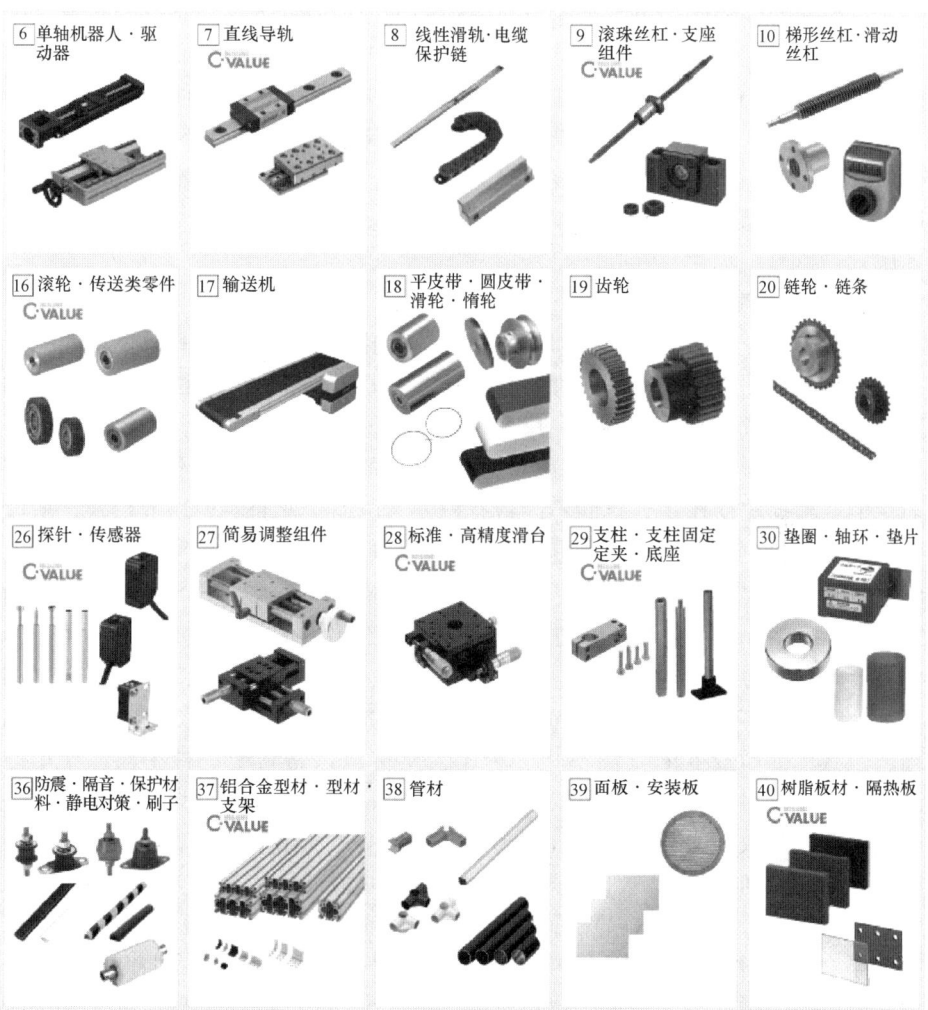

图 3-57 厂商型录上的各种标准件

表 3-5 各国标准

GB	中国国家标准
ISO	国际标准化组织（International Organization for Standardization）
DIN	德国工业标准（Deutsche Industria Norm）
NF	法国国家标准（Normes Francaises）
BS	英国标准（British Standard）
JIS	日本工业标准（Japanese Industrial Standard）
AISI	美国钢铁学会（American Iron and Steel Institute）
SAE	美国汽车工程师协会（Society of Automotive Engineers）

在纷繁的标准体系下，大家可就自己的工作和所处环境对各国的工业标准或者世界代表钢厂的牌号进行选择。大多数从事自动化行业的，选材主要依据的是 JIS 日本工业标准；如果是国有企业，更多依据的是我国的国家标准。

按不同方法，钢的分类可谓多种多样，工具钢、结构钢、铸钢等。但读者也不必因此而感到困扰，首先找一套自己公司或有代表性的分类，稍微翻阅几遍，了解清楚大概分法和内容就好，以后遇到不同的叫法，再去查询资料确认。

1. 材料的重要特性

选用材料，首先要了解材料的基本特性，其中力学性能是最重要的，包括材料的强度、硬度、塑性、韧性、耐磨性等，要了解这些性能的意义，也要知道什么场合侧重哪些材料特性，这样才能保证材料选择的准确性和经济性。

(1) 强度 金属材料在静载荷作用下抵抗破坏（过量塑性变形或断裂）的性能。根据载荷作用方式的不同，有拉伸、压缩、弯曲、剪切等形式，所以强度也分为抗拉强度、抗压强度、抗弯强度、抗剪强度等，各种强度间有一定联系，使用中要看应用场合侧重哪种强度的要求。例如，S45C 抗拉强度为 568.8MPa（58kgf/mm^2），表示一个 $1mm^2$ 的工件表面，最大能承受 568.8N（58kgf）的拉力，超过该值就可能失效，如性能不满足要求，可尝试换用 S50C，对应抗拉强度为 627.6MPa（64kgf/mm^2），其他的参数也是一样的道理。当然，提高强度的方法不止一种，变换材料只是其中一种手段。简单地说，强度是材料最基本也最重要的力学性能之一，一旦达不到设计要求，零件或机构就会失效。通常我们的机构和工件的强度是充裕的，只有关键部位需要校核，比如空间局促造成工件很小、受力又大的情形。

(2) 硬度 硬度是衡量金属材料软硬程度的指标，一般表达为洛氏硬度，符号是 HRC。比如常用硬质材料 SKD11 的硬度为 58~62HRC。对于钢铁来说，含碳量越高，硬度越大，相应也会越脆，比如 50 钢比 45 钢要硬要脆；如果希望越硬越好，但又不能过脆，可以换用加入合金元素的合金钢材。

(3) 塑性 指金属材料在载荷作用下，产生塑性变形（永久变形）而不破坏其完整性的能力。如果施加的应力大于弹性极限，材料便呈现塑性，不能恢复到初始状态。

(4) 韧性 以很大速度作用于机件上的载荷称为冲击载荷，韧性指金属在冲击载荷作用下抵抗破坏的能力。

(5) 耐磨性 顾名思义，就是耐用性，指经常摩擦受力，仍保持良好状态的能力，刀具对该指标有较高的要求。

(6) 抗疲劳性 许多机器零件都是在循环载荷下工作的，在这种条件下零件会产生疲劳失效。抗疲劳性指材料抵抗疲劳失效的性能。

(7) 抛光性 这个指标大家可能未必留意，例如 S136 具有良好的抛光性，适合做流道。

材料的力学性能还有很多，根据应用场合侧重，按重点特性选取即可，例如同样是对强度有要求，工件受拉力、剪力或压力，对应强度要求侧重点则不一样；又例如要在高温下作业时，就应该选用耐热钢等。大家应该在平时多看一些专业书籍，积累多了便能灵活应用，例如哪些材料可以做刀具，这些材料为什么可以做刀具，材料间性能差异主要取决于什么等。带着这些问题去看书，结合工作实践，慢慢就会在材料选用上得心应手。

此外，在掌握材料力学性能的同时，别忽略它的加工性。

(1) 切削性 S45C 硬度不高，可以切削加工，要二次加工比较方便，钻孔、攻螺纹很容易；如果是硬度较高，切削性能就不好，如 SKD11，要攻螺纹孔，只能通过放电方式（螺旋进给）。

(2) 焊接性 有些钢材具有焊接性，如 S45C，若有缺口，可以补焊，然后再加工；有些钢材不可焊，如钨钢，遇到高温就会很脆，轻敲薄弱部位便可能崩裂。

(3) 加工精度 很多非金属的加工精度不高，不能有太高的精度预期，比如在电木上钻孔或开槽，不宜标注严苛的公差。

(4) 加工方式 加工方式决定工件的成形方法，也影响机构的性能，加工方式的选择原则是在满足设计预期前提下，提高经济性，例如孔成形时，能用铣削或钻削，就不用放电或线切割。

2. 根据应用场合选用材料的方法

材料的选用有三大依据：①按使用性能选材；②按工艺要求选材；③按经济原则选材。但在实际的选材过程常会遇到这样的问题：知道要用什么料但又不清楚具体哪种较好。例如，要做一套冲模，对于上下刀具的选择思路是：容易发生破损的是刃部或肩部薄弱位置，这与工件形状及材质有关。那到底用哪种钢材好呢？主要侧重硬度、耐磨性和韧性方面的考虑。就硬度要求而言，一般选用 SkD11（硬度 58~62HRC），要效果好一些可以用 ASP23（硬度 64~66HRC），还可以用钨钢（SKH9/SKH51）（硬度高达 89~95HRA）……这样的学习层次虽然粗浅，但比较实用。再比如，设备有时会用到冲模结构，材料选择总结如下。

(1) 上下模座——S55C S55C 为高级优质中碳钢，其切屑性能优良、金相组织均匀、耐磨性较高、延展性不高，且价格便宜，最适合做模座。为了减轻模具的重量，上模座可以用铝合金板，但价格会贵些。铝合金的特性是重量轻、强度大、伸缩率小。一般来讲，模架用的铝合金为 7075-T651 中的 Al-Zn-Mg 系合金，属于高强度铝合金，密度只有 $2.84g/cm^3$，抗拉强度（几乎和 S50C 一样）可达到 529.2MPa，伸长率只有 7% 左右，且经人工时效处理，具有较高硬度。外加阳极处理（硬阳处理），则表面硬度增加，可防止表面刮伤和表面氧化,并且美观。

(2) 模板——SKD11 SKD11是一种高铬、高碳冷作钢,出厂前经特别热处理,使其加工性能优异,淬透性极好,有很好的韧性及耐磨性,且热处理后尺寸稳定。

(3) 切料冲头、刀口和成形零件——CD650、KD20 CD-650是钨钴类合金粉末冶金钢材,具有高耐磨、高强度的优良性能,但其抗冲击性能不高,故不适合厚材冲压;厚材可使用DC337,其具有高耐冲击、高抗碎强度。

(4) 导板、浮料零件、压块等其余零件——SKD11

3. 钢材的分类

钢是含碳量在0.02%~2.1%之间的铁碳合金,自动化设备用得最多的就是钢材,所以要重点掌握钢材的特性和选用。

根据用途和化学成分,钢的分类如下。

(1) 按用途分类

1) 结构钢:用于各种机器零件,包括渗碳钢、调质钢、弹簧钢及滚动轴承钢;用于工程结构,包括碳素钢中的甲、乙、特类钢及普通低合金钢。

2) 工具钢:用来制造各种工具的钢,根据工具用途不同可分为刃具钢、模具钢与量具钢等,一般包括合金工具钢、高速工具钢和碳素工具钢。

合金工具钢:含12%铬系列的SKD11,应用最广,耐磨性佳,淬火性强;通过高温回火的SKD11,硬度达到60~63HRC,韧性有所增强。

高速工具钢:比如SKH51,应用广泛,耐磨性和韧性俱佳;还有粉末高速钢(由粉末冶金法获得,组织均匀微细化,韧性、耐磨性、疲劳强度俱佳),如SKH40。

碳素工具钢:含碳量范围为0.65%~1.35%,与合金工具钢相比,其加工性良好,价格低廉,使用范围广,如T10,韧度适中,经热处理后硬度能达到60HRC以上。

3) 特殊性能钢:具有特殊物理化学性能的钢,可分为不锈钢、耐热钢、耐磨钢、磁钢等。

(2) 按化学成分分类

钢按化学成分分为碳素钢与合金钢两大类。碳素钢是由生铁冶炼获得的合金,除主要成分铁、碳外,还含有少量的锰、硅、硫、磷等杂质元素。碳素钢具有一定的力学性能,又有良好的工艺性能,且价格低廉。合金钢是在碳素钢的基础上,有目的地加入某些元素(称为合金元素)而得到的多元合金。与碳素钢相比,合金钢的性能有显著的提高,故应用广泛。

1) 碳素钢:按含碳量又可分为低碳钢(含碳量≤0.25%)、中碳钢(0.25%<含碳量<0.6%)和高碳钢(含碳量≥0.6%)。

2) 合金钢:按合金元素含量又可分为低合金钢(合金元素总含量≤

5%)、中合金钢（合金元素总含量 5%~10%）和高合金钢（合金元素总含量≥10%）。

了解钢的理论概念和分类固然是必要的，但是这还不够，因为除了书本中的，在实际应用中还会遇到很多陌生的名词或牌号，也需要理一理，不然会产生误解。例如 D2 或 A2 是什么钢？viking 或 ASP23 又代表什么？

4. 常用材料总结

材料选用是机械设计中一项非常重要的内容，选择不好，不仅设计效果会打折扣，经济性方面也会丧失优势。学习策略上，建议采用这样一个原则：记常用，抓特性，合适即可。例如，用来切细薄铜材的刀具，常选用的是 SKD11、ASP23、钨钢等，都具有硬度高、耐磨性好等特点，上下刀一般不用同种材质。下面是自动化机构常用材料的总结。

Q235：碳素结构钢，屈服强度 235MPa，硬度 36~40HRC，广泛用于普通非重要场合，综合性能好。

D2：GB 牌号为 Cr12Mo1V1，为合金工具钢，有较高的韧性、淬硬性、耐磨性，淬火和抛光后抗锈蚀能力好；热处理变形小，宜用于制作各种高精度、长寿命的冷作模具、刀具和量具，例如形状复杂的冲孔凹模、冷挤压模、滚丝轮、搓丝板、粉末冶金用冷压模、冷剪切刀和精密量具等。

SUS303：不锈钢，切削性好，耐腐蚀性好，强度为 A6061 的 2 倍，经钝化处理后抗腐蚀性佳。与之相比，SUS304 则切削性稍差，粘刀。

S136：淬火后硬度 45~55HRC，表面可加工成镜面，耐蚀性和硬度比 440C 低，组织纯洁细微，具有优良的耐蚀性、抛光性、良好的耐磨性、机械加工性，淬硬时优良的尺寸稳定性。长期使用后，模穴表面仍然可维持原先的光滑状态，在潮湿的环境下操作或储存时，不需要特殊保护。

S45C：抗拉强度不低于 600MPa，须做氧化处理以防锈，有发黑和镀铬两种方式；切削性能好，韧性好，适用于大板和普通结构件及轴类零件。

SKD11：模具钢，淬火后硬度 58~63HRC，高硬度、高耐磨性，适用于制作刀具、流道或相对滑动零件。

ASP23：高硬度、高耐磨性、高韧性粉末冶金高速工具钢，硬度高达 60~66HRC，用于精密冲模冲头。

SKH9：含钨高速工具钢，高耐磨性和抗压强度，淬硬后表面硬度达 62~64HRC，适用于做刀具。

SUJ2：高碳铬轴承钢，硬度为 45~58HRC，用于制作滚子和轴。

SPCC：一般用冷轧钢板，表面需电镀或涂装处理（如烤漆），适用于做机架外壳外罩。

方通：结构用焊接方通（具体参数可参见 GB/T6728）规格标准化，可用于做机架。

A6061：硅镁铝合金，室温下抗拉强度约290MPa，屈服强度240MPa，抗腐蚀性和机械加工性好；阳极本色氧化，厚度 8~15μm，阳极黑色氧化，厚度 20~30μm，适用于一般机械零件；如果要获得其2倍强度，可选用 A7075（超硬铝合金），用于轻量高强度场合。

赛钢（聚甲醛，POM）：一种高结晶性的聚合物，具有很低的摩擦因数（耐磨性好）和很好的几何稳定性，特别适合于制作齿轮和轴承。

聚酰胺：俗称尼龙，耐磨性优于 POM，适用于做滑动组件。

酚醛树脂：俗称电木，热固性塑料，硬度、强度较高，可塑性好，且可耐高热及水，可作配电板或探针板。

聚甲基丙烯酸甲酯：俗称玻璃、亚克力，有一定强度，质较脆，适用于做防护罩或透光机构。

聚氨酯（Polyurethanes，PU）：俗称优力胶，强度好，压缩变形小，有一定吸震缓冲效果，应用广泛。

玻璃纤维增强塑料（Glass Fiber Reinforced Plastics，GFP）：比电木具有更高的机械强度，并且耐热性与耐湿性优良，适用于做探针板。

聚四氟乙烯：俗称铁氟龙、塑料王，高级绝缘性材料，耐蚀、耐热、耐磨、安全性佳，适合做探针板和防刮伤流道、夹爪、定位座等。

合成石：玻璃纤维和防静电高机械强度树脂制成的复合材料，用于高温环境夹治具的隔热，比如热压包装机。

5. 热处理和常用表面处理方式

(1) 金属热处理（见表3-6） 金属热处理是机械制造中的重要工艺之一，与其他加工工艺相比，热处理一般不改变工件的形状和整体的化学成分，而是通过改变工件内部的显微组织，或改变工件表面的化学成分，赋予或改善工件的使用性能。其特点是改善的是工件的内在质量，而这一般肉眼是看不到的。另外，铝、铜、镁、钛等及其合金也都可以通过热处理来改变其力学、物理和化学性能，以获得不同的使用性能。

金属热处理工艺大体可分为整体热处理、表面热处理、局部热处理和化学热处理等。钢铁整体热处理大致有退火、正火、淬火和回火四种基本工艺。

1）退火。将工件加热到适当温度，根据材料和工件尺寸采用不同的保温时间，然后进行缓慢冷却，目的是使金属内部组织达到或接近平衡状态，获得良好的工艺性能和使用性能，或者为进一步淬火作组织准备。

2）正火。将工件加热到适宜的温度后在空气中冷却，正火的效果同退火相似，只是得到的组织更细，常用于改善材料的切削性能，有时也用于对一些要求不高的零件进行最终热处理。

3）淬火。将工件加热保温后，在水、油或其他无机盐、有机水溶液等淬冷介质中快速冷却。

表3-6 钢的常用热处理方法及应用

名 词	说 明	应 用
退火（焖火）	将钢件加热到临界温度以上保持一段时间，然后再缓慢冷下来（一般用炉冷）	用来消除铸、锻、焊件的内应力，降低硬度，使其易于切削加工，细化金属晶粒，改善组织，增加韧性
正火（正常化）	将钢件加热到临界温度以上，保温一段时间，然后用空气冷却，冷却速度比退火快	用来处理中碳和低碳结构钢件及渗碳零件，使其组织细化，增加强度与韧性，减小内应力，改善切削性能
淬火	将钢加热到临界温度以上，保温一段时间，然后在水、盐水或油（个别材料在空气）中急冷下来，使其获得高硬度	用来提高钢的硬度和强度，但淬火时会引起内应力使钢变脆，所以淬火后必须回火
回火	将淬硬的钢件加热到临界温度以下，保温一段时间，然后在空气中或油中冷却下来	用来消除内应力，提高钢的塑性和冲击强度
调质	淬火后高温回火，称为调质	用来使钢获得高的韧性和足够的强度，很多重要零件均经过调质处理
表面淬火	使零件表层有高的硬度和耐磨性，而心部保持原有的强度和韧性的热处理方法	常用来处理齿轮等

4）回火。淬火后钢件变硬，但同时变脆。为了降低钢件的脆性，将淬火后的钢件在高于室温而低于710℃的某一适当温度进行长时间的保温，再进行冷却，这种工艺称为回火。

5）退火、正火、淬火、回火是整体热处理中的"四把火"，其中的淬火与回火关系密切，常常配合使用，缺一不可。四把火随着加热温度和冷却方式的不同，又演变出不同的热处理工艺。例如，为了获得一定的强度和韧性，把淬火和高温回火结合起来，称为调质。

（2）常用表面处理方式（见表3-7）

表3-7 常用表面处理方式

表面处理方法	性能与作用
发黑	通过电解在钢材表面进行处理，增加零件的表面耐蚀性，有光泽，但相比磷酸盐防锈处理易于生锈
镀亮铬	有光泽外观，耐腐蚀性良好，镀铬类表面间的滑动易于产生烧结
镀硬铬	耐磨性优良，价格高于其他镀铬产品
磷酸盐	防锈

(续)

表面处理方法	性能与作用
本色阳极	防腐性、耐磨性、无导电性、耐热性
黑色阳极	
蓝色阳极	
表面渗氮处理	在钢材表面形成坚硬的氮化物硬化层,淬火硬度最大
类金刚石涂层	金属掺杂纳米复合类金刚石涂层是一种由金属纳米晶和非晶类金刚石涂层通过纳米晶-非晶强化机理形成的一种硬质复合涂层,具有低摩擦因数、高硬度、高弹性模量、高耐磨性、高热导率以及良好的化学稳定性和抗腐蚀能力

6. 常用的加工知识

(1) **铣削和钻削** 铣削:铣刀旋转做主运动,工件或铣刀做进给运动的切削加工方法。

铣床有立式升降台铣床(见图 3-58)、卧式升降台铣床、龙门铣床等。这些机床可以是普通机床,也可以是数控机床,适用于加工大平面、侧面、沟槽、各种成形面,如图 3-59 所示。以某台传统铣床为例,其三轴的加工行程为 $X=640\mathrm{mm}$,$Y=300\mathrm{mm}$,$Z=350\mathrm{mm}$;加工精度为 0.02mm。

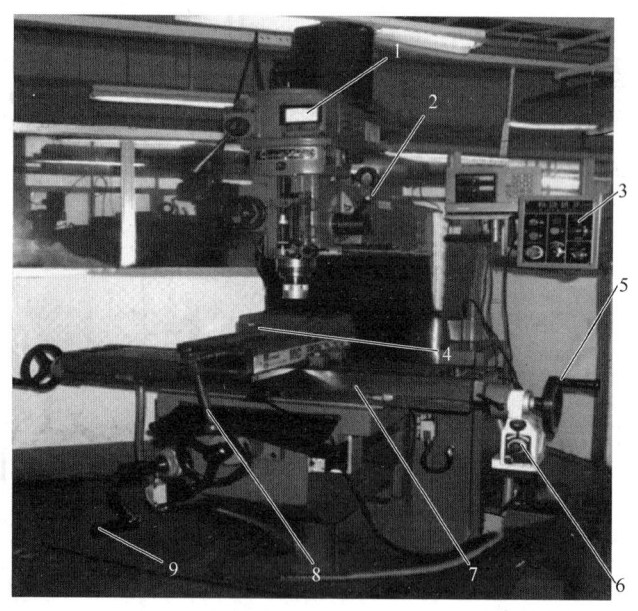

图 3-58 立式升降台铣床

1—变频器 2—Z 轴升降套手柄 3—操作面板 4—虎钳 5—X 轴手轮 6—自动走刀装置
7—Y 轴光学尺 8—Y 轴手柄 9—Z 轴手柄

钻削:钻头旋转做主运动,钻头轴向移动做进给运动的切削加工方法。

钻床指主要用钻头在工件上加工孔的机床。其结构简单,加工精度相对较低,可钻通孔、盲孔,更换特殊刀具后,可扩孔、锪孔、铰孔或进行攻丝等。

(2) 磨削 研磨加工是通过高速旋转的砂轮与被加工物体表面进行摩擦(挤压),从而达到去除余量的目

图 3-59 铣床加工沟槽

的,原理示意如图 3-60 所示。研磨一般处理的是钢材,铝材或非金属材料基本上不研磨。一般高精度零件经淬火、回火后变硬,切削加工困难,所以采用磨削加工。

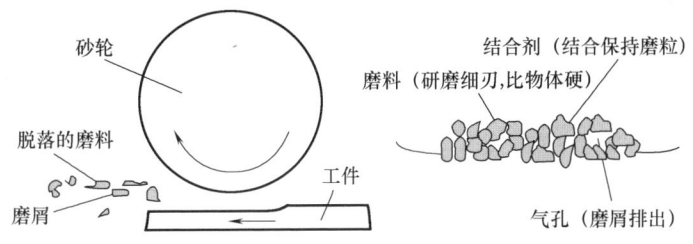

图 3-60 磨削原理示意图

常见的磨床有普通磨床(见图 3-61)和光学投影磨床(见图 3-62),前者用于研磨普通工件,后者用于加工小于 100mm 的精密小件(如冲子)。普通用的 JL-618 型磨床加工行程为 $X=450\mathrm{mm}$,$Y=200\mathrm{mm}$,$Z=300\mathrm{mm}$,精度可达 0.002mm。

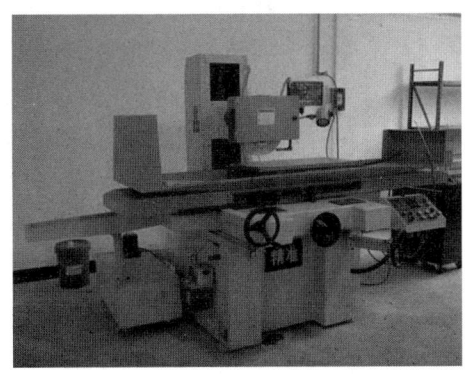

图 3-61 普通磨床

(3) 线切割（线切割机和打孔机分别如图 3-63 和图 3-64 所示） 工作台为数控工作台，以铜丝作为工具电极，在铜丝与被加工物（钢、铜或超硬合金）之间施加 60~300V 的脉冲电压，并保持 5~50μm 的间隙，间隙中充满绝缘介质（纯水或煤油，前者冷却快、效率高，耗时约为油加工的 1/2）。电压击穿介质，使电极与被加工物之间发生火花放电，产生 8000~12000℃ 高温，彼此被消耗腐蚀，从而达到加工物被加工的目的。

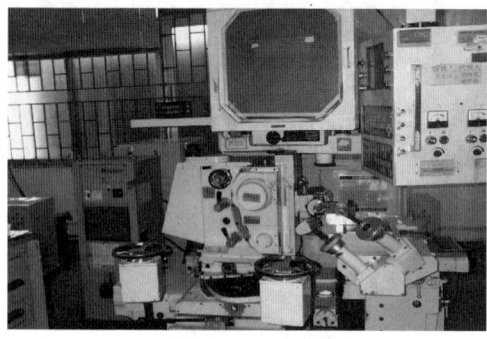

图 3-62　光学投影磨床　　　　　　图 3-63　线切割机

a)　　　　　　　　　　b)

图 3-64　快速打孔机

a) 沙迪克打孔机　b) 亚特打孔机

线切割以钼丝为切割丝，精度为 ±0.02mm，加工速度为 5mm/min。拐角处有切割丝半径 R 角（如是放电，拐角半径约为 $R0.1~R0.2$mm）。常用的铜丝有 $\phi 0.03$mm、$\phi 0.05$mm、$\phi 0.07$mm、$\phi 0.10$mm、$\phi 0.15$mm、$\phi 0.20$mm 等，

其中：

ϕ0.20mm 丝：正常情况加工，最小可加工槽宽 0.25mm，最小内拐角半径在 R0.11 ~ R0.13mm。

ϕ0.15mm 丝：正常情况加工，最小可加工槽宽 0.20mm，最小内拐角半径在 R0.08 ~ R0.1mm。

ϕ0.10mm 丝：正常情况加工，最小可加工槽宽 0.15mm，工件最大厚度 25mm，最小内拐角半径在 R0.06 ~ R0.08mm。

使用线径越小，加工中越容易断，效率越低，ϕ0.1mm 丝耗时约为 ϕ0.2mm 丝的 4 倍，为 ϕ0.15mm 线的 2 倍。工件越厚加工的内拐角越大，油加工内拐角偏小，约 0.02mm，用于加工模具冲子或需 ϕ0.10mm 铜丝的场合。

线切割加工主要以切割的刀数来控制加工精度，加工精度与加工刀数及加工时间倍率的关系见表 3-8。

表 3-8　加工精度与加工刀数及加工时间倍率的关系

公差/mm	刀　数	加工时间倍率
±0.05 以上	1	1
±(0.02 ~ 0.05)	2	1.5
±(0.01 ~ 0.02)	3	1.8
±0.01 以下	4	2

线切割角度最大可达 15°，厚度最大 80mm，精度可达 ±0.002mm。若是水介质，会产生氧化层附着于工件表面，单边厚约 3μm，模仁零件在使用过程中氧化层脱落后会造成尺寸变化，会产生 0.05mm 左右的误差。油加工精度高，质量好，可加工一切导电物，但成本也高。

(4) 放电加工（见图 3-65）　加工头上下振动，刀具为电极（铜、石墨），电极将对应的形状复制到工件，小孔径 ϕ0.05 ~ ϕ1mm 也可加工。一般来说，最小放电间距为 0.50mm，拐角可达 R0.05 ~ R0.07mm，放电深度（30 ± 0.02）mm，放电精度通常为 ±0.01mm，表面粗糙度 Ra0.8μm。

放电加工的优点：①可以制造传统切削加工无法生产的奇形异面；②加工高硬度的材料时也可以有好的公差精度；③传统切削机床的切削力可能会损坏小型的工件，但放电加工不会产生这样的情况。

放电加工的缺点：①不能加工非导体（已经有技术可以加工陶瓷材料）；②加工速度缓慢；③加工成本高。

考虑使用放电加工的情形通常是：高硬度的工件需要开深孔槽（见图 3-66）；孔径小（直径 < ϕ0.1mm）。

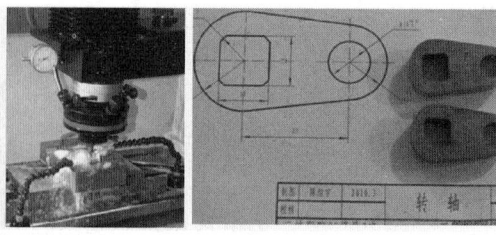
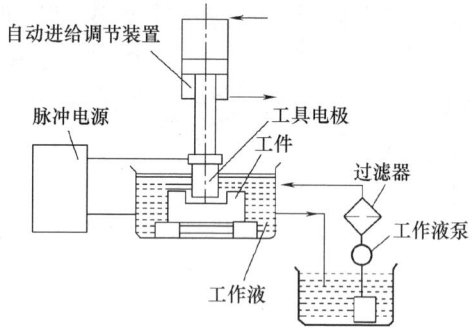

图 3-65　放电机及其原理

（5）加工中心（见图 3-67）　加工中心适合加工冲模板、塑胶模模板、设备底板等各种模板。加工中心加工精度高、精度稳定、效率高、表面质量好，可以进行基于 2D 或 3D 程序的数控加工。

7. 讲究零件设计的经济性

具体设计机构或零件时，除了须保证基本性能外，也要讲究经济性。例如，工件上要开矩形槽孔，拐角大一些时可以铣

图 3-66　放电加工的零件

削加工；如果用到线切割加工，尽量少走刀等。这些方面要做到位并不容易，但作为初学者，首先要有这样的意识，其次是多了解相关常识，类似见图 3-68、表 3-9、表 3-10。

表 3-9　小孔径孔放电的报价依据（材质、孔径、厚度等）

普通钢	$\phi 0.5 \sim \phi 0.8$	25mm 厚度以下 5 元/孔	25~50mm 厚度 10 元/孔	50mm 厚度以上 15 元/孔
	$\phi 0.3$	10mm 厚度以下 10 元/孔	10~25mm 厚度 20 元/孔	—
	$\phi 0.2$	10mm 厚度以下 35 元/孔	—	—
钨钢	$\phi 0.5 \sim \phi 0.8$	10mm 厚度以下 10 元/孔	11~25mm 厚度 15 元/孔	50mm 厚度以上 20 元/孔
	$\phi 0.3$	10mm 厚度以下 20 元/孔	10~15mm 厚度 30 元/孔	15~20mm 厚度 40 元/孔
	$\phi 0.2$	10mm 厚度以下 45 元/孔	—	—

第3章 自动化工程师必修基本功

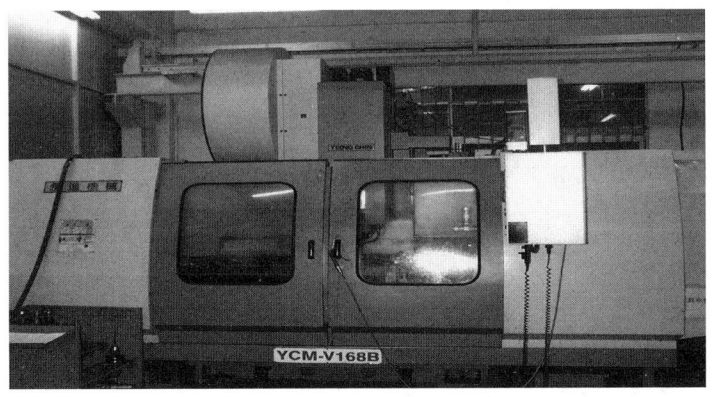

图 3-67 加工中心

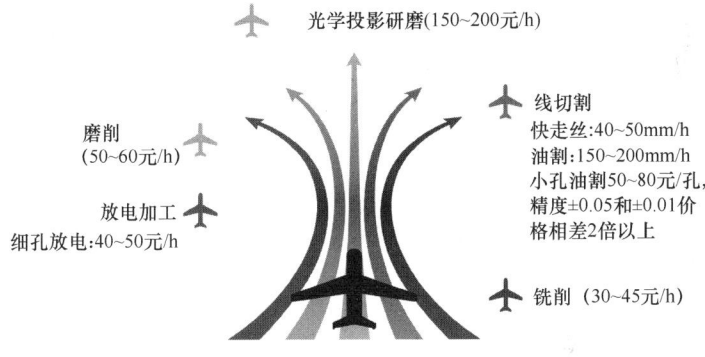

图 3-68 单位小时加工价格

表 3-10 常用材料的单价（价格是波动的，仅供参考）

材 料	单价/(人民币/千克)
钨钢	1200
SKD11	50
S45C	10
ASP23	680
赛钢	70
SUS304	60
A6061	70
S136	50
亚克力	70
电木	35
viking	80

8. 参考标准件厂商型录

许多人纠结于不知如何选择零件的材料，也不了解具体有哪些表面处理方式。这个可以理解，毕竟材料相关的知识很多。但对于自动化设备开发来说，所用到的仅仅是万千材料中的若干种，甚至可以说是最简单的那部分，所以要有信心掌握好这一部分。下面介绍三种高效的学习方法。

1）将标准件厂商的型录作为依据。设计中很多零件的使用场合和标准件的适用范围是重合或类似的，那在材料选用及相关处理上，专业型录就是最好的老师。例如经常需要冲掉五金冲压件的一些连料或余料，就可能用到类似凸凹模零件（上下刀），那用什么材料好呢？例如食品级不锈钢容器所用的材质是什么……多翻翻标准件厂商的型录，基本上都有答案。

2）有技术资料积累时，可以多查阅图样或清单，记录下来哪些机构用了哪些材料，同时可以上网查资料（材料特性及相关信息）进行确认。

3）多去观察生产线现有设备用了哪些材料，辨识不了的，就去请教前辈或同事，多关注有问题的或用得恰到好处的案例，积累多了，就是经验了。

总之，不要闭门造车，也不要拘泥于有关工程材料或热处理类的理论书籍，先熟练掌握工作中常用的材料应用，再慢慢地去结合理论教材，进一步拓展和深入。

当然，平时积累是很重要的，例如螺钉一般用铬钼钢 SCM435；棒料，普通硬度时用 S45C（发黑处理）或 SUS304，硬度为 45～50HRC，如要求硬度高一些就用 SUJ2（硬度为 45～58HRC）；钢锉刀硬度为 68～70HRC 等。

9. 多对实践进行检讨总结

材料的选用和加工，不是简单知道就好了，还要多进行实践检讨总结。如图 3-69～图 3-75 中的提示，也许都很粗浅，但对初学者来说，这些细节很容易被忽略。

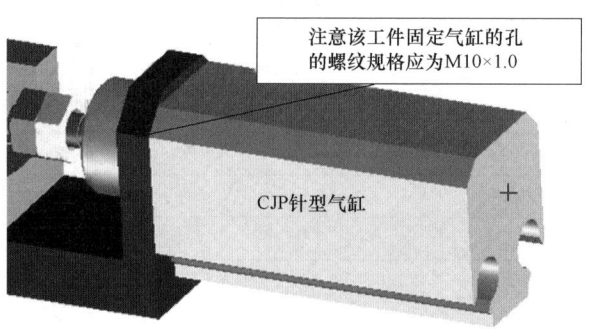

图 3-69 工件的螺纹孔要和标准件（气缸）匹配

这里有几条对材料选用的建议：普通场合，避新就熟（用大家用的）；重要场合，"三比"（比性能、比成本、比结构）而定，同时注意双管齐下（材

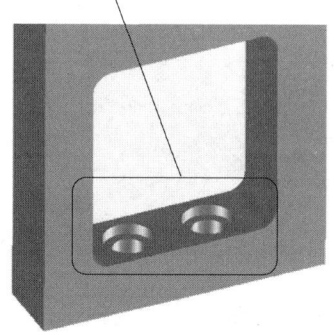

图 3-70　没有考虑加工可行性的沉头孔和螺纹孔设计

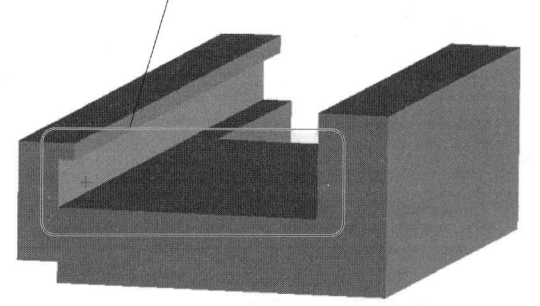

图 3-71　没有考虑加工难度的槽孔设计

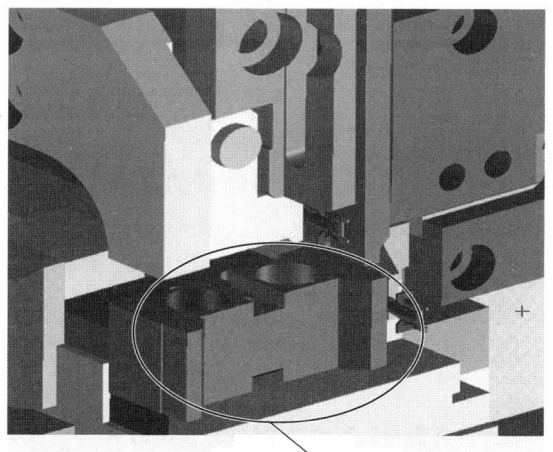

图 3-72　刀具常用材料为 **SKD11** 或 **ASP23**

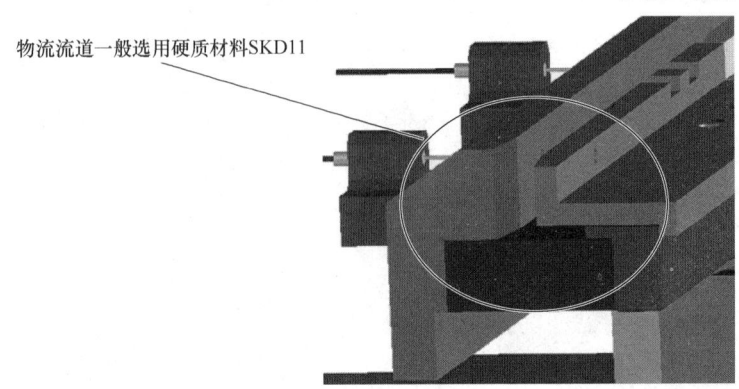

图3-73 流道一般用硬质材料 SKD11（要有耐磨性）

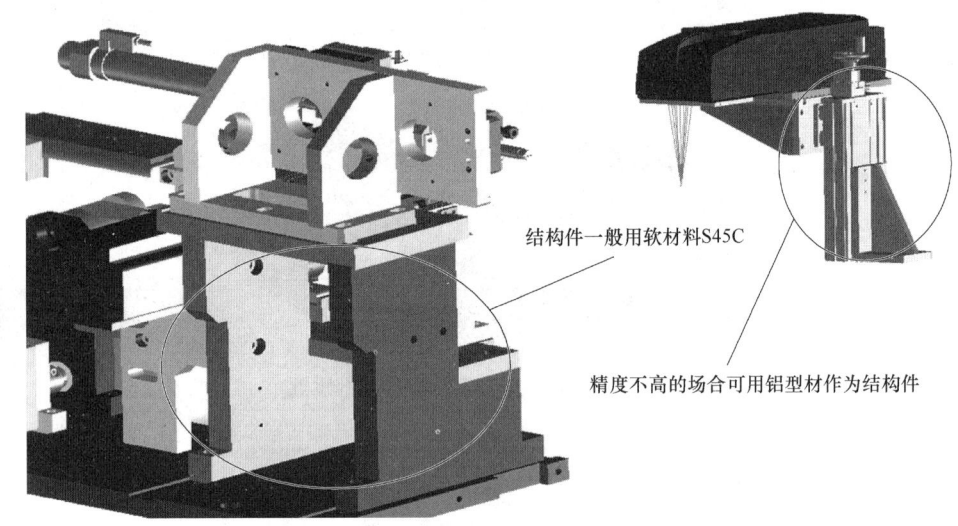

图3-74 设备的结构件一般选用 S45C（精度无要求时也可用铝型材）

料和加工是紧密结合的），百炼成金（对做自动化的来说，金属选用最繁杂，须重点突破，其他的则比较容易掌握）。

此外，要善于查阅和读懂各种标准和表单，要经常翻阅有关的专业书籍，加强认识和理解，例如表 3-11 ~ 表 3-15 所列内容，在很多专业书籍中都可见到。如果能结合工作实践的选材和加工操作，多比较思考和总结，是有很强的指导作用的。

表 3-11 图样中未注倒角的加工值

$D(d)$	≤5	>5~30	>30~100	>100~250	>250~500	>500~1000	>1000
C	0.2	0.5	1	2	3	4	5

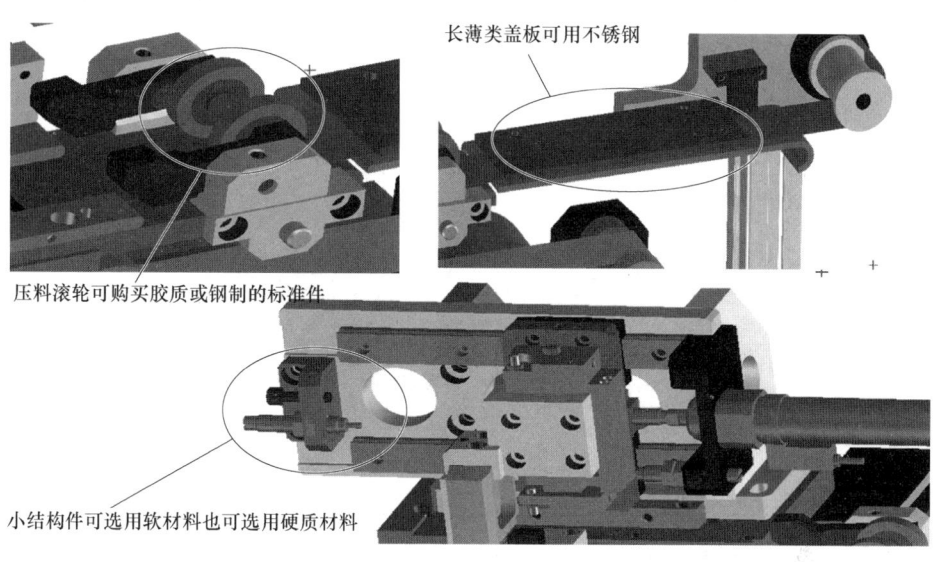

图 3-75 根据功能要求来选择材质

表 3-12 孔加工（铣或镗）精度

尺寸（分界尺寸处算前值）/mm	公差/mm	尺寸（分界尺寸处算前值）/mm	公差/mm
0.5~6	±0.1	315~1000	±0.8
6~30	±0.2	1000~2000	±1.2
30~120	±0.3	2000~4000	±1.5
120~315	±0.5	—	—

表 3-13 外圆加工方案

加工方案	经济精度级（IT）	表面粗糙度 Ra/μm	适用范围
钻	11~12	100	加工未淬火钢及铸铁的实心毛坯，也可用于加工非铁金属（但粗糙度稍差），孔径<15mm
钻-铰	9	3.2~6.3	
钻-粗铰-精铰	7~8	1.6~3.2	
钻-扩	11	12.5~25	加工未淬火钢及铸铁的实心毛坯，也可用于加工非铁金属（但粗糙度稍差），孔径<15mm，但孔深>20mm
钻-扩-铰	8~9	3.2~6.3	
钻-扩-粗铰-精铰	7	1.6~3.2	
钻-扩-机铰-手铰	6~7	0.2~0.8	
钻-(扩)-拉	7~9	0.2~1.6	大批量生产（精度视拉刀的精度而定）

（续）

加工方案	经济精度级（IT）	表面粗糙度 $Ra/\mu m$	适用范围
粗镗（或扩孔）	11~12	12.5~25	除淬火钢外各种材料，毛坯有铸出孔或锻出孔
粗镗（粗扩）-半精镗（精扩）	7~9	3.2~6.3	
粗镗（扩）-半精镗（精镗）-精镗（铰）	7~8	1.6~3.2	
粗镗（扩）-半精镗（精扩）-精镗-浮动镗刀块精镗	6~7	0.8~1.6	
粗镗（扩）-半精镗-磨孔	7~8	0.4~1.6	主要用于加工淬火钢，也可用于不淬火钢，但不宜用于非铁金属
粗镗（扩）-半精镗-粗磨-精磨	6~7	0.2~0.4	
粗镗-半精镗-金刚镗	6~7	0.1~0.8	主要用于精度要求较高的非铁金属的加工
钻-(扩)-粗铰-精铰-珩磨 钻-(扩)-拉-珩磨 粗镗-半精镗-精镗-珩磨	6~7	0.05~0.4	精度要求很高的孔
以研磨代替上述方案中的珩磨	6以上	0.012~0.2	
粗车	11~12	25~100	适用于淬火钢以外的各种金属
粗车-半精车	9	6.3~12.5	
粗车-半精车-精车	7~8	1.6~3.2	
粗车-半精车-精车-滚压（或抛光）	7~8	0.05~0.4	
粗车-半精车-磨削	8~9	0.8~1.6	主要用于淬火钢，也可用于未淬火钢，但不宜加工有色金属
粗车-半精车-粗磨-精磨	6~7	0.2~0.8	
粗车-半精车-粗磨-精磨-超精加工（或轮式超精磨）	6	0.025~0.2	
粗车-半精车-精车-金刚石车	6~7	0.05~0.8	主要用于要求较高的有色金属的加工
粗车-半精车-粗磨-精磨-超精磨或镜面磨	6以上	0.012~0.05	极高精度的外圆加工
粗车-半精车-粗磨-精磨-研磨	6以上	0.012~0.2	

表 3-14 平面加工方案

加工方案	经济精度级（IT）	表面粗糙度 Ra/μm	适用范围
粗车-半精车	9	6.3~12.5	端面
粗车-半精车-精车	7~8	3.2~1.6	
粗车-半精车-精车	8~9	0.4~1.6	
粗刨（或粗铣）-精刨（或精铣）	8~9	3.2~12.5	一般不淬硬平面
粗刨（或粗铣）-精刨（或精铣）-刮研	6~7	1.6~0.2	精度要求较高的不淬硬平面；批量较大时宜采用宽刃精刨方案
粗刨（或粗铣）-精刨（或精铣）-宽刃精刨	7	1.6~0.4	
粗刨（或粗铣）-精刨（或精铣）-磨削	7	1.6~0.4	精度要求较高的淬硬平面或不淬硬平面
粗刨（或粗铣）-精刨（或精铣）-粗磨-精磨	6~7	0.8~0.05	
粗铣-拉	7~9	1.6~0.4	大量生产，较小的平面（精度视拉刀的精度而定）
粗铣-精铣-磨削-研磨	6以上	0.012~0.2	高精度平面

表 3-15 工件加工精度及方法

加工方法	$Ra25$ μm	$Ra12.5$ μm	$Ra6.3$ μm	$Ra3.2$ μm	$Ra1.6$ μm	$Ra0.8$ μm	$Ra0.4$ μm	$Ra0.2$ μm	$Ra0.1$ μm	$Ra0.05$ μm	$Ra0.025$ μm	$Ra0.012$ μm
车削			▲	▲	▲▲	▲▲						
金刚石镗削①							▲▲	▲▲	▲▲	▲▲		
金刚石超精车①										▲▲	▲▲	▲▲
刨削			▲	▲▲③	▲▲	▲▲						
钻孔	▲②											
扩孔钻扩孔		▲										
镗孔			▲	▲▲	▲▲	▲▲						
铰孔					▲▲	▲▲	▲▲					
铣削		▲	▲	▲▲	▲▲	▲▲						
拉削				▲	▲▲	▲▲						
液压加工						▲▲	▲▲	▲▲				
磨削					▲▲	▲▲	▲▲	▲▲				
超精磨、镜面磨									▲▲	▲▲	▲▲	▲▲
研磨									▲▲	▲▲	▲▲	▲▲
珩磨					▲	▲	▲	▲▲	▲▲			
超精加工									▲▲	▲▲		▲▲
抛光						▲▲	▲▲	▲▲	▲▲	▲▲	▲▲	▲▲

① 加工非铁金属。
② ▲-粗加工、半精加工。
③ ▲▲-精加工。

3.1.7 机构方面

如前所述，企业应用级别的非标设备很特殊，所以相关的设计工作，也绝对不是精通机械原理或设计理论就能驾驭的。

1. 非标设备开发流程

1）了解客户需求：
① 产品结构和市场应用。
② 设备生产效率和品质要求。
③ 设备工作环境（包括生产状况）。

2）分析项目和样品：
① 了解产品的生产工艺。
② 了解产品各方面尺寸要求及来料情况。
③ 与客户沟通产品生产过程中的技术瓶颈和注意事项。
④ 设备使用地点的技术参数（摆放方向、占据空间等）。

3）拟订方案：工程人员讨论、分析，做出技术方案，包括：
① 设备示意图（整体示意图，局部示意图）。
② 各部分机构简介。
③ 动作说明。
④ 设备技术参数。

4）方案审核：由工程人员组成评审组，对方案进行检讨，包括：
① 设备可行性评估。
② 设备成本评估。
③ 设备生产效率的评估。
④ 各部分结构可行性评估。

5）方案修正：对方案评审中的问题点进行修改。

6）客户确定方案：设计方案交由客户检讨和确认。

7）机构设计：包括设备装配图、零件图（零件标注按国家标准）、电控配件（并列出加工零件清单和标准件清单）、动作说明书。

8）机构评审：由工程人员组成评审组，对所设计出的图样进行审核，包括：
① 设备机构配合是否合理：功能性（能力和精度）、稳定性、安全性、人性化（操作的便利性）和外观性。
② 所设计机器生产效率是否符合客户需求。
③ 设备造价。
④ 各部分机构应简单易于调试、维修。
⑤ 各部分零件应尽量简单易于加工。

⑥ 各执行元件选用是否合理。

9）零件加工及标准件采购：

① 零件图交由内部加工部门或外部加工企业，进行零件加工。

② 采购人员按照标准件清单，联系供应商进行标准件采购。

③ 品检人员按照零件图及标准件清单，对加工零件尺寸精度、加工工艺、标准件型号、安装尺寸等进行检验，合格后交由仓库管理人员入库。

10）机器组装：

① 由装配部安排人员进行设备的组装调试，装配人员首先根据加工件清单及标准件清单，到仓库领取加工件及标准件。

② 装配人员严格按照装配图进行设备的组装调试。

③ 电气工程师进行设备的配电布线，并按照动作说明书进行程序的编写。

11）机器调试：装配人员按照客户提供的产品工程图，进行设备调试，调试完成后，做一些样品交客户确认（品质）；遇到重大问题，若是设计方面的，则反馈给机构设计工程师，由后者主导解决。

12）包装出货：

① 检查所有的紧固件和接头联接，确保紧固到位，联接可靠。

② 清洁设备外表，粘贴必要的标牌和标示。

③ 必要的防护（防锈、防潮）措施。

④ 准备好机器备件、操作说明书、接线图及其他技术资料。

以上主要针对的是重要客户或大型项目，基本真实反映了技术工程师的设计工作流程。对于简单或复制性的项目，可在某些环节进行一些简化或直接跳过，例如减少讨论或评审的次数和时间，只检讨重点机构或问题点；再例如当遇到很简单的装配调试时，可以交给技术员去做。知道怎么做是正确的固然是好事，但真正做起来还要看客户、看项目，要灵活处理，未必要事无巨细都自己来。

2. 流程之外的建议

知道设计工作流程和相关重点后，在平时的学习中就要有意识地去关注和加强相关方面的知识。换言之，对于设计工程师来说，尽管大部分工作量集中在方案编写和机构绘制上，但不意味着自己可以从流程中脱离出来，而应该成为其中的主导者。要成为主导者，必须清楚流程各环节的来龙去脉，能分析解决问题，能给出建议做出决策，能监督和跟催项目……只有这样的设计者，才能成为上司的得力助手，只会做做机构画画图的，已经适应不了时代的发展了。

1）设备开发流程的每一个环节，都有可能造成项目的延误和失败。设计工程师除了在机构设计环节要耗费一些时间精力外，对其他环节的跟进、协调和管理也是非常重要的。如果认为所谓的设计，就是拿些物料看看怎么装配，就是找类似的设备图样来改一改，乃至把自己的工作定性在出完技术文件就算完成任务，这样就不对了，太低估技术工作的责任和分量了。

2）流程仅定义到包装出货，但正如我们之前提到的，工程师应该具备项目管理的思维，接下来的事，才是最大的考验。例如，迅速应对和处理来自客户的回馈和诉求，让设备在客户端稳定生产并通过验收，总结和整理项目设计经验和细节。平时看似能力不分高下的技术工程师，往往会在这个环节表现出差异；同一个项目，不同工程师来负责，往往会有不同的结果，当然，最终的结果只有一个。

3）流程中没有提到的一些东西，事实上也是我们需要关注的重点，例如是否真正理解客户的标准和要求；对客户的技术、管理能力的把握；有些没有工程师参与的工作如何确保品质。我们的非标思维不能局限于机构本身，对于各种客户的非标性也要有一个清晰的认识，这样既有利于让自己的设计符合客户要求和习惯，也可减少后续因考虑不到而潜在的问题。

4）流程中的每一个步骤，都包含着大量的工作内容，必然要求工程师具备相应的能力和知识。例如第1点第1）条"了解客户需求"，看起来是很简单的一句话，但是能够做到位的工程师，不夸张地说，少之又少。大多数人只是被动接受客户一些品质指标、效率要求，或者有机会也只是到客户现场走马观花，然后就风风火火开始做设计。

5）作为初学者，在项目团队里，阅历、经验、资格都不如前辈，这样要担负起主导者重任，可能会遭遇多种质疑或阻碍。因此，反复提到的一些观念和做法，未必要在当前阶段去彻底实施，但务必作为一个目标，从各方面去加强自己，如果有一天你做到了，恭喜，你成长为可以独当一面的设计工程师了。

6）针对这个流程，请读者以本公司内部为对象做一个调查了解工作：过去一年实施的项目，出现延误或失败的有几个，原因是什么，分别是流程中哪个环节造成的？然后设想一下，假如当时是自己负责，也会是一样的结果吗？还是说可以有一些做法来规避失败和延误？比如这些：

① 客户要求在机器人作业现场周围加装防护栏，但是在做的时候没有提具体要求，因此就按之前给其他客户做的"白色铝合金＋铁网"模式来做，但设备交付时客户才说要和车间其他机台统一，铁网防护栏要换用橘黄色的，这个要求过分吗？

② 零件加工商承诺工件交货周期是两周，但由于种种原因，无法如期交货，要延后三四天，导致我们项目最后也可能要延期，这和我们设计人员有关系吗？

③ 甲乙两个企业做同样的产品，给甲企业做成功一个项目后，复制到乙企业去时出现异常，产品装配时总是有品质问题，于是告诉客户，是物料问

题，让他们改善，但客户说手工线正常，肯定是设备的问题，这正常吗？

④ 设备在客户处试产，客户反馈有问题自己处理不了，但我们的技术员赶过去后，很快就把问题解决了，就是个简单问题（螺钉没拧紧或废屑卡在某处），但在该客户处已发生多次了，说明该客户技术薄弱，若要不是这样，为什么这时才发现呢？

类似这些，一旦能明辨是非或头脑中有清晰答案和对策时，那说明对这个流程的理解到位了。

3. 机构设计的构思方法与技巧

所谓构思，通俗地说，就是根据已知条件和设计要求，考虑如何能够实现。对于机构设计工程师来说，主要发生在方案拟定阶段。想清楚了，有眉目了，那后面的工作就比较好开展了；没有思路或者出现疏漏，那就会非常急躁郁闷。那么，在实际的设计构思活动中，有些什么方法或技巧呢？

(1) 从制造流程/工艺入手　对于一台多工艺的设备来说，首先要清楚生产产品时先做什么，后做什么，如何做，这就是制造流程和工艺问题。如果产品属于熟悉行业范畴，那这个环节的难度不是太高，基本属于轻车熟路，反之，则是一大障碍。设想，如果连产品是如何生产的都不清楚，那要顺利进行下去是不太可能的。我们说非标很难，表现之一就是各行业制造流程工艺存在差异，很多都在经验之外。因此需要不断学习，而且要能快速学习，不然，再坚实的机构设计功底也无法胜任各种非标项目。

所以，无论设备工艺是否在自己掌握范围内，前提肯定是要先清楚制造流程/工艺。例如，连接器行业里边的插针，有连料，有散料，有方针，有扁针，有单插，有排插，有预插型，有直接到位型，有倒刺型，有凸包型，有SMT型，有落板型……各有哪些特点和要求，这些都要有清晰的认识，当然包括更深入的工艺机理。

当接触不同行业的产品及其生产工艺时，我们表现出不熟悉、不适应，这些是正常的，也是可以理解的。但是，各行各业的设备及其机构，绝大部分都没有脱离我们的认知，加强机构设计基本功的修炼，可以不变应万变。这里主要提醒以下几点。

1）制造型企业通常有专职的制造工程师，对于制造流程/工艺的掌控，他们是最专业的。在开展具体项目时，要多向他们请教产品生产制造的诸多问题、窍门、瓶颈，从而更好地贯彻到机构设计中去。如果是在企业的自动化部门工作，那自不必说，作为团队一员，制造工程师通常有较高的话语权。制造工程师如果同时精通自动化机构设计，若是有机会做本行业的设备，一般来说成功率会很高。

另一方面，大多数从事制造工程的，都不太懂机构设计，虽然看得多了也了解一些，并有一些日常改善积累起来的自信（例如某台设备上线时问题很多，在他们多方努力改善下，后来终于稳定），但专业认知方面始终不系统，所以很多时候不能站在机构设计工程师的角度，提出的建议可能会脱离实际，有时甚至是无稽之谈，这点需要去甄别和选择性吸收。

2）绝大多数工艺都是通用的，只是放在不同行业中加入一些非标成分，就会有特殊的地方，并成为该行业所谓的技术机密。换言之，在平时的学习中，就应该抓住这个共同的部分。例如很多行业都有点胶固定这个工艺，那么首先就要把点胶相关设备搞懂学会，至于以后从事哪个具体行业，设计不外乎是加入一些非标的元素罢了。

3）绝对不要把对工艺的认识局限在工艺本身。例如学习锁螺钉机的设计，很多人可能会把焦点放在机构本身，这固然是必要的，但还远远不够，还需要思考这些问题并找到对策或答案：如产品的螺钉拧紧方式是否合理，能否减少螺钉数量，甚至取消；客户的螺钉规格是否标准，来料尺寸是否稳定，如何确保；螺钉机是需要经常维护保养的，客户是否有这样的团队。类似这些，不考虑清楚，很容易带来麻烦。

(2) 方案比较　　非标设备的机构设计方案，通常都不会是唯一的，有很多选择，这个时候，我们需要有对比分析和决策的能力。

1）经常梳理和总结，熟悉各类机构特点（主要是精度、速度、负载和稳定性方面），这样在选择机构模式时，可以择优而用并避免犯根本性错误。

2）以客户为导向，有些机构，用在 A 公司是可以的，用在 B 公司可能会出问题，要权衡一些非机构的因素。比如设备维护团队薄弱的企业，在导入设备过程中，一般会有各种别的困难。

3）企业对生产设备的潜在要求（应用、成熟、非标、速成），也是方案取舍的一个因素，不要忽略。有些方案可行但实现起来比较麻烦，有些方案把握不大，有些方案后期维护性要求高，有些方案制作周期长……这些情况就要灵活决策了。

(3) 以产品为核心　　无论用哪种设计方法或技巧，构思由始至终应该以产品为核心。例如做装配机，那么首先肯定是将成品展开成组件，再对各个组件进一步分析，结合机构可行性，对装配合理性进行检讨和判断。事实上，无论是否做设备机构设计，如果产品结构能够考虑到自动化装配，那肯定会在结构上有所体现，例如定位更可靠，插装更顺畅，零件数量少……同样一款产品，设计上如果考虑了自动化，在设备机构设计上会便利和可靠很多；反之，则会让自动化实施者倍感头疼。但这属于历史了，现今多数公司的产品设计，都或多或少会有后续自动化的考量。

这里作为一个论点来强调，目的是建议读者：不要为了自动化而自动化，自动化其实是为产品制造服务的，如果产品改改结构，就可以不用做或减少自动化并达到同样的生产目标，那何乐而不为呢？要充分考虑产品本身设计的合理性，有一些结构注定是不稳定的或难以实现的，非要在设备机构上去绞尽脑汁，这是本末倒置的，往往效果也并不好。所以，推行自动化，首要的事是从源头抓起，对产品的工艺性先行自动化，其后就水到渠成了。

在机构设计过程中，思路是时时刻刻都落在产品上的，所以说它是个核心。

（4）把握细节 参考3.1.2第2点的论述，细节来源于平日的积累。

（5）动作模拟 顾名思义，很多机构，尤其是散件组装类，都是模拟人工作业的。但是，这种模拟是有一些原则的。

1）动作要有所取舍 例如一些复杂的动作，人手操作起来很简单，但要用设备来实现，有时就比较麻烦了，需要进行运动的拆解和分析，保留有效的部分。

2）动作要有所简化 例如，要把物体从一点移动到另一点，对轨迹并无要求，就尽可能用直线移动的机构方式。

3）动作要有所讲究 例如，在不影响功能的前提下，机构移动的行程应该尽可能小，这样运行起来快一些，不要不重视几毫米的讲究，积少成多也会起到很大的作用。

（6）培养空间/平衡感 技术行当中的感觉并不是虚无缥缈的，要有自我加强的意识，同时也有赖于大量的训练。

1）参照物 做机构设计时，如果对设备的空间占据没有感觉，可以调用一个现成的标准人体3D模型（1.7m高）放在机构旁边，这样在具体的机构尺寸上会有个参照，如图3-76所示，很容易判断三色灯高度约1.8m。

2）从（核）心开始 工程软件类书籍中定义设计过程有"自上（总装图）而下（零件图）"和"自下而上"两种，其实指导意义不是太大。实际的设计过程是，围绕产品及其工艺，先大致构思总的方案（甚至可以手绘草图或在脑海中形成雏形），然后像模型树（先主干后枝节）一样展开，如果在某个节点遇到障碍或瓶颈，就进行分析和解决，有时甚至需要做模拟或实验，等到要绘制机构零件图时，事实上设计已经完成了大半。当然，在具体绘制零件和机构时，也会遭遇一些障碍和瓶颈，从而可能需要反过来修正总的方案。这样，从"总"到"零"，从"零"到"总"之间，可能会反复多次切换，直到最终的设计定型。

3）让机构紧凑（先定一个长、宽、高） 跟产品设计一样，首先给机构定义一个尺寸目标，然后尽量在标准件选型和工件的绘制上给予保证。这个过程有时很困难，有时可能结果未必理想，但经常这样训练自己的设计能力，会有意想不到的收获。

4）人机协作 自动化设备的机构，自始至终都要考虑人的因素。最重要的莫过于设备的操作员和维护人员，体现为能够让操作员舒适操作，能够让维

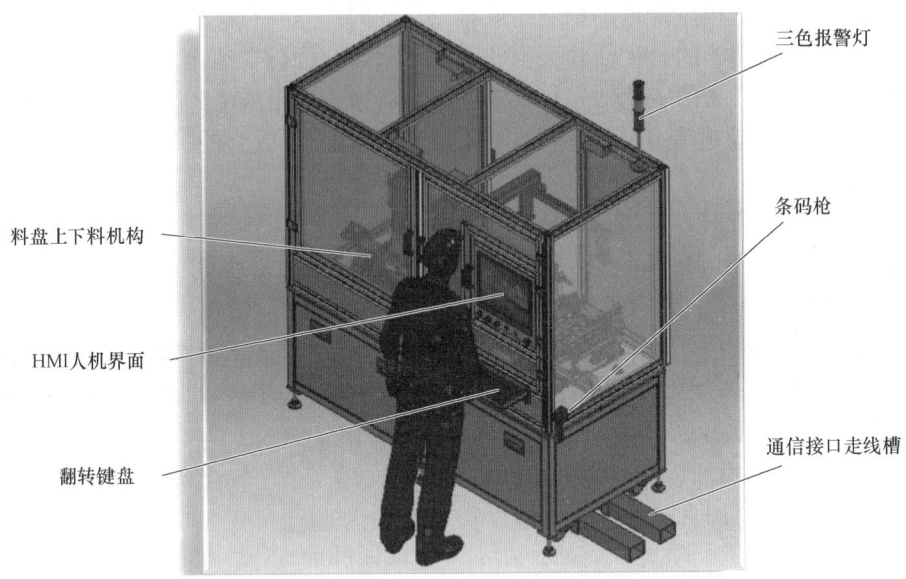

图 3-76 设备的尺寸可参考人的尺寸来定

护人员方便维护。

5）设计经验/禁忌　很多不合理的机构设计都是可以避免的，因此要多注意搜集和总结经验，熟悉常见的有悖机械原理的禁忌，减少低级疏忽。如图 3-77 所示，要折弯一个板材，不同的成形刀设计，会有不同的品质表现，当了解这些后，做类似的设计就会有更高的可靠性和合理性。

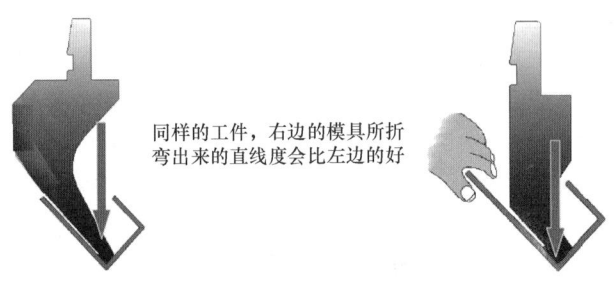

图 3-77 不同设计折弯出来的板材品质不同

其他的方法，大家自己去摸索，但这个不是三两天就能够练就的，首先需要有一定量的积累，慢慢地才会有质的提升。

（7）设计失效模式分析（Design Failure Mode and Effect Analysis，DFMEA）失效模式与影响分析（Failure Mode and Effect Analysis，FMEA）是一种可靠性设计的重要方法，而 DFMEA 是设计的 FMEA。其核心理念是，在产品设计开发时，充分考虑产品在生产、运输、使用过程中所涉及的困难及问题，将所有可能出现的因素纳入预防范围,提前做好预防措施及解决方案。与其说这是一个工具,倒不如说是一个思考方法或品质意识。在设计过程中要经常自我检讨机构,不断修正一些不合理的细节。当然,在这个过程中我们的思路是发散的,所以往往假设自己是作业员、维护人员、工艺工程师等,研究会出现什么状况,该如何处理。实际操作起来,一般用设计审查表(列出设备的机构可能遇到的问题及对策)来执行 DFMEA。

(8) 关注新资讯 设备的技术含量是由许多软硬要素构成的,有各种专业的配套供应商和服务商。例如,做一台插针机时会用到很多标准件,其性能对设备的意义不言而喻。作为机构设计者,不可能在每个要素上都能做到精与专,所以必须经常留意行业资讯,包括新技术、新产品、新概念等,并将这些新意融入自己的设计中去,从而提升设备的创新程度和技术含量。

4. 多做机构设计方面的总结

自动化机构的设计虽然也需要遵循传统机械理论,但更多的是它的非标特性和经验导向。以一个切料机构为例,我们可以梳理出一些设计原则或常识。

(1) 冲裁设计要求

1) 标准化:根据图样制作的备用刀具,替换上去后就应该能正常工作,如果要去加个垫片,或者修磨一下,则需要额外的时间,这是不合理的。

2) 飞边小:越小越好,一般是 0.05mm 以内,特殊精密情况可能会要求在 0.02mm 以内(1 根头发丝的直径大约是 0.1mm)。

3) 寿命长:寿命越长越好,一般都要求在 10^5 次以上。

4) 安全:安全措施要到位,不允许有任何事故发生。

(2) 刀具的基准设计(避免间接基准,否则有累积误差) 冲裁机构上的刀具,最好有统一而确定的基准。把刀具的基准设计好,把定位问题处理好,刀具的互换性可得到加强。图 3-78 所示的三种设计,因为有统一的基准,设计三相对合理些。

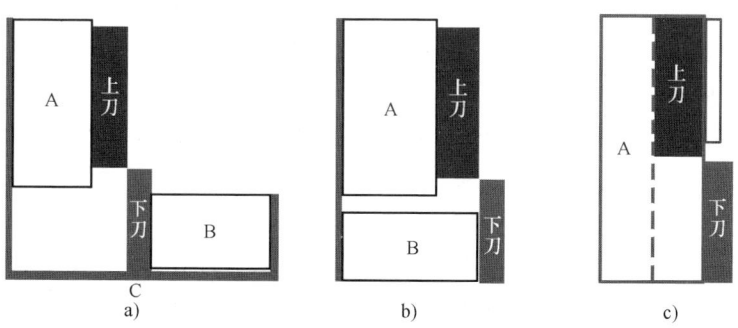

图 3-78 设计基准不同的三种刀具布置形式

a) 设计一 b) 设计二 c) 设计三

1) 上刀下做。上刀做到下模在基准和定位上是有优势的,可减少工件累积误差,如图3-79所示。有些自动插针机头的冲裁机构,上模提供一个动力,上下刀的定位都在下模,可有效避免崩刀口问题,如图3-80所示。

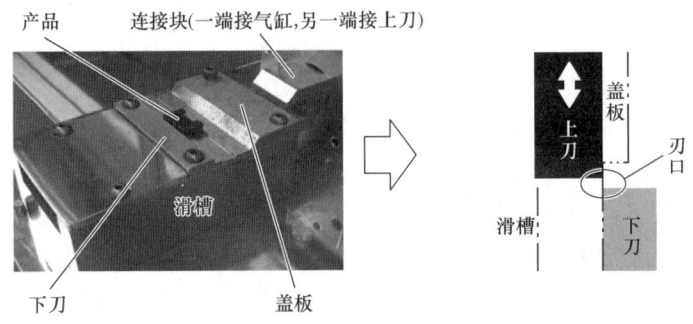

图3-79 上下刀基准统一的布置方式

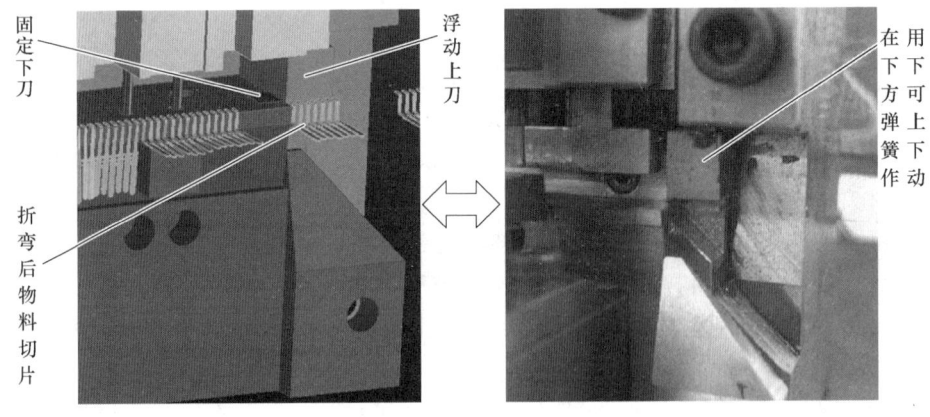

图3-80 避免崩刀口的结构

2) 移动式刀具。上下刀具安装位置相对设计基准有工件累积误差,因此不是很合理,如图3-81所示。如果一定要用这种方式,可对机构进行一些针对性的改进,如图3-82所示。

(3) 理论刀口间隙 上下刀口间隙的确定取决于物料材质、厚度和冲裁要求。根据笔者经验,对于普通冲裁,最佳刀口间隙,其实就是刀具贴在一起但能相对滑动时的间隙。典型例子:刚买回来的新剪刀。当工件的断面质量没有严格要求时,为了提高模具寿命和减小冲裁力,可以选择较大间隙值;当工件断面质量及制造公差要求较高时应选择较小间隙值。此外,知道刀口间隙是多少还远远不够,清楚机构如何确保这个间隙,才是要深入思考的。

(4) 刀具的结构设计及其他说明 刀口做导正处理,是有效避免崩刀口

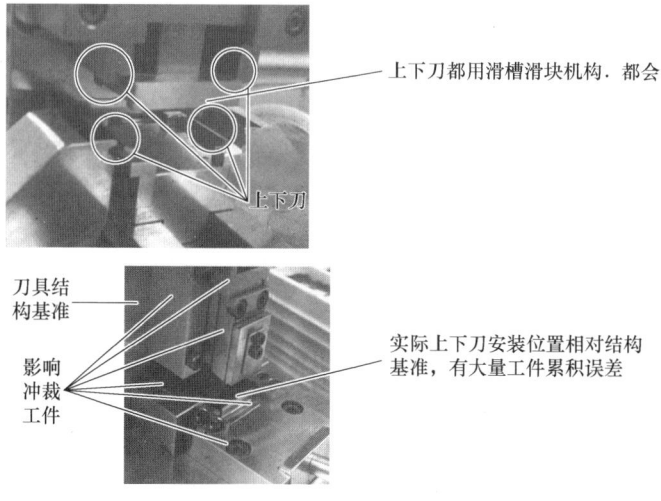

图 3-81 上下刀之间有较多间接基准的布置方式

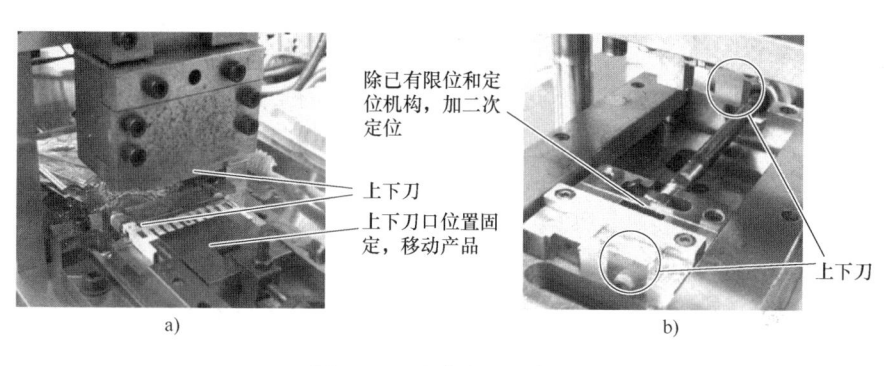

图 3-82 移动式刀具布置

a) 移动产品 b) 加二次定位

的一种方式,如图 3-83 所示。

斜口(斜角)或段差结构,可缓解机构冲裁动力不足的问题(不是一次性受力),如图 3-84 所示。

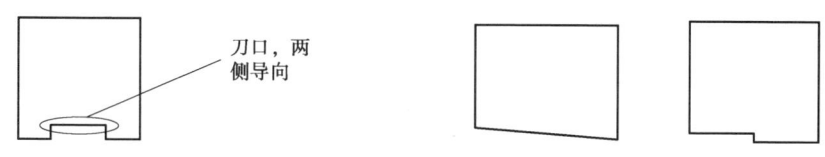

图 3-83 刀具的刃口附近增加导正功能
(导正部分为圆角或斜角)

图 3-84 斜口或段差结构

在冲裁前,需要先把物料压紧(压块一般用强力弹簧作缓冲,布置在上刀旁），否者效果会有折扣。切料会有飞边产生，要考虑切除方向，避免对后续工艺造成影响。切刀应设计成简单容易加工的外形，应尽可能少设计螺纹孔，这样加工备用刀具时可直接用硬质材料，减少加工时间，也节省成本。切刀材料优先使用 SKD11、ASP23，一般上下刀用不同的硬质材料。切刀在出图时应注明刀口位置，避免被"热情"的加工师傅误倒角。

3.1.8 模具方面

模具是工业生产上用注射、吹塑、挤出、压铸、冶炼、冲压等方法得到所需产品时所用的各种模子和工具。分为五金模具、注射模具和特殊模具，素有"工业之母"的称号。

产品组件中的五金件或塑胶件，一般是通过冲压（冲模）、拉伸（拉伸模）或注射（注射模）制造流程生产出来的。不同制造流程用不同的模具，并固定于对应的行业通用的动力设备上。例如，冲压制造流程常用机械式（电动机提供动力）冲床或锻床，拉伸制造流程用液压（油压或水压）冲床，注射用注射机（卧式或立式），装配生产线上的小型冲裁用金龟冲床或气动冲床等。

不同产品零件，对应着不同的模具，在生产时匹配到动力足够的动力设备。而工厂的投资和场地有限，依据生产负荷状况，采购的动力设备的数量是有管控的，尽量共用多个物料的模具。显然，产品料号多或订单小而杂，会带来频繁更换模具的问题。所以模具的设计非常的标准化，并尽可能在设计之初考虑通用化，此外在生产排配时也有一定的规则。模具在制造流程的地位，如图3-85所示，模具车间及其常用标准设备如图3-86～图3-88所示。

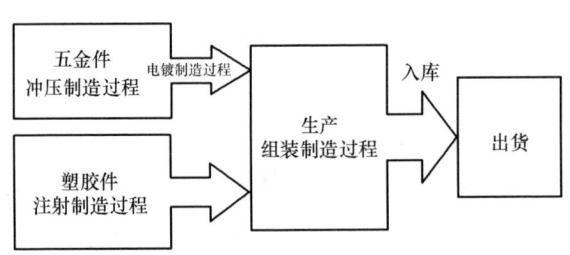

图3-85 模具是生产物料的设备工具

作为自动化机构设计工程师，更多是服务产品生产组装制造过程的，因此对于模具的认识，主要集中在小型冲模的设计和小动力冲床的选用上，如图3-89和图3-90所示。在制造流程设计方面，尽量不要将适合模具的工艺挪到生产线，除非生产线本来就是做冲压制品的。首先是因为冲压制造流程的动力、重量、震动超大，一般集中布置在车间一楼，搬到其他地方可能会破坏环境；其次，生产线是要根据订单来灵活布置的，设备也大都是轻量化的，混入

第3章 自动化工程师必修基本功

 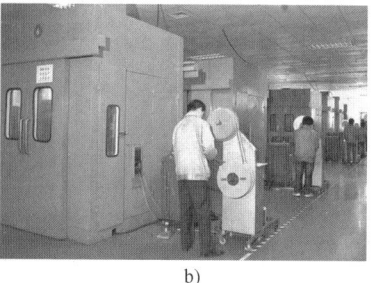

图 3-86 模具车间

a）胶制品注射车间 b）五金件冲压车间

 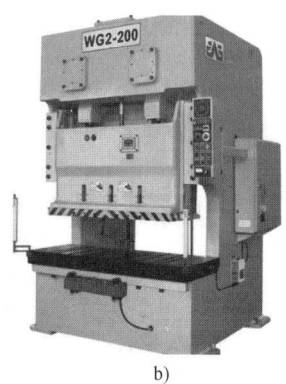 

图 3-87 冲裁和拉伸工艺常用标准设备

a）锻床 b）龙门冲床 c）液压冲床

图 3-88 常用的卧式和立式注射机

模具不便移动生产线；再者，送到生产线待装配的物料通常都是处理过的（如电镀），会有各种品质上的波动，状态不适合模具生产。

图 3-89　生产线常用的小型金龟冲床和气动冲床

图 3-90　生产线常用的小型模具（简单冲裁工艺）

1. 注射模

注射模是一种生产塑胶制品（见图 3-91）的工具，也是赋予塑胶制品完整结构和精确尺寸的工具（见图 3-92）。为了提高生产效率，有时会将模具设计成多个模腔同时生产若干个制品的方式，对应多少个模腔俗称多少穴，不同模穴会编号 A、B、C、…或 1、2、3、…等，图 3-93 所示，就是"一模十六穴"的做法。宏观上，各穴制品可保持高度的一致性，但还是有细微的差别（外形尺寸），在精密组装情况下，这些因素可能会影响到生产品质，个别情况甚至需要先挑出同一个模穴号的制品后，再分类进行下一步的组装，造成一些不必要的劳动力付出。

注射成型（见图 3-94）是批量生产某些形状复杂部件时用到的一种加工方法。具体指将受热融化的材料由高压注入模腔，经冷却固化后，得到成型品（见图 3-95）。胶制品经机械手抓取，放入盛器（常用胶筐或纸箱），然后再进

图 3-91 塑胶制品

图 3-92 塑胶制品注射模

行外观检测,如果有飞边会交由人工去除,最后再简单包装后送到装配车间进行生产。注射工艺是重要的制造环节,其产品优劣直接影响后续产品的装配,因此也有一套严格的生产管理和品质管控流程。

图 3-93　一模十六穴注射模

图 3-94　注射成型系统说明

2. 冲模

冲压生产主要是针对五金板材的，通过模具（见图 3-96 和图 3-97）能做出落料、冲孔、成形、拉深、修整、精冲、整形、铆接及挤压件等，广泛应用

第3章 自动化工程师必修基本功

图 3-95 注射完成后的成形品

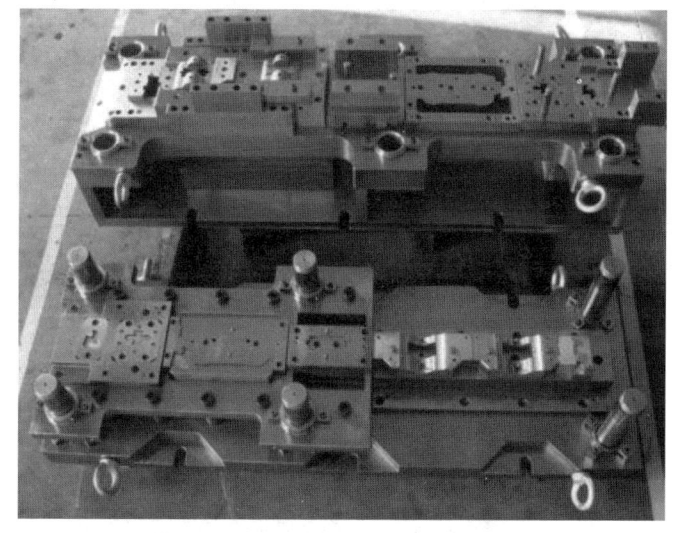

图 3-96 五金件冲模

于各个领域。如我们用的开关插座、杯子、碗柜、脸盆、电脑机箱等。有非常多的产品零配件（见图 3-98 和图 3-99），都可以用冲床通过模具生产出来。

冲压是一种先进的金属加工方法，是建立在金属塑性变形的基础上，利用模具和冲压设备对板料金属进行加工，以获得所需要的零件形状和尺寸。其基本制造流程如图 3-100 所示，若冲出来的是散件，一般用袋子包装，若是连料，则通常用胶质或纸质卷盘包装，如图 3-101 所示。

图 3-97 固定于冲床中的大型冲模

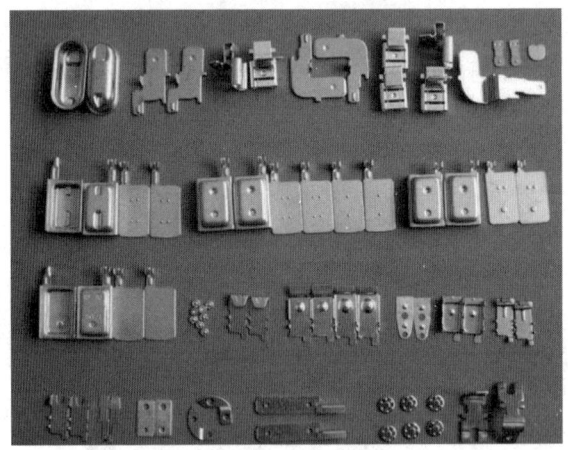

图 3-98 冲压完成后的五金件（散料）

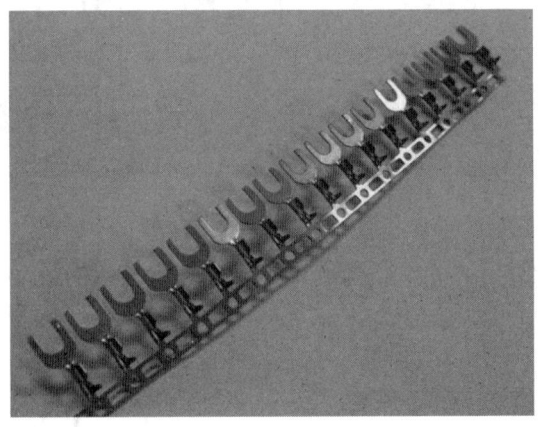

图 3-99 冲压完成后的五金件（连料）

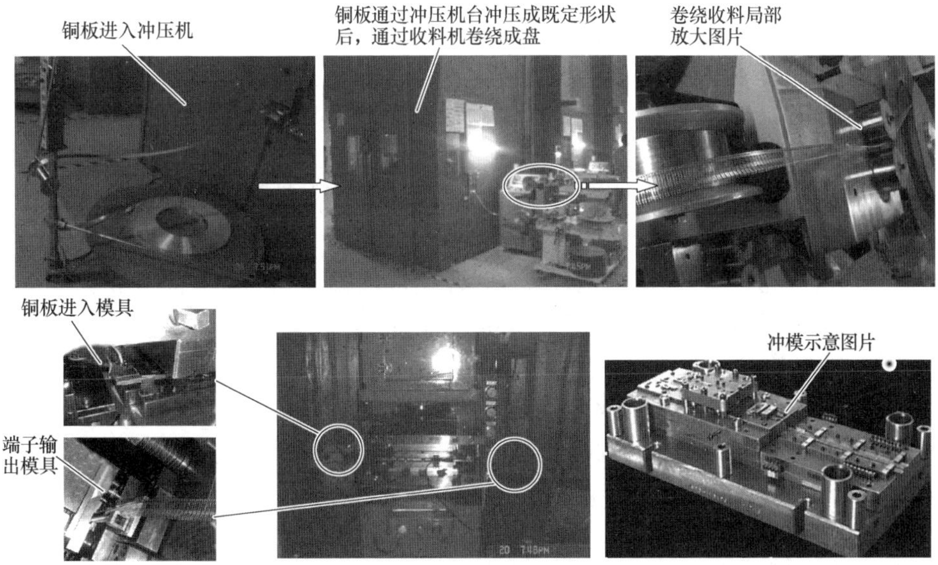

铜板进入冲压机　　铜板通过冲压机台冲压成既定形状　　卷绕收料局部
　　　　　　　　　后，通过收料机卷绕成盘　　　　　　放大图片

铜板进入模具

端子输
出模具

冲模示意图片

图 3-100　冲压制造流程说明

图 3-101　连料的五金件一般用纸质或胶质卷盘包装

3. 物料的前处理

所谓物料的前处理，指的是基于某些原因，生产流程中的前段环节（如冲压段）本应该完成的工艺，留到后段（如生产组装段）来实现所引发的对策与工艺（多发生于五金件）。对于自动化行业来说，前处理是相对而言的。例如做连接器产品，端子是个物料，相关工艺应该由冲压工厂或部门来实现；例如做手机、电脑或者线缆之类的产品，连接器是个物料，相关工艺应该由连接器企业来完成，放到后段的话，我们可以称之为前处理；再例如物料钻孔攻螺纹，对后面装配生产来说，它是前工序，而对于物料来说，这也是它的工序，所以要看自动化服务的对象和场合。

109

物料的前处理，是生产技术工程师调整和优化制造流程、成本、品质等因素的结果。例如端子是卷装的，为了防止挤压变形，在冲压段会冲出"保护脚"，到了组装生产时再用裁切机冲裁掉；再比如，生产组装时的端子是需要折弯的，如果放在冲压段，可能不利于电镀实现，就有可能把折弯放到组装生产线来实现。这些伴随着的是生产难度和问题的转移，端子有了保护脚，会不会影响设备的供料？好不好冲裁？如果是在组装设备上折弯，精度和稳定性是否足够？

电子行业的物料前处理，多是一些物料的整理排列、定方向、分离工艺；如果是五金件，则主要集中在废料去除、连料切断、简单成形的冲压工艺。作为设备制造流程和工艺的一部分，设备机构设计工程师需要充分评估制造流程和工艺可行性，并及时反馈给研发或工程部门，如果后续制造流程能力有限或把握不足，需要取消把物料放到装配生产线来实现的计划或设计。下面以五金件的前处理为重点，进行一个简单地知识梳理。

(1) 认识"精密能力" 装配物料一般是通过模具生产的，模具给人的印象是高速、精密、稳定、模块化，尤其精密能力更是突出。因此，在后续生产线实施物料前处理工艺，类似模具的一些概念和方法，都是可以选择性借鉴的，提高了精密性，也就保障了稳定性。众所周知，模具的设计重点，几乎完全集中在物料展开和对应工艺的布局上，运动相对比较单一，精华都集中在模仁上了。模具加工出来的产品精度，一般冲裁件是 $0.05 \sim 0.10$ mm，精密冲裁件可达 $0.01 \sim 0.03$ mm，普通折弯或拉伸件的精度是 $0.01 \sim 0.05$ mm，精密折弯或拉伸件可达 $0.02 \sim 0.10$ mm。

一般所说的模具精密，一方面指的是模具所用的冲床足够稳定，另一方面零件加工的精密度高。从公差等级表可以看到，同一个级别，工件的公称尺寸越小，所能达到的精度越高。因此可以这样认为，把工件做小，是有利于机器在精密度上的表现的，当然，细小则意味着薄弱，意味着很容易断裂，这也是要考虑的。

1）设备要有整体的格调，根据产品工艺来，如果需要大负载，设备就要尽量沉稳一些，反之如果是高速低载，就要向精致小巧方向去发挥。

2）如果通俗点来定义机构精密度，不外乎就是"足够精度和强度的工件 + 合理的配合、导向结构"，做到位了，机器就精密了。

3）机构过于精致的情形，除了重要部分要进行一些校验外，工件的外形也要遵循一些规则的，可以参考模具的一些画法。图 3-102 所示是一个冲子的外形图，尺寸过渡合理。

4）在对工件进行公差标注时，既要考量应用层面，也不能忽略经济性，不要随便标注，要让人看出一定的设计信息。同时，要特别注意零件之间的配合关系和公差体现，单一工件即使精度再高，也不一定对机构整体的精度有贡献。

模具精度虽然很高，但是有代价的，其零部件加工用的是数控加工、线切割慢走丝、光学磨床等，成本偏高。自动化设备上的多数零件并不需要这样的精度，只是设备的某个工艺（例如物料前处理）需要。举个例子，某个物料本来是模具部门提供的，但现在放到后段来生产，就有必要按模具的标准来制作，否则可能因为精度或品质问题，导致装配制造流程不稳定。模具的标准化架构如图 3-103 所示，最核心的零件叫模仁（见图 3-104），位于模具的中心位置，是需要设计的部分，至于模板则系列化，通常无须反复设计。

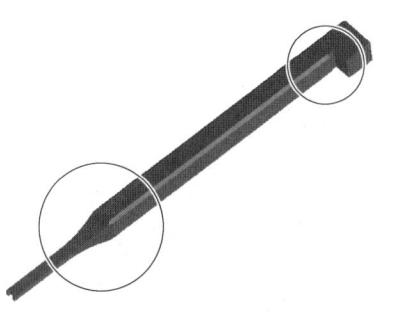

图 3-102　精密冲子

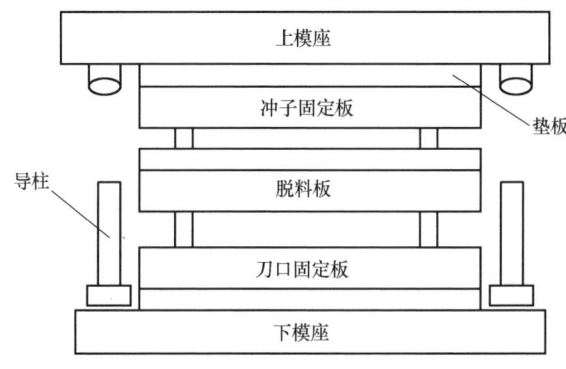

图 3-103　模具的标准化架构

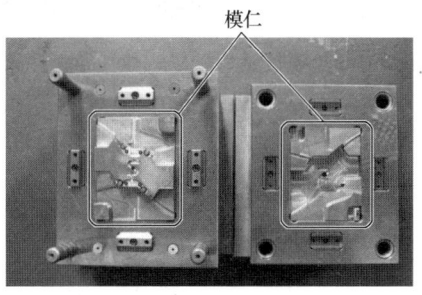

图 3-104　冲模的模仁

连续模（处理连料）动作的导向结构，采用带钢柱保持圈的滚动导柱，精密的高速连续模，一般需要采用四对或四对以上的导柱导套；单动模（处理散料），一般采用滑动导柱导套（不宜高速），如图 3-105 所示。

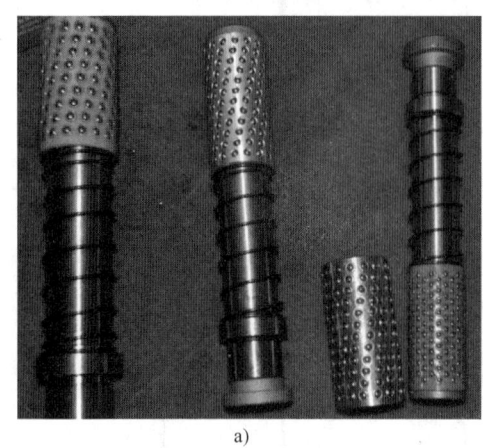 

图 3-105　导柱
a) 带钢柱保持圈的滚动导柱　b) 滑动导柱导套

单动模或较为简单的小型连续模，经常只用两对规格较大的导柱导套或四对导柱导套（平衡性好，负载能力强，但维护性不佳），如图 3-106 所示。这种形式在装配生产线用得较多，是设备机构设计工程师学习的重点。

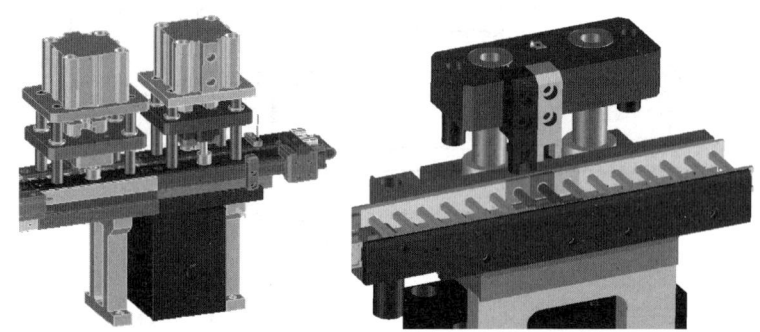

图 3-106　设备机构常用的导柱导套形式

采用两对导柱导套而又有高精度要求或负载较大的情形，要注意尽量让模仁靠近导向标准件，因为模板存在一定的变形（一般用挠量表示，见图 3-107）。不同类型的导柱导套，变形挠量略有差别，一般滑动 < 滚针 < 高刚性钢球 < 钢球。

实现机构线性运动的导引方式有很多，例如自制的滑槽滑块（见图 3-108，负载能力强，但高速时要注意润滑和发热问题，此外精密场合时还要重视零件的加工精度，较适合滑动组件较简单或尺寸不大的情况）、线性滑轨、滑道（适合高速，精密性好）、线性机器人、直线轴承（精度略差，用于普通运动）等各有适应面，应灵活选用。

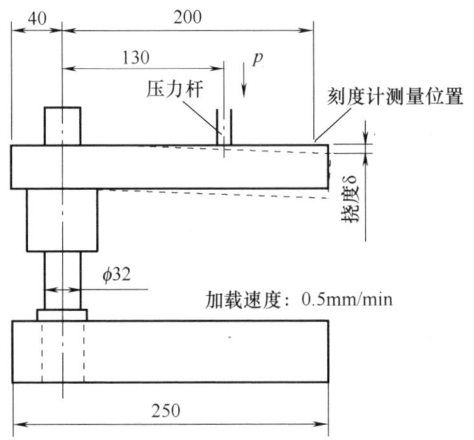

图 3-107 导柱导套的变形挠度

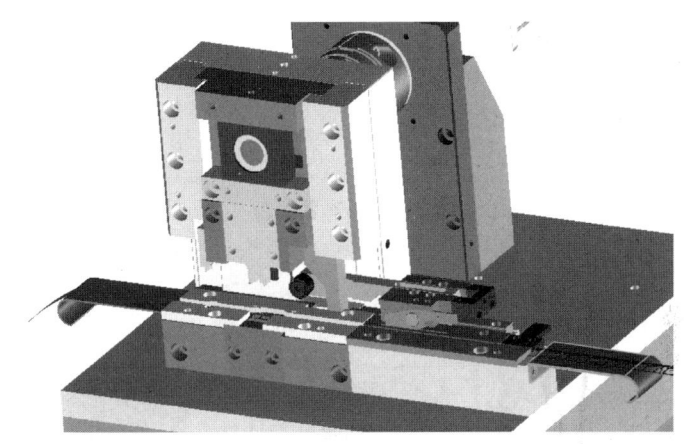

图 3-108 采用自制的滑槽滑块实现线性动作的机构

（2）借鉴模具设计知识 重点是学习模具领域一些加强机构精度的原则、做法和经验，比如刀具固定、间隙设计、成形展开、材料选用及对应的图样表达，平时应多搜集常见的工艺机构，充实到设计仓库，方便调用。

五金件冲裁断面，如图 3-109 所示。我们希望：崩垂 A、破断面 C 和毛刺 D 尽量小，剪断面 B 尽量大。要实现这个目标，有几个重要的影响因素必须熟知并掌控：刀口间隙、刀具材质、冲裁动力、机构刚性。

1）刀口间隙：不同的刀口间隙，冲裁出来的断面品质差异很大，为了减少毛刺飞边，刀口间隙的控制是有效手段之一。冲裁原理如图 3-110 所示，不同刀口间隙的冲裁效果有差别，如图 3-111 所示。

一般来说，刀口间隙为材料厚度的 4%～6% 左右，但由于不同材料的硬

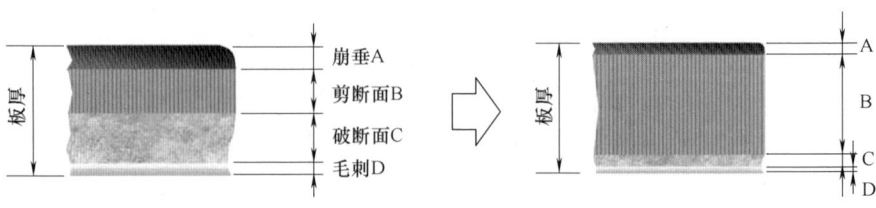

图 3-109 冲裁断面

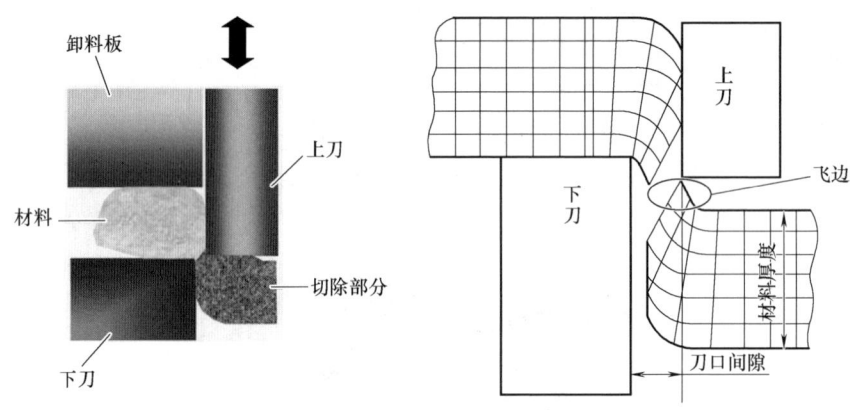

图 3-110 冲裁原理

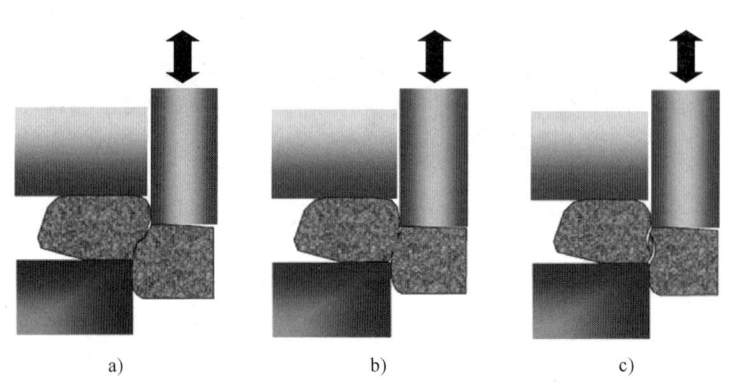

图 3-111 不同刀口间隙的冲裁效果
a) 间隙过大 b) 间隙适中 c) 间隙过小

度和韧性不同,这个参数是有差异的。虽然很微小,但对精密设计来说,正是对这样一个又一个微小差异的注重,才能保证最终的高度精密。

$$刀口间隙 = 材料厚度 / \alpha$$

公式中的 α 是一个常数,不同材料的选值不同,见表 3-16,也可以直接查取刀口间隙速查表。

表 3-16　不同材料的 α 值

材料种类	冷轧钢板	不锈钢	黄铜	磷青铜
α①	17	13	20	16

① α 为经验系数。

2) 冲裁动力：实际上很少需要计算冲裁动力，这是因为提供动力的通用冲床动力往往绰绰有余。但是在某些情况（如非标设备的冲裁机构）则是必须的，不计算和校核，可能会出现动力不足的情况。

$$冲裁力 \ p = 切应力 \ \tau \times 剪切面积 \ A$$

实际计算冲裁力，主要是先计算冲裁面积，例如端子，如果截面是矩形的，面积 $A = 冲裁总长度 \ L \times 厚度 \ T$，这样冲裁力 $p = LT\tau$，其中 τ 可查设计手册获得，常见材料的切应力见表 3-17。算出需要的裁切力后，还要加上机构阻力，这就是冲裁机构所需要的力，再根据此估算出所需要的气缸缸径或电动机功率大小。

表 3-17　常见材料的切应力

材料种类	冷轧钢板	不锈钢	黄铜	磷青铜
τ/MPa	304~324	569~588	226~275	294~304

算出来的理论值，只有机构处在理论状态下时才适用，但实际情况往往比较复杂。例如实际刀口间隙变小了，冲裁阻力会大幅提升，因此通常需要根据工况再取一个安全系数来定动力。同时，冲裁机构或刀具的强度和刚性要足够，不能让刀具变形或摇晃，否则动力再大，也难有好的冲裁品质。

另外，冲裁后的材料很容易会被刀刃带起来，因而一般刀刃附近会设置靠弹簧压紧复位（在许可压缩量内，弹力必须足够且应对称均衡分布）的板来压紧（冲裁时）和卸料（回程时），相应的卸料力 $p' = pK$，其中 $K = 0.04 \sim 0.07$。

动力类型选择上，常用伺服电动机和凸轮来实现高速冲裁，速度可达到 300 次/min 甚至上千次，如图 3-112 所示，但如果是普通的冲裁，通常用气缸即可。

3) 刀具设计的六个要诀：

基准：很少有人注意，甚至是设计者自己对基准都不清楚，应该尽量统一基准。

导正：有导正和没导正的机构设计差异，主要体现在刀具寿命上，前者长后者短。

间隙：几乎都知道理论间隙多少，但如何实现，如何通过机构确保才是最重要的。

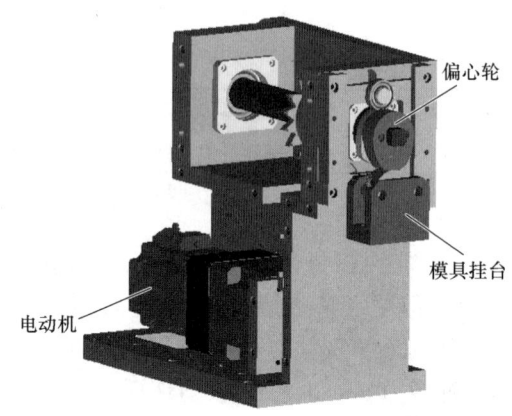

图 3-112　非标小型伺服电动机冲床结构

材质：材质很重要，材质用得不对，刀具的冲裁效果和寿命会相差很远。

强度：薄弱或不合理的结构，都会导致刀具寿命降低。

定位：和精密相关的场合，定位一定是重中之重。

(3) 掌握模具工艺　在装配生产线能实现的模具工艺并不多，常见的有下料和折弯以及前面提到的冲裁。

1) 下料：冲断中间的废料或连料的冲裁工艺如图 3-113 所示。图 3-114 所示的端子，其焊脚就是直接下料成形生产出来的。具体内容读者可查阅相关资料，这里从略。

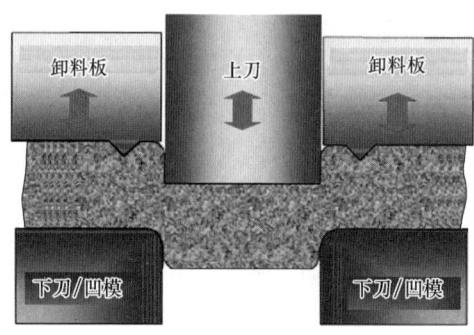

图 3-113　冲断连料或废料的冲裁工艺

2) 成形/折弯：在设计模仁时，需要对成形和折弯尺寸进行展开计算，以便确认下料宽度和对应工件的尺寸。如图 3-115 所示，假设材料厚度为 T，当零件折弯后的内侧半径 $r > 0.5T$ 时，弯曲件（按中性层不变计算）的展开长度为 L。

$$L = L_1 + L_2 + \pi(r + kT)/2$$

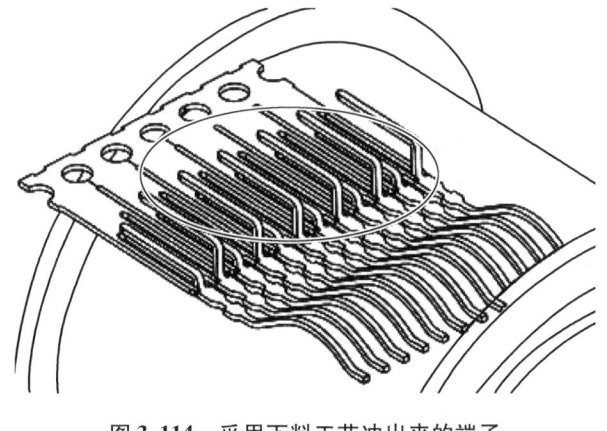

图 3-114 采用下料工艺冲出来的端子

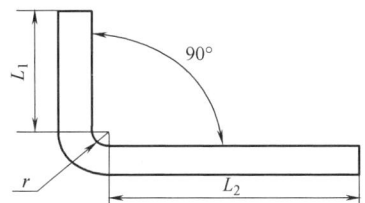

图 3-115 零件折弯后的尺寸关系

其中，k 为补偿系数，见表 3-18。

表 3-18 折弯展开计算的 k 值

序号	1	2	3	4	5	6	7	8	9
r/T	0.1	0.2	0.25	0.3	0.4	0.5	0.6	0.8	1
k	0.3	0.33	0.35	0.36	0.37	0.38	0.39	0.41	0.42

① 向下成形：分预折和终折两个步骤，如图 3-116 所示。

如图 3-117 所示，上下折弯块的设计，依材料图面所需的尺寸数值，可不考虑回弹，下折弯块内径 r = 上折弯块 r' − 材料厚度 T。这种方式的优点是，成形较为稳定，适合 T 较小和上下模配合精度好的情况；如 T 较大（如 0.5mm）或材料较硬时，不易成形，回弹量较大。

成形过程如图 3-118 所示，上折弯块的高度断差对成形的难易度有影响，折弯的最终效果是下降过程及瞬间撞击的综合效果。为了保证尺寸稳定性，压料板应该有足够的压紧力（弹簧要足够强劲），防止材料侧移，如图 3-119 所示；同时，如图 3-120 所示，上折弯块的图示尺寸 S 应大于 T，如太小则不易成形。

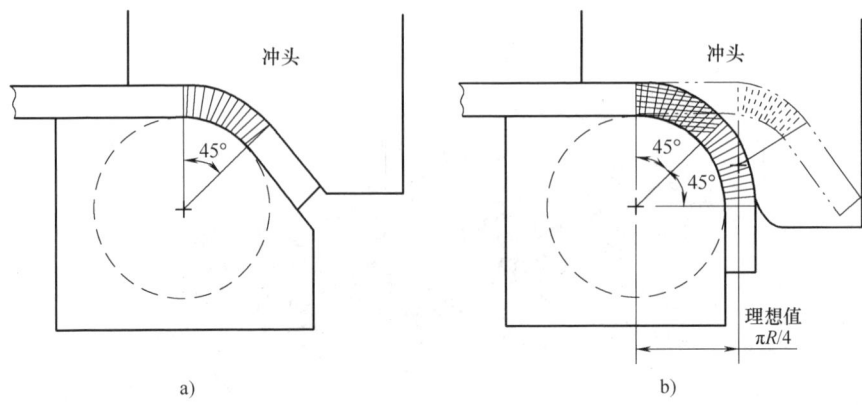

图 3-116 向下成形的预折和终折

a) 45°预成形　b) 90°成形

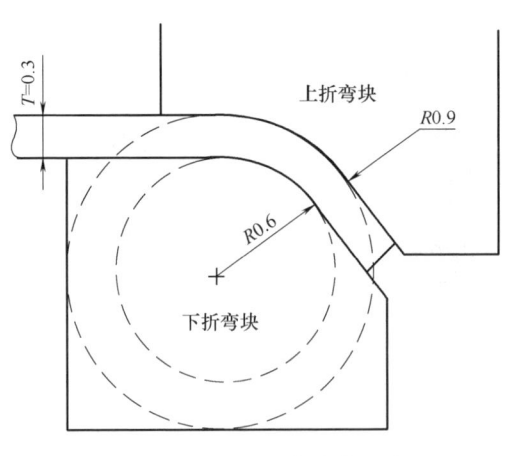

图 3-117 上下折弯块的设计

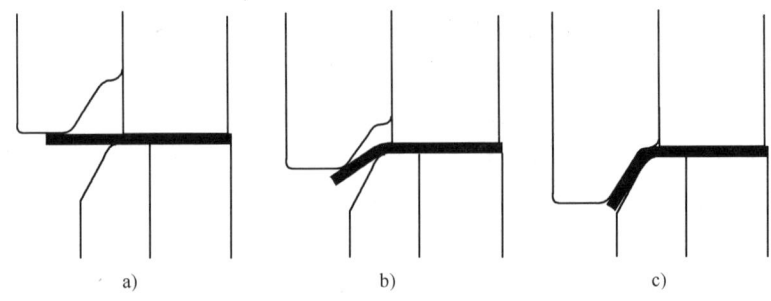

图 3-118 向下成形过程

a) 接触　b) 下降　c) 成形

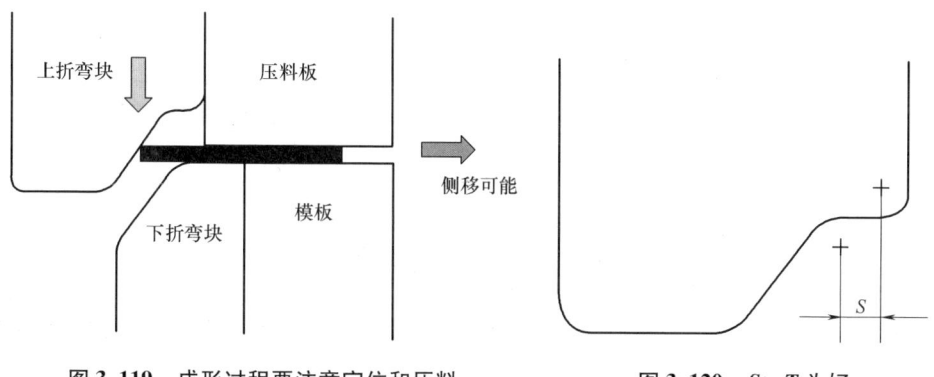

图3-119 成形过程要注意定位和压料　　图3-120 $S \geq T$ 为好

② 向上成形：向上成形以脱料板镶件向下拍击为宜，不宜用上折弯块（会有变形与不稳定），浮升块必须有足够的力，同样有预折和终折两段式，图示尺寸 H 越大越稳定，成形越容易，如图3-121所示。

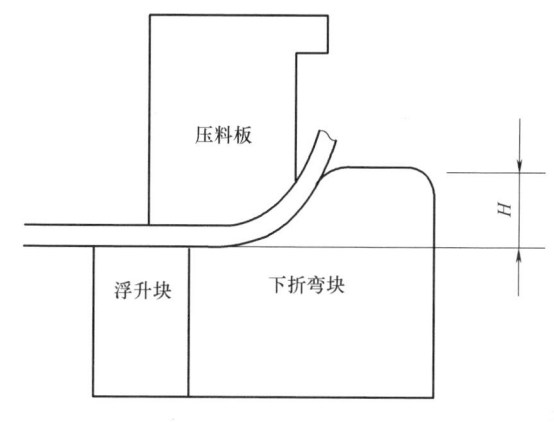

图3-121 向上成形过程

③ Z 形折弯：如 Z 形高度较大，可用分段（两站）成形方式，如图3-122所示，但第二折不要重复成形第一折（见图3-123）。如 Z 形高度和材料厚度都较小，则可直接用仿形块直接合模一站式成形，如图3-124所示。

以上各种成形方式，折弯块在物料上留下明显刮磨乃至刮伤表层，对电镀后的物料来说，不是很好的方式，总会有废屑产生，堆积在折弯块处，从而影响到成形尺寸。换言之，冲模设计的理论和方法，移植到装配生产段来，是有一些条件限制的。如果空间足够，特别是更大角度的成形，往往采用旋转折弯的方式（对物料破坏程度大大下降）来做。如图3-125所示，采用嵌入成形生产的 RJ 水晶头（网线接口）连接器的后段工艺，有多道典型折弯，一般采用图3-126所示的方式来成形。

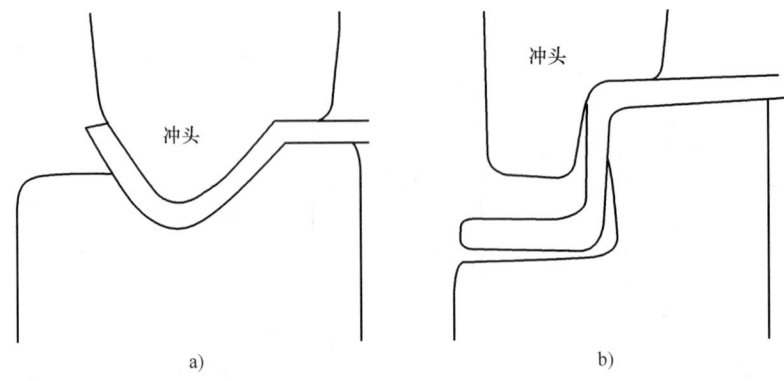

图 3-122　两站式 Z 形折弯

a）第一折一步到位　b）第二折不要重复第一折

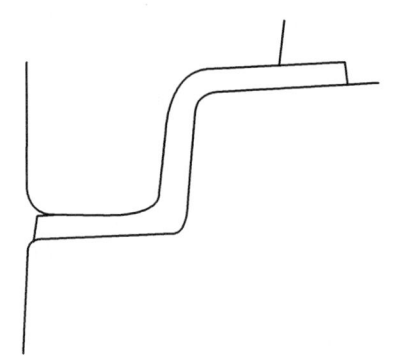

图 3-123　第二折重复成形第一折

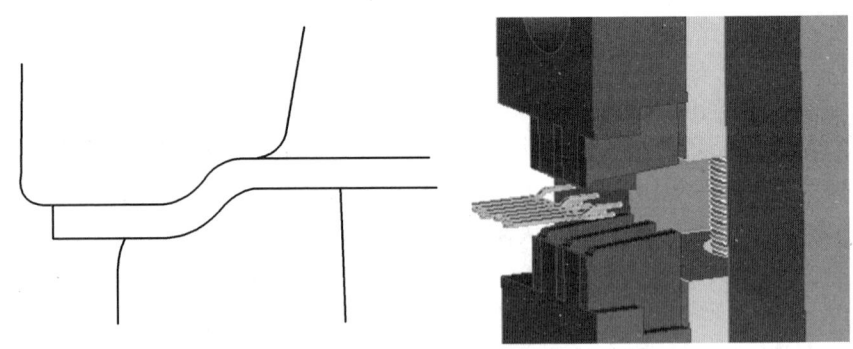

图 3-124　仿形块直接合模一站式成形

成形/折弯工艺，如果放在装配生产线来实施，是相对比较麻烦的。首先是很多因素会影响到成形/折弯工艺的稳定性。例如机构刚性不足，折弯过程

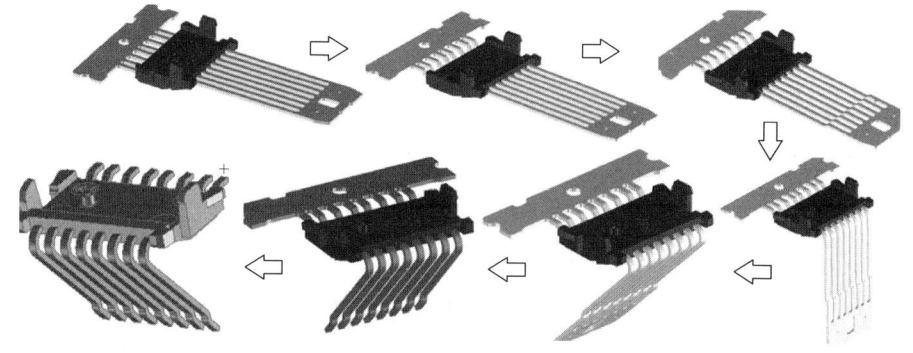

图 3-125 水晶头连接器的成形工艺

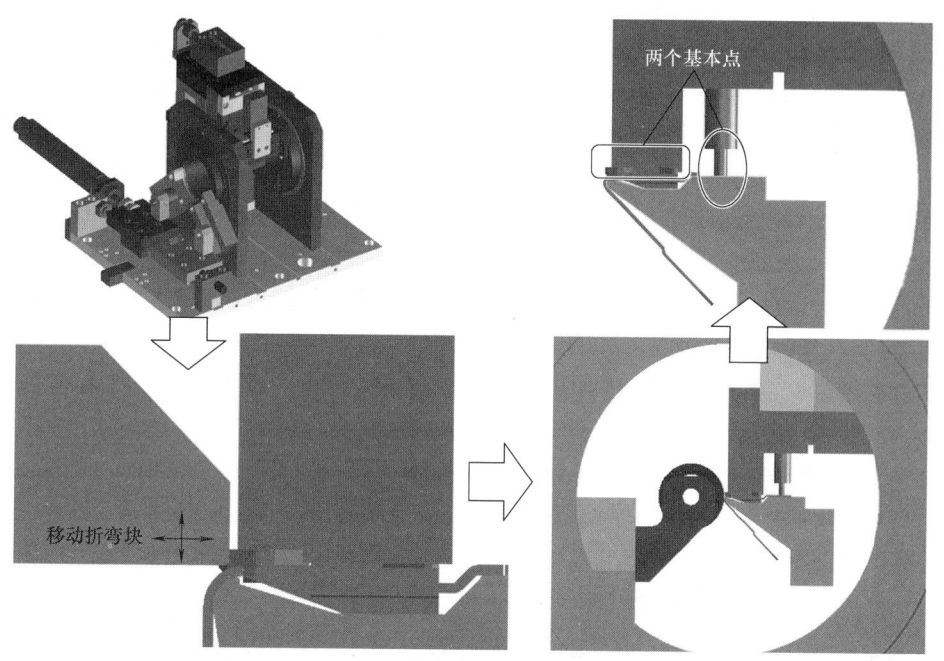

图 3-126 典型的旋转折弯机构

发生摇晃或变形,即使是轻微的;成形/折弯前,物料没有准确定位,或定位机构本身缺乏精度和强度;成形/折弯过程没有牢靠固定物料,导致其受力后有位置偏移;不同批次的物料,由于厚度(尤其受镀层影响)和弹性不同,有所差异;产品结构本身的品质敏感度过高,或者不是稳定的结构设计,或者品质要求过于严苛(例如轻微刮痕都不允许)……因此,如果非要把这类工艺挪到生产组装段来完成,则务必首先要做好充分评估。

下面列出成形/折弯的五个要诀作为总结:

方式:装配生产段成形五金件受很多条件的制约(如外观要求、动力不足、物料异常），所以首先要选择合适的方式。

精度：成形/折弯一般是有尺寸规格的，精度不足的机构或工件，难以满足大批量成形件的品质要求。

动力与刚性：实施成形/折弯工艺，动力一定要足够，整个机构一定要稳当扎实。

品质敏感度：不建议装配生产段去做一些模具才能做的品质工艺，毕竟，基本条件和模具生产段相差很大，比如模具用三五十吨的冲床，工件加工精度能达到微米级，不考虑外观（后续会电镀），这些在装配段都是短板。

定位：这个概念很重要，建议花些精力多琢磨定位原理，多搜集整理各种基本的定位方式。

（4）活用传统理论　　众所周知，设备上有很多模块化和标准化的成品（标准机/件），因此，非标机构设计事实上并不太需要过多刻意地钻研和考虑传统机械理论。例如常用的转盘设备，用到了凸轮分割器，本来是有很多设计指标的，但这部分已被厂商做成标准组件（相当于由厂商来设计制作），我们只要了解其功能特性，然后依据厂商的建议和说明给予选用即可。话虽如此，有些场合还是必须应用传统机械理论（如公差配合、尺寸链和定位原理等）来进行一些分析、计算和校核的。

1）标准公差等级：公差等级是指确定尺寸精确程度的等级，国家标准将标准公差分为 20 个等级，从 IT01、IT0、IT1～IT18，数字越大，标准公差等级（加工精度）越低，尺寸允许的变动范围（公差数值）越大，加工难度越小。标准公差（见表 3-19）是以孔轴配合来定义的，但对于线性尺寸（如滑槽滑块配合）也是适用的。当说到一个机构精密程度的高低时，工件标注所采用的公差等级是一个衡量。常用标准公差等级适用范围与应用举例见表 3-20。

表 3-19　公称尺寸至 3150mm 的标准公差数值

公称尺寸/mm		标准公差等级																	
		IT1	IT2	IT3	IT4	IT5	IT6	IT7	IT8	IT9	IT10	IT11	IT12	IT13	IT14	IT15	IT16	IT17	IT18
大于	至	μm											mm						
—	3	0.8	1.2	2	3	4	6	10	14	25	40	60	0.1	0.14	0.25	0.4	0.6	1	1.4
3	6	1	1.5	2.5	4	5	8	12	18	30	48	75	0.12	0.18	0.3	0.48	0.75	1.2	1.8
6	10	1	1.5	2.5	4	6	9	15	22	36	58	90	0.15	0.22	0.36	0.58	0.9	1.5	2.2
10	18	1.2	2	3	5	8	11	18	27	43	70	110	0.18	0.27	0.43	0.7	1.1	1.8	2.7
18	30	1.5	2.5	4	6	9	13	21	33	52	84	130	0.21	0.33	0.52	0.84	1.3	2.1	3.3
30	50	1.5	2.5	4	7	11	16	25	39	62	100	160	0.25	0.39	0.62	1	1.6	2.5	3.9
50	80	2	3	5	8	13	19	30	46	74	120	190	0.3	0.46	0.74	1.2	1.9	3	4.6
80	120	2.5	4	6	10	15	22	35	54	87	140	220	0.35	0.54	0.87	1.4	2.2	3.5	5.4

(续)

公称尺寸/mm		标准公差等级																
大于	至	IT1	IT2	IT3	IT4	IT5	IT6	IT7	IT8	IT9	IT10	IT11	IT12	IT13	IT14	IT15	IT16	IT17	IT18
		μm											mm					
120	180	3.5	5	8	12	18	25	40	63	100	160	250	0.4	0.63	1	1.6	2.5	4	6.3
180	250	4.5	7	10	14	20	29	46	72	115	185	290	0.46	0.72	1.15	1.85	2.9	4.6	7.2
250	315	6	8	12	16	23	32	52	81	130	210	320	0.52	0.81	1.3	2.1	3.2	5.2	8.1
315	400	7	9	13	18	25	36	57	89	140	230	360	0.57	0.89	1.4	2.3	3.6	5.7	8.9
400	500	8	10	15	20	27	40	63	97	155	250	400	0.63	0.97	1.55	2.5	4	6.3	9.7
500	630	9	11	16	22	32	44	70	110	175	280	440	0.7	1.1	1.75	2.8	4.4	7	11
630	800	10	13	18	25	36	50	80	125	200	320	500	0.8	1.25	2	3.2	5	8	12.5
800	1000	11	15	21	28	40	56	90	140	230	360	560	0.9	1.4	2.3	3.6	5.6	9	14
1000	1250	13	18	24	33	47	66	105	165	260	420	660	1.05	1.65	2.6	4.2	6.6	10.5	16.5
1250	1600	15	21	29	39	55	78	125	195	310	500	780	1.25	1.95	3.1	5	7.8	12.5	19.5
1600	2000	18	25	35	46	65	92	150	230	370	600	920	1.5	2.3	3.7	6	9.2	15	23
2000	2500	22	30	41	55	78	110	175	280	440	700	1100	1.75	2.8	4.4	7	11	17.5	28
2500	3150	26	36	50	68	96	135	210	330	540	860	1350	2.1	3.3	5.4	8.6	13.5	21	33

注: 1. 公称尺寸大于500mm的IT1~IT5的标准公差数值为试行的。

2. 公称尺寸小于或等于1mm时，无IT14~IT18。

表3-20 常用标准公差等级适用范围与应用举例

标准公差等级	适用范围	应用举例
IT5	用于仪表、发动机和机床中特别重要的配合，加工要求较高，一般机械制造中较少应用。特点是能保证配合性质的稳定性	航空及航海仪器中特别精密的零件；与特别精密的滚动轴承相配的机床主轴和外壳孔；高精度齿轮的基准孔和基准轴
IT6	应用于机械制造中精度要求很高的重要配合，特别是能得到均匀的配合性质，使用可靠	与E级滚动轴承相配合的孔、轴径，机床丝杠轴径，矩形花键的定心轴径，摇臂钻床的立柱等
IT7	广泛用于机械制造中精度要求较高、较重要的配合	联轴器、带轮、凸轮等孔径，机床卡盘座孔，发动机中的连杆孔、活塞孔等
IT8	机械制造中属于中等精度，用于对配合性质要求不太高的次要配合	轴承座衬套沿宽度方向尺寸，IT9~IT12级齿轮基准孔，IT11~IT12级齿轮基准轴
IT9~IT10	属较低精度，用于对配合性质要求不太高的次要配合	机械制造中轴套外径与孔，操纵件与轴，空轴带轮与轴，单键与花键
IT11~IT13	属低精度，只适用于基本上没有配合要求的场合	非配合尺寸及工序间尺寸，滑块与滑移齿轮，冲压加工的配合件，塑料成型尺寸公差

例如配合 H7/h6（间隙配合），先看以孔还是轴为基准。当以孔为基准时，H7 就是公差等级为 7 级的基准孔，h6 就是 6 级精度、间隙配合的轴；而当以轴为基准时，h6 就是公差等级为 6 级的基准轴，H7 就是 7 级精度、间隙配合的孔，具体的数据可查表 3-21 和表 3-22 获得。假设公称尺寸为 24，则孔的公差标注为 $^{+0.021}_{\ \ \ 0}$，与之相配的轴的公差为 $^{\ \ \ 0}_{-0.013}$，见表 3-21、表 3-22。要注意的是，如果机构本身并不需要和标准机/件相配，实际做法（尤其是一些精密或特殊场合）未必一定要按标准来。比如同样是间隙配合，孔的公差可以标注为 $^{+0.01}_{\ \ \ 0}$，轴的公差标注为 $^{\ \ \ 0}_{-0.01}$，如果希望有一定的间隙，孔、轴的公差可以分别标注为 $^{+0.015}_{+0.005}$ 和 $^{\ \ \ 0}_{-0.01}$ 等。

表 3-21 常用配合中孔的尺寸极限偏差

公称尺寸/mm		B	C		D			E			F			G		H			
大于	至	B10	C9	C10	D8	D9	D10	E7	E8	E9	F6	F7	F8	G6	G7	H6	H7	H8	H9
—	3	+180 +140	+85 +60	+100 +60	+34 +20	+45 +20	+60 +20	+24 +14	+28 +14	+39 +14	+12 +6	+16 +6	+20 +6	+8 +2	+12 +2	+6 0	+10 0	+14 0	+25 0
3	6	+188 +140	+100 +70	+118 +70	+48 +30	+60 +30	+78 +30	+32 +20	+38 +20	+50 +20	+18 +10	+22 +10	+28 +10	+12 +4	+16 +4	+8 0	+12 0	+18 0	+30 0
6	10	+208 +150	+116 +80	+138 +80	+62 +40	+76 +40	+98 +40	+40 +25	+47 +25	+61 +25	+22 +13	+28 +13	+35 +13	+14 +5	+20 +5	+9 0	+15 0	+22 0	+36 0
10	14	+220 +150	+138 +95	+165 +95	+77 +50	+93 +50	+120 +50	+50 +32	+59 +32	+75 +32	+27 +16	+34 +16	+43 +16	+17 +6	+24 +6	+11 0	+18 0	+27 0	+43 0
14	18																		
18	24	+244 +160	+162 +110	+194 +110	+98 +65	+117 +65	+149 +65	+61 +40	+73 +40	+92 +40	+33 +20	+41 +20	+53 +20	+20 +7	+28 +7	+13 0	+21 0	+33 0	+52 0
24	30																		

表 3-22 常用配合中轴的尺寸极限偏差

公称尺寸/mm		b	c	d		e			f			g		h		
大于	至	b9	c9	d8	d9	e7	e8	e9	f6	f7	f8	g5	g6	h5	h6	h7
—	3	−140 −165	−60 −85	−20 −34	−20 −45	−14 −24	−14 −28	−14 −39	−6 −12	−6 −16	−6 −20	−2 −6	−2 −8	0 −4	0 −6	0 −10
3	6	−140 −170	−70 −100	−30 −48	−30 −60	−20 −32	−20 −38	−20 −50	−10 −18	−10 −22	−10 −28	−4 −9	−4 −12	0 −5	0 −8	0 −12
6	10	−150 −186	−80 −116	−40 −62	−40 −76	−25 −40	−25 −47	−25 −61	−13 −22	−13 −28	−13 −35	−5 −11	−5 −14	0 −6	0 −9	0 −15
10	14	−150 −193	−95 −138	−50 −77	−50 −93	−32 −50	−32 −59	−32 −75	−16 −27	−16 −34	−16 −43	−6 −14	−6 −17	0 −8	0 −11	0 −18
14	18															
18	24	−160 −212	−110 −162	−65 −98	−65 −117	−40 −61	−40 −73	−40 −92	−20 −33	−20 −41	−20 −53	−7 −16	−7 −20	0 −9	0 −13	0 −21
24	30															

2) 配合制。

① 一般情况下，孔比轴的加工困难，设计时优先选用基孔制配合（注：基孔制是孔下极限尺寸正好为其公称尺寸，上极限偏差为正值，而轴尺寸相对孔或大或小；基轴制是轴上极限尺寸正好为其公称尺寸，下极限偏差为负值，而孔尺寸相对轴或大或小。

② 有些情况下采用基轴制配合，如采用外径不需加工的，具有一定精度等级的型材的零件，直接用作轴时；在同一公称尺寸的轴上装配几个具有不同性质的零件时；与标准件相配合的孔或轴，应以标准件为基准来确定配合制，如滚动轴承的外圈与轴承座的配合即属于基轴制配合；又如定位销与孔的配合为基轴制的配合等。

③ 非基准配合：在实际生产中的某些配合，如有充分的理由或特殊需要，允许采用非基准配合，即非基准孔和非基准轴的配合。

④ 为防止过切削，工人有一定的主观倾向性，加工孔会有意趋小，加工轴会有意趋大，比如孔 $\phi 10$ 极限偏差为 $^{+0.1}_{\ 0}$，实际往往加工出来的尺寸为 $\phi 10.02$ 或 $\phi 10.04$ 等。

3) 配合有间隙、过盈、过渡三种，根据下述情形选用。

① 要相对滑动。

间隙配合：例如刀口间隙，精密度会到精密配合级别，在连接器行业设备上，这个级别用得最多，如 H6/g5、H7/g6（间隙再大些，是一般配合级别，如 H8/f7 等）。典型的间隙配合为 H8/f7，安装容易无隙感；压入配合，一般采用 H7/p6，大间隙配合选用 H9/e9。

② 不要相对滑动。

过渡配合：比如模板镶嵌工件，根据效果选用相应等级，有滑合、压入、打入等，模具行业用得较多。

过盈配合：几乎是咬合在一起，拆卸会损坏工件，通常利用配合零件的硬度差别（如铜和钢）或热胀冷缩原理，以及强力压入等手段来实现，比如定位销的安装。

4) 三项原则：

① 经济原则，在满足使用性能的前提下，尽量选择较低的标准公差等级。一般配合用 IT5~IT10，标准公差等级和投入成本的关系如图 3-127 所示。

② 工艺原则，即相互结合的零件，其加工难易程度应基本相当。公称尺寸 ≤500mm，当标准公差等级在 IT8 以上时，推荐孔比轴低一级，如 K7/h6；当公差等级在 IT8 以下时，推荐孔与轴同级，如 H9/h9、D9/h9；IT8 属于临界值，IT8 级的孔可与同级的轴配合，也可以与高一级的轴配合，如 H8/f8、H8/k7。当公称尺寸 >500mm 时，一般采用孔轴同级配合。

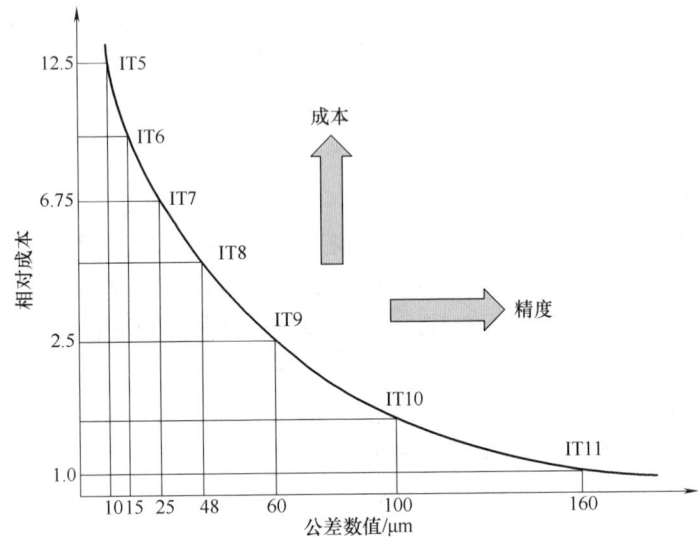

图 3-127 标准公差等级和投入成本的关系

③ 精度匹配原则,与齿轮孔相配合的轴的精度会受齿轮精度的制约;与滚动轴承相配合的外壳孔和轴的精度应当与滚动轴承的精度相匹配。

在同样的标准公差等级下,具体的上下极限偏差是可以根据配合要求进行一些倾向性标注的,例如公称尺寸为 30~50mm 孔的公差带 H6\G6\F6 的公差数值都是 0.016mm,但具体的公差标注可以是 $^{+0.041}_{+0.025}$ 或者 $^{+0.016}_{0}$ 等,轴也是一样,这要根据实际配合来确定。毫无根据的规定公差,要么会增加零件制造成本,要么达不到设计要求。

在规定一个公差时,也许只是几个数字上的不同,但别人可以由此判断我们的设计意图。对设计者来说,公差是越精密越好,但还要考虑加工能力和成本投入,须根据应用场合和重要程度做合理的选择。

【应用一】 如图 3-128 所示,左侧滑块和右侧滑槽是滑动配合的,属于非标准配合状况,一般无须查表,可根据行业经验直接标注。同时提醒广大读者两点:①孔轴配合且涉及标准或规格的情形,才需要查阅相关的公差表,例如与轴承配合的孔径公差或轴径公差的标注,其他情况并不适用,如本案例的滑槽滑块配合公差的标注;②工人加工零件时,为了避免过切削,在公差范围内,一般孔或滑槽会往小做,而轴或滑块会往大做,也就是滑槽尺寸极限偏差标注为 $^{+0.02}_{+0.01}$,实际尺寸可能是 49.012、49.011 等,而滑块尺寸极限偏差标注为 $^{-0.01}_{-0.02}$,实际尺寸可能是 48.982、48.981 等。

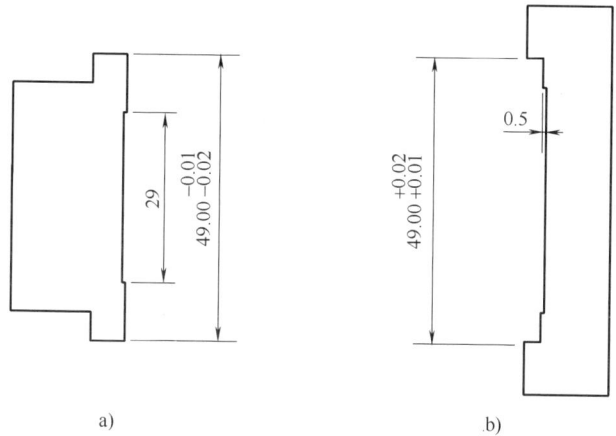

图 3-128 滑槽滑块的公差标注

a) 滑块　b) 滑槽

【应用二】 讨论配合制时,一般情况下采用基孔制,但若为标准件,则与之相配合的零件的配合性质由标准件决定。如图 3-129 所示,就滚动轴承而言,由于是标准件,与外圈相配合的部分采用基轴制;通常外圈固定不动,因而外圈与轴承座为过盈配合;内圈随轴一起旋转,内圈与轴也为过盈配合。选择轴承配合性质的依据是:轴承内外圈所受的负载类型、轴承所受负载的大小、轴承的工作条件、与轴承相配合的孔和轴的材料和装卸要求等,一句话很难概括,可以查阅相关标准或理论。一般设备上的配合,考虑更多的是工作要求和装卸的便利性,比较好的装配效果是,轴承是轻敲进轴和轴承座的,不重要的场合(非高速),留一点间隙也无妨,不然装配会存在困难,如图 3-130 所示。

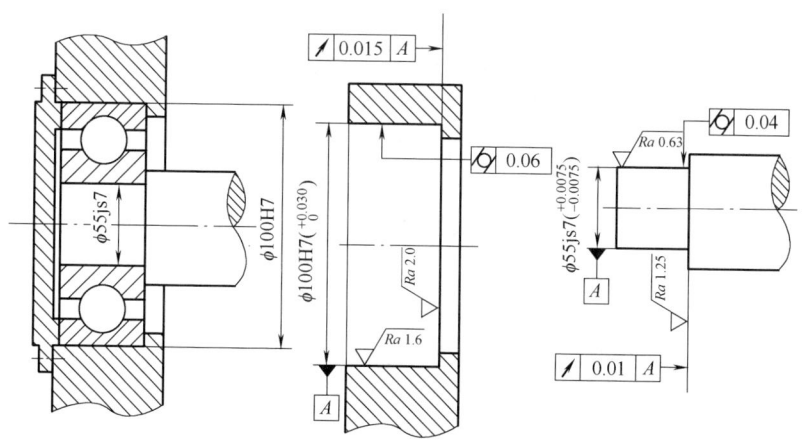

图 3-129 与轴承配合的轴承座和轴的尺寸标注一

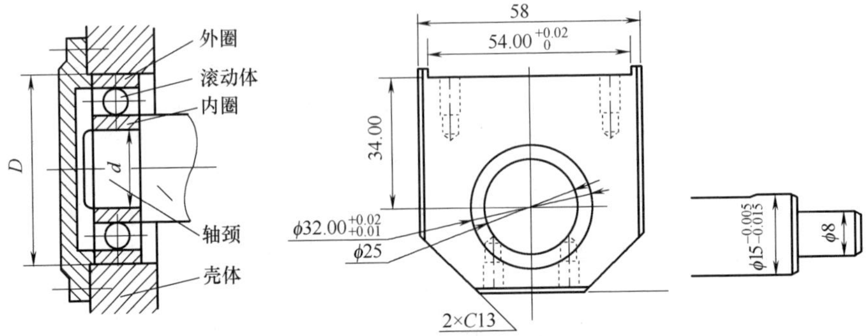

图 3-130 与轴承配合的轴承座和轴的尺寸标注二

5）认识尺寸链

将相互关联的尺寸从零件或部件中抽出来，按一定顺序构成的封闭尺寸图形，称为尺寸链。

① 尺寸链的意义：

分析尺寸链的意义在于：检验机构精度是否达到要求；满足精度要求下如何发挥较好的经济性。

精度计算：根据组成环，校核封闭环公差，这属于计算问题。

精度分配：已知封闭环公差，求组成环公差，这属于设计问题。

定位基准应根据加工时的工艺基准而定，N 个端面，只须标注（$N-1$）个尺寸。

② 了解相关的概念：

环：尺寸链中的每一个尺寸。

封闭环：根据技术规范或要求，最后形成的尺寸，比如刀口的间隙尺寸。

组成环：对封闭环有直接影响的尺寸，比如刀座的高度尺寸。

增环：若组成环尺寸增大或减小，使得封闭环尺寸也增大或减小，则此组成环称为增环。

减环：若组成环尺寸增大或减小，使得封闭环尺寸减小或增大，则此组成环称为减环。

传递比：某组成环误差对封闭环误差影响的系数，可大于、小于或等于 0。

补偿环：预先选定某一组成环，在装配过程中，尺寸可以通过修配改变，使封闭环达到设计预期。

调节环：可以调节某一组成环的基本尺寸和公差，以使封闭环达到设计预期。

公共环：同属于几个序列尺寸链的组成环，称为公共环。

除以上概念外，还分设计环、装配环和加工环，但共同的目标是获得最小的封闭环公差。零件上有多个尺寸，就尺寸链而言，仅注意对封闭环尺寸有直接影响的那个尺寸即可，限制其公差，对其他尺寸的公差，应尽量放宽。

组成环的数目 N 尽可能小，例如上刀与下刀之间，我们反复强调统一基准，就是这个原因。选择最有利的封闭环表达式，通俗地说，应该挑选最有利于封闭环呈现最小值的那个设计方案。寻找各组成环偏差传递系数为最小或使之等于零的条件。以封闭环的两端零件作为起始点，装配基准面为联系，沿装配精度要求方向，检查对装配要求有影响的相关零件，直至找到同一基准（面）上的零件为止。构成装配尺寸链中组成环的零件，加工起来都会有尺寸误差，所以要标注公差，同时尽量减小误差，目标是获得更稳定的封闭环尺寸。

③ 尺寸链的计算（极值法）

封闭环的大小与增环、减环有关。当增环最大，减环最小时，封闭环最大；当增环最小，减环最大时，封闭环最小，所以有以下计算关系：

封闭环基本尺寸 = 增环基本尺寸 - 减环基本尺寸
封闭环最大值 = 增环最大值 - 减环最小值
封闭环最小值 = 增环最小值 - 减环最大值

如图 3-131 所示，尺寸 40 为间接得到的尺寸，属于封闭环，记为 A_0，尺寸 70 为增环，记为 A_1，尺寸 30 为减环，记为 A_2。当 A_1、A_2 均为基本尺寸时，A_0 的基本尺寸为 $70-30=40$。当尺寸 A_1 最大，既 $A_{1\max}=70.05$，当尺寸 A_2 最小，既 $A_{2\min}=29.97$ 时，A_0 最大为：$A_{0\max}=A_{1\max}-A_{2\min}=(70.05-29.97)\text{mm}=40.08\text{mm}$；当尺寸 A_1 最小，既 $A_{1\min}=70$，尺寸 A_2 最大，既 $A_{2\max}=30$ 时，A_0 最小为：$A_{0\min}=A_{1\min}-A_{2\max}=(70-30)\text{mm}=40\text{mm}$。计算的结果是，$A_0$ 这个尺寸公差为 $^{+0.08}_{0}$，能否达到设计预期？达不到，就要重标或补偿了。

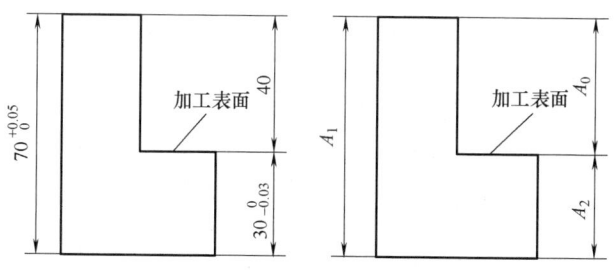

图 3-131　尺寸链的计算案例

计算尺寸链时，要正确判断增环、减环，否则会出现错误结果，确定装配尺寸链及其公差，是设计者研制新机构的重要任务，特别是大型非标项目。重要和精确的尺寸，在加工条件允许的前提下，应在零件图上直接标注，未标注的尺寸（封闭环），可通过已标注尺寸，加工后自然、唯一形成。

3.1.9 控制方面

在企业中，技术岗位分工很细，机械和电控方面的工作一般由不同的人来负责（分别叫机构设计工程师和电气控制工程师）。一个自动化设备项目的主导者，一般是机构设计工程师。或者可以这样说，做一台非标设备，从项目挖掘、方案制订、机构设计到图样发包、装配调试、量产验收等环节，甚至包括团队协调和内外沟通，都是由机构设计工程师在负责。电气控制工程师的角色，更多倾向于服务和协助，工作性质比较专业、单一，其主要工作为当机构设计工程师有电控方面的疑问时为其提供解答，根据机构进行电路和编程设计，对新设备进行布线布管并灌入程序，电控部分的调试维护等。

对多数人来说，限于学历背景、工作经历、时间精力等，也往往只能独自应对机械或电控中的一个方面，想机电兼修并不容易。正是由于在机械和电控方面既分工又协作，所以机构设计工程师如果同时稍懂电控，哪怕只是初步甚至是皮毛的程度，对设计工作的益处也是很大的！举个例子，设备的电控箱（见图3-132）用于布置电控元件，那都有哪些元件，需要多大的空间，选择什么安装方式，如何布线布管等，对这些常识如果一片茫然或没有概念，到时可能会出现元件装不下或没法装的问题。

图3-132 自动化设备的电控箱

电控方面的知识，相对来说都是原理性和标准化的，比较容易通过培训和自学得到强化。例如各种元件都是特定性能的外购标准件，电控箱的布线走线基本模式化，程序编制虽然有一定的灵活性但也很容易上手。

1. 了解相关的电控常识

企业生产设备一般配有电控箱或电控柜，如图 3-133 所示，主要电控元件有可编程序控制器（Programmable Logic Controller，PLC）、开关电源、变频器、继电器、驱动器、触摸屏等，如图 3-134 所示。作为机构设计人员，可能不需要太关注如何接线和编程，但要熟悉各种元件的外形尺寸和应用注意事项。例如几乎每台设备都要用到触摸屏，其功用是实现人机对话（输入指令和参数进行设备的调校），机构布局上应考虑操作便利性（见图 3-135，可多轴转动）；例如设备有多个驱动器时，为了防止相互干扰，安装间距有一定要求，所以电控箱就要设计得大一些；例如电控箱内元件在工作过程中会发热，应该安装风扇进行散热等。

图 3-133　自动化设备的电控箱和电控柜

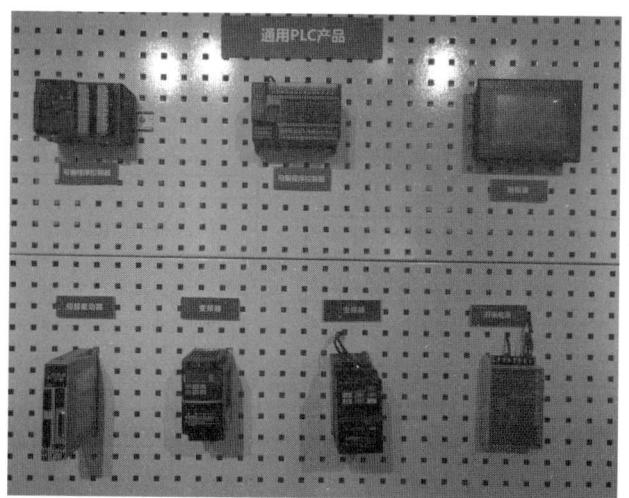

图 3-134　典型的电控元件

131

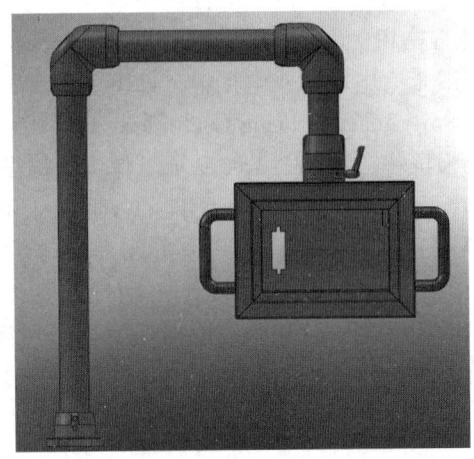

图 3-135 触摸屏机构

2. 熟悉常用的电控元件和仪器

自动化设备上常用的标准元器件（如传感器、电测仪、光学测试机等），虽然属于电控部分，但或多或少均和机构有一些关系，是需要平时多熟悉的。例如电动机，是一个将电能转化为机械能的电气装置，实际选用起来，有很多机构方面的考虑。

（1）传感器 如图 3-136 所示，传感器就像人的神经感官，是自动化设备必不可少的重要元件。常用的有接近开关、光电开关和光纤传感器等，其他针对特殊工艺的传感器，例如拉力计、温度传感器等，有时间可多做些了解。

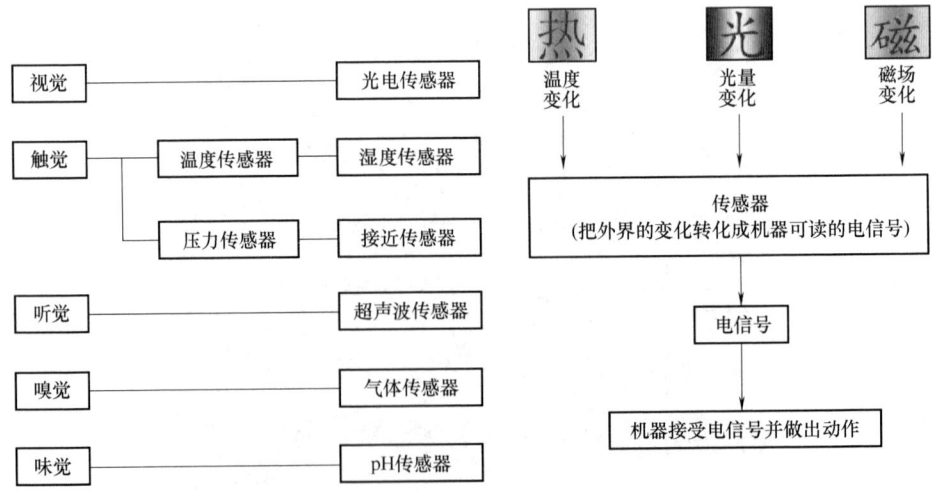

图 3-136 传感器与人的神经感官

对于这类元件,学习的重点是:产品性能参数、应用场合、新产品/技术。

1)接近开关,又称无触点行程开关,如图 3-137 所示。它能在一定的距离(几毫米至几十毫米)内检测有无物体靠近,当物体与其接近到设定距离时,就可以发出动作信号。接近开关的核心部分是"感辨头",它对正在接近的物体具有很高的感辨能力。常用的接近开关有电涡流式(俗称电感接近开关)、还有电容式、微波式、光电式等多种,一般用于检测导电性金属物件。它的优点是不与被测物接触、不会产生机械磨损和疲劳损伤、工作寿命长、响应快、无触点、无火花、无噪声、防潮、防尘、防爆性能较好、输出信号负载能力强、体积小、安装与调整方便;缺点是触点容量较小、输出短路时易烧毁。接近开关的电路布置和接线简图,如图 3-138 所示。

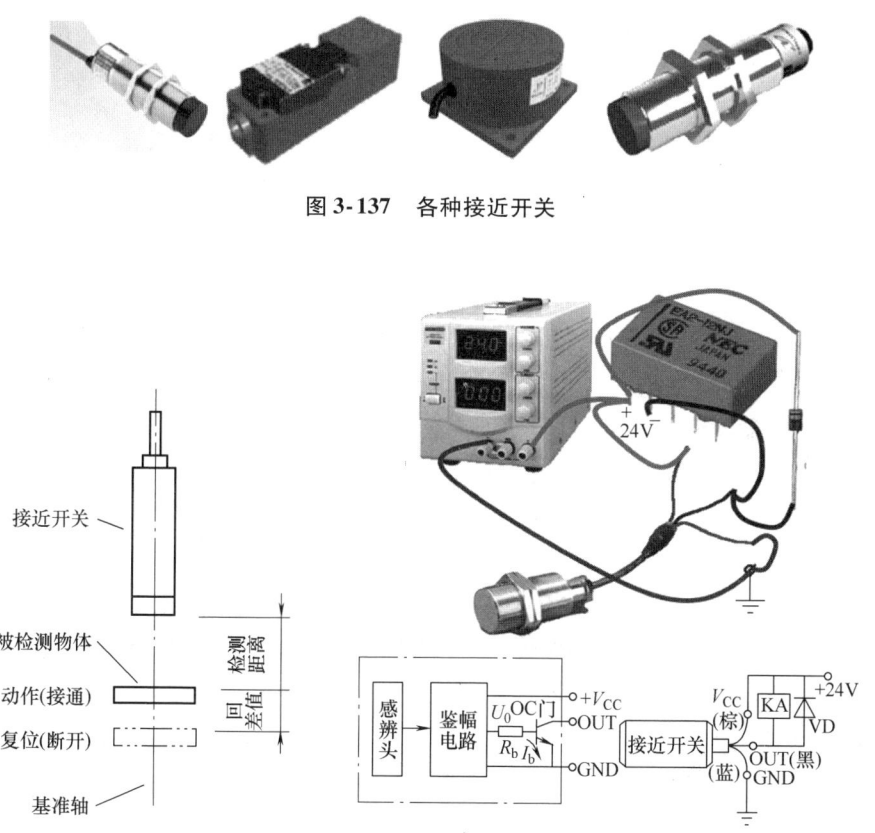

图 3-137 各种接近开关

图 3-138 接近开关的电路布置和接线简图

接近开关分埋入型和非埋入型,前者表面可与被测物形成同一表面,不易被碰坏,但灵敏度较低;非埋入型则须使感应头露出一定高度,否则将降低灵敏度,见表 3-23。图 3-139 所示为一个接近开关的应用案例。

133

表 3-23 埋入型和非埋入型接近开关

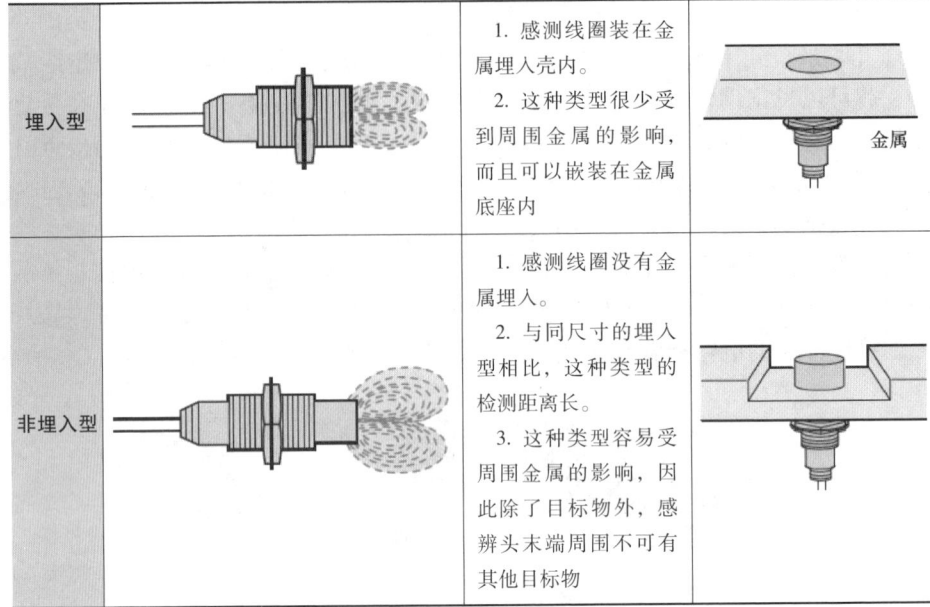

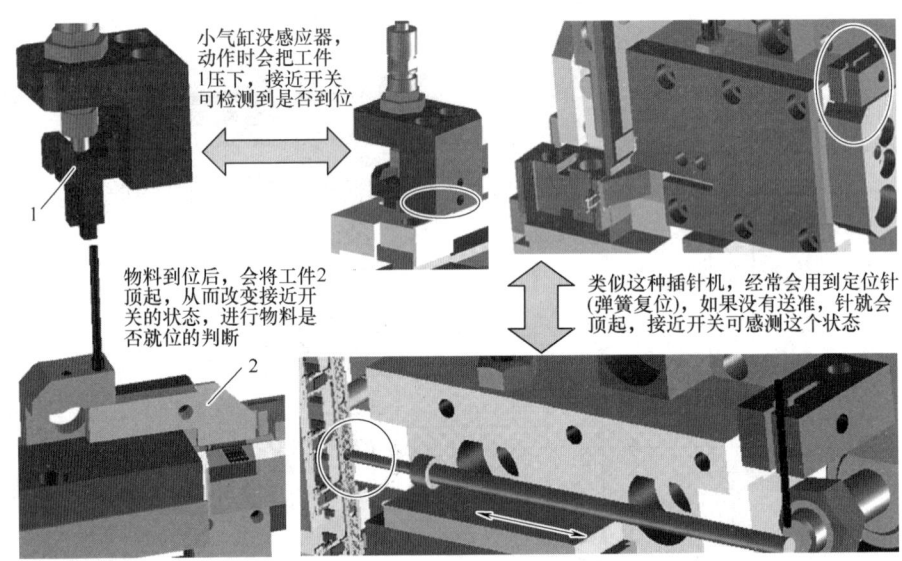

图 3-139 接近开关的应用案例

2) 光电开关，以红外光束的"通"和"挡"为控制条件，大量用于位置判断，尤其是电动机带动的旋转运动机构，类似于气缸的磁性开关。光电开关作用相似，但根据安装布局的不同，可选择具体型号，常用的有欧姆龙的EE-SX670/671/672/673 和 EE-403 等。最好能记住各型号的外形，这样在画图时就知道具体位置装哪种型号的光电开关，各型号光电开关如图 3-140 所示。开关的开关条件，请查阅对应型号的检测位置特性图，有 X 和 Y 两个方向的遮光量要求，一般来说，首先保证一个方向足够遮光，另一个方向则根据机构的实际运行状况进行位置的最终确定和调整（见图 3-141）。

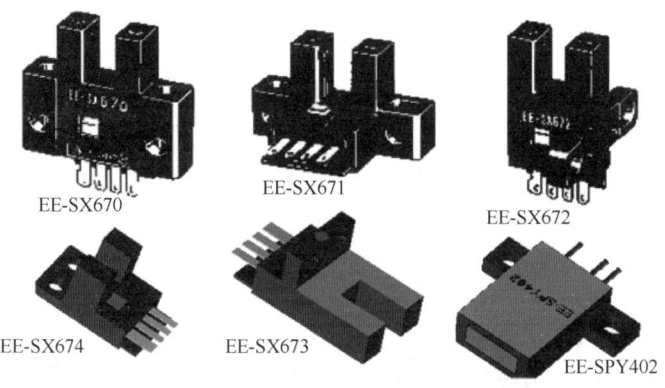

图 3-140 常用的欧姆龙光电开关型号

图 3-141 光电开关的应用案例
a）两边是极限位置，中间是原点位置，电动机据此而运动
b）电动机可在不同位置设置参数，但需要有原点

3）光纤传感器，相比于接近开关，光纤传感器的位置检测性能更加优越，对检测对象（如材质）几乎没有限制，但价格高昂，放大器（如基恩士品牌）也需要千余元，而接近开关一般只需要数百元。按光介质传播的不同可分为对射型和反射型，二者各有优缺点。反射型：安装方便，但受颜色、角度、表面状况、背景颜色和振动影响，检测距离短，位置精度也不高，只须在一处配线，无须反射板，有投光/受光两个透镜；对射型：具有优秀的有无、到位判断能力，可以忽略工件颜色、角度、振动的影响，检测距离较长，投光器、受光器两者都需要。多数情况用反射型即可，应用说明如图 3-142 所示，应用案例如图 3-143 所示。

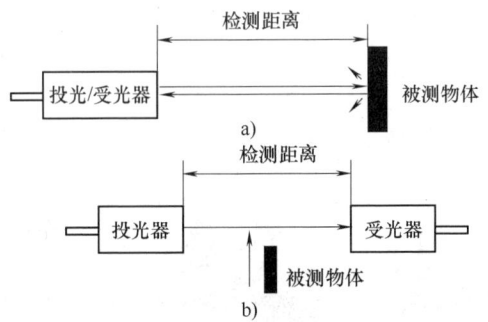

图 3-142 光纤传感器的应用说明

a）反射型 b）对射型

图 3-143 光纤传感器的应用案例

光纤检测是依据发光和受光量来进行判断的，所以，检测效果除了和光纤本身性能有关外，还和光纤与目标的距离、放大器功率大小以及环境的干扰强弱等因素有关。以下以比较常用的基恩士品牌 FU 系列光纤传感器为例，谈一下它的选型。

① 安装空间或应用场合。根据设计需要，无要求时可自由发挥，有要求时需翻看型录和说明，一般都能找到对应类型。

② 最小检测物体：检测目标（可以是物体的一部分）大小，属于识别指标，常见的是 $\phi 0.005mm$，如果小于该尺寸，则无法侦测到。

③ 光点/轴直径：对于对射型，光轴直径越小，对检测目标的抗干扰性越好。例如用来数产品上的针（焊脚），如果针的间距很小，就需要选光点

直径小一些的型号，反之亦然。一般干扰物和测试目标的距离应大于光轴直径的10%～20%，例如测试针距为0.2mm，光轴直径至少应该小于ϕ2mm。检测位置时，精度不会完全取决于光轴直径的大小，换言之，物体同一位置的侦测误差（前后两个产品同时检测到的位置差值）远比这个直径要小，小到需要做实验去判定。如果是反射型，则一般没有这个指标，光是60°散射的，不宜照到斜面目标和粗糙及吸光表面，在无背景干扰情形下，只要光纤和检测物距离较近，其检测效果也是不错的，但实际往往会受检测背景的干扰而打折扣，所以不适合进行准确位置的检测。如果必须要用这个类型，可以考虑采用附加镜头的类型，这样有光点直径，理论上说，检测的精度不会比对射型差。

④ 检测距离：在最大功率状态下，一般根据"FINE"状态来选就好了，其他状态可作为参考。不同状态的检测表现，是通过放大器设置来实现的。实际检测距离，对于对射型，在范围内均可，对于反射型，则在范围内越近越好。

⑤ 配置放大器：FU系列光纤传感器，可以对应FS-X系列放大器（见图3-144），但是要注意越新上市的光纤传感器，对放大器的要求可能会更高，因此选择时，注意查看型录确认。

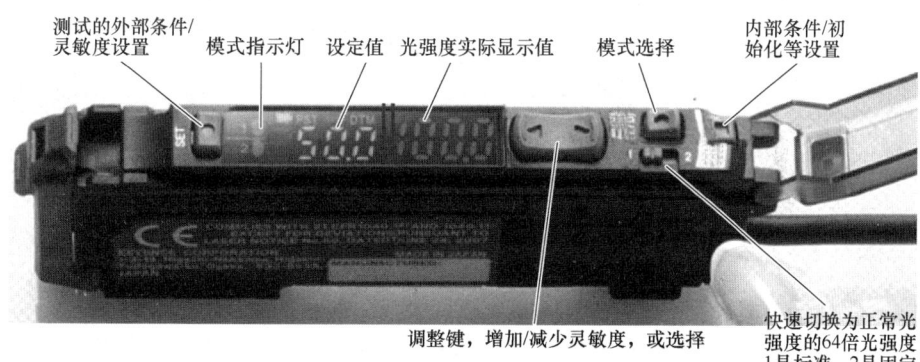

图3-144　FS-X系列光纤放大器

⑥ 光纤传感器的布置，以从上往下或者水平方向为主。如果是从下往上，要看环境是否足够整洁，不然脏污容易沉积到光纤头。对于反射型，除了检测物体，背景应该有足够的让位或尽量消除其他光反射的影响，而对于对射型，只要让位比光轴直径略大的空间即可。选用对射型，物体运动和射光方向要呈一角度（根据产品或空间布置）；选用反射型，两者方向可垂直，也可直接对着物体迎面照射。若是单纯检测物体有无，则反射型或对射型均可；若要兼顾检测位置，则建议用对射型或可加镜头的发射型。检测效

果是要和成本挂钩的,所以要根据需要来选用,不确定的时候,可以请教供应商。

4) 光栅是一种特殊的区域传感器,用于安全防护,常用的品牌有基恩士和神视,前者一套约 5000 元,后者相对便宜一些。

如图 3-145 所示,光栅多用于正常生产时,可能需要进入的危险空间的防护,如嵌入成型时摆放产品和夹具到模腔,就需要在操作区域设置安全防护光栅。对于不经常进入的区域,一般是是采用门或者直接封住的方式来防护(若是门,同时会增加开门报警或停机的装置),适用于维护保养场合。当然,也可以多区域全面采用光栅,但投资较大。

图 3-145 设备防护罩安装光栅

比如基恩士的 GL-RL 系列,光轴数目 4~32 个,总长 160~1280mm,检测高度 120~1240mm,保护高度 205~1325mm,检测距离 0.2~15mm。常用的直径是 $\phi 25$,到达危险源距离较近,选 $\phi 14$,如果较远则选 $\phi 45$,后者成本较低。

(2) 测试设备 作为企业老板,常希望产品是免检的,一来产品检测很耗人力物力,二来它不增值。但是作为客户,却视产品检测为每次稽核供应商制造流程的重中之重,生产线上的装配不合理之处也许容易被其忽视,但品质检测和管控部分的缺失,一定会成为总结会议的众矢之的和改善检讨的要点。所以,检测在制造流程上是非常重要的环节,直接左右生产品质的高低,也会间接影响客户对本公司制造能力的评估。作为自动化相关的生产技术部门,有责任兼顾两者，持续改善，精益求精，在品质和成本之间找到一个平衡点，让老板和客户都满意。如图3-146所示，在某个电子产品的生产流程中，检测占据相当大的比重，例如电荷耦合器件（Charge Coupled Device, CCD）就是检测常用的设备，需要了解和熟悉。

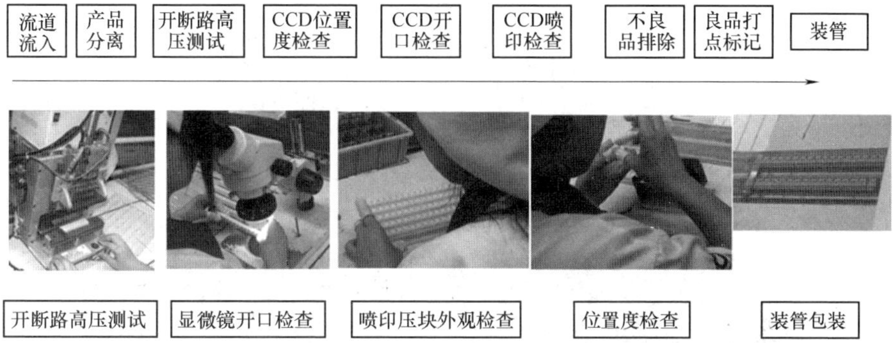

图3-146 产品检测

CCD属于非接触性视觉测试技术，分辨率高，速度快，可靠性好，是目前制造业的主流方式，在连接器行业中应用也极广。从学习角度看，多数CCD的机构相对简单，难度体现在硬件选型和机光电整合应用上，专业人员不多。CCD测试设备和技术原理如图3-147所示，核心组件是镜头和光源（见图3-148）；通过拍照，然后和系统设定的图像进行比对，并判断良品和不良品，如图3-149所示；CCD作为一个标准元件，一般是集成设计到非标设备中去的，如图3-150所示。

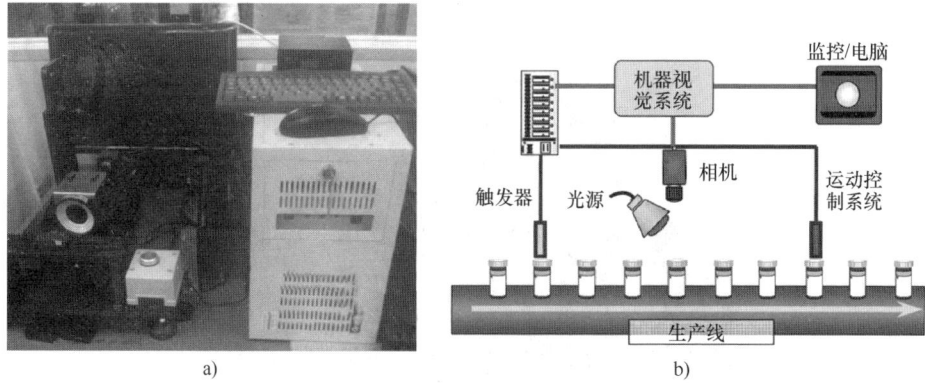

图3-147 CCD测试设备和技术原理

a) CCD测试设备　b) CCD测试技术原理

图 3-148　CCD 设备的镜头和光源

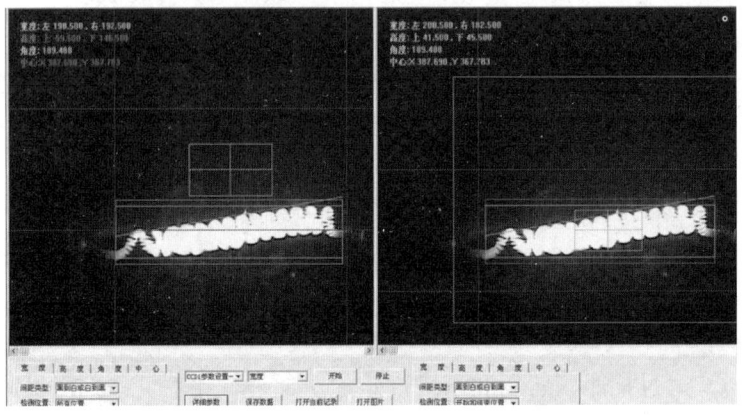

图 3-149　CCD 测试设备的拍照界面（显示器）

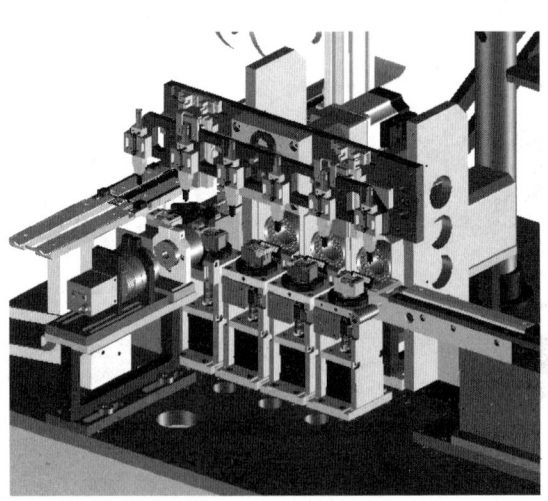

图 3-150　非标的 CCD 测试设备

3.2 设计人员的"铁人五项"

首先,说明一下知识、技能和能力的关系。

作为初学者,特别是从基层成长起来的从业者,必须努力夯实基本功,大量掌握知识,熟练工作技能,并着眼于提升综合能力。然而,根据职场经验,很多入行新人容易混淆知识、技能和能力的关系,从而陷入迷茫之中。

1)知识是可以随时获取的,技能是需要时间来掌握的,而能力的获得,则不仅需要时间,还需要大量的实践!知识的获取途径很多,网络、书刊、工作等,包括言传身教,一般通过看和听的方式,然后记忆或保存下来,但如果没有经常整理、确认,就会比较凌乱,难派用场。

2)技能是在掌握相关知识的前提下,通过亲身实践来获取的一种专业性、操作性的本领,强调熟练度和技巧度,是针对特定职业人群来定义的。例如对于绘图员,软件操作是一个技能,也可以算是能力体现,但对于从事机构设计的人而言,该技能就只是个工具,不算什么能力,因为不一定所有设计都要自己动手操作。

3)能力的形成与强化是我们重点关注的内容。同样是针对特定职业人群和工种,对于奋战在一线的机构设计者来说应注意:

① 能力不是知识和技能的简单堆砌,尽管后两者有利于能力的增长。

② 能力不是自己定义的,要和同资历、同性质的从业者对比,有优势或突出,能力就强,反之则弱。能力越强,越受欢迎,行业缺的是能力型人才。

知识是人类生产和生活经验的总结,是各种各样的,如物理知识、化学知识、人际交往知识、管理知识等,而且发展十分迅速,以致人们用"知识爆炸"来形容知识的增长。知识是我们适应社会和工作的基础,没有知识我们就会被社会所淘汰。技能是对行为、动作方式的一种概括,是按一定的方式反复练习或模仿而形成的熟练的动作,如学习绘画、打字、开车、焊接、修理等。

学习知识是掌握技能的基础,如果没有驾驶的知识、不懂车辆的结构和性能,驾驶技能的掌握就会受到限制。知识的多少决定着技能掌握的快慢和深浅,技能的掌握又反过来影响知识的学习和拓展。一个司机,除了会基本的驾驶汽车技能外,还需要了解很多知识,比如车辆构造、交通规则、实时路况,甚至天气预报、地图导航等。而且,知识也是不断推陈出新的,如果不及时学习,就肯定会落后,由此可见知识与技能的联系是十分密切的。

知识与技能又有明显的区别。首先,它们获得的途径不同,知识可以从书本上获得,可以靠培训获得;而技能只有通过实践和反复练习才能获得,通过反复练习可以使局部动作联合为一个完整的动作技能。用人单位更需要掌握一定技能的人，仅有知识而缺乏技能，即所谓"高分低能"的人，是不受用人单位欢迎的。

　　作为机构设计者也一样，除了基本的绘图技能外，也要博闻广识，除了传统机械理论外，还有许多知识需要吸收、消化并应用，包括产品、制造流程、品质、模具、电气控制等。但是切记，不要简单认为电脑中保存了一些知识，头脑记忆一些常识，再练熟软件操作，就可以成为合格的自动化机构设计工程师了，不是的。经常有人问，我看到别人做的机构简单，但是自己来设计，却有诸多困难，为什么？理解了知识和技能的关系，就会释然，那是因为自己掌握的是知识，而没有形成技能，缺乏反复练习和模仿。

　　那么什么是能力和素质呢？

　　能力是直接影响活动效率、效果并使活动顺利完成的个性心理特征或行为倾向性。

　　1）能力是和活动紧密相连的，离开了具体活动，能力就无法形成和表现。一个有绘画能力的人，只有在绘画活动中才能施展自己的能力；一个教师的组织能力，只有在教育教学活动中才能展示出来。我们只有通过活动才能了解一个人能力的大小。

　　2）能力是顺利完成某种活动直接有效的心理特征、行为倾向，而不是顺利完成某种活动的全部心理条件。因为成功完成某种活动，受许多主观因素的影响，如知识经验、性格特征、兴趣爱好等，但这些因素都不直接影响活动的效率、效果，不直接决定活动的完成与否，而只有能力才有这种作用，它是完成某种活动必备的因素。例如，思维的敏捷性和语言表达的逻辑性，是直接影响教师能否成功完成教学任务的能力，如缺乏这种能力，就无法顺利有效地完成教学任务。

　　3）素质是做好工作的主观思想与行为表现，有能力没素质，难以把工作做到最好，有能力有素质，总能把工作做得让人放心和满意。

　　而提升能力又有哪些方法呢？

　　提升能力的第一步是弄清楚以下四个问题：

　　1）我最突出的能力有哪些？

　　2）目前工作最急需的能力是什么？

　　3）对比工作急需的能力，我最欠缺的能力是什么？

　　4）我应该如何提升这些欠缺的能力？

　　可以列一个表单，逐一回答上述问题，这样所欠缺的能力，以及今后努力的方向就一目了然了。制订行动计划时，要注意以下几个重点。

　　1）知识结构上的合理、优化与提升。一个设计工程师的知识结构，大体上有两种类型：专业知识（机构设计与制造方面）、相关知识。只有建立和完善科学合理的知识结构，才能有效支撑和提升自己的设计能力。

① 具有时间概念的 T 形知识结构：这里的纵向表示某一专业知识方面的深度；这里的横向表示与某一领域相关的知识面的跨度或广度。一个机构设计人员的知识结构还应该有时间标量，反映知识的更新率和时效性。换言之，知识结构的主要测定指标有三个：即深度、广度和时间度，只有这样的知识结构，才是设计者理想的知识结构。

② 专业深度和广度具体包含哪些项目和内容，可以根据特定行业和职业人群来定义，并根据自己的实际情况进行取舍和增减，然后逐一攻破。

③ 如图 3-151 所示，不同职业方向的趋向是不同的，比如做设计工作的，在深度上要有所倾斜，当然不能忽略广度；反之，如果慢慢转型技术管理方面，则应该更注重广度，人的精力有限，两者同步兼得，实属不易！

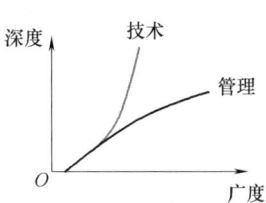

图 3-151　不同职业方向的知识深度和广度

2）结合职业和工作需要去补短板。一般而言，不主张补短板，主张发挥自己的长处和优势，通过学习使长处更长，优势更优。但如果当下的工作职位确实需要这种能力，那就必须补上这个缺少的短板。例如，作为一名职业管理者，沟通能力是管理者最基本的素质要求，如要想在管理岗位上有所发展，就必须补上这一课，否则就很难称职，很难有更好的发展。

3）如何从行动上约束自己。知识的掌握和积累必须转化为实践和行动，否则知识再多，也只是纸上谈兵。所以，在学习的同时，一定要注意把学到的知识、方法和工具运用到自己的设计实践中去。例如，学习了关于行业认识、习惯形成、能力培养方面的知识和方法，那就要有意识给自己制订一个如何落实的行动计划，如何检查自己的执行情况，如何改进自己存在的问题和不足。俗话说，知易行难，坚持才能收获成果。

4）善用资源。爱迪生曾经说过，天才就是 1% 的天分加上 99% 的汗水，这也适用于自动化行业。作为初学者，更应该明白"一分辛苦一分才，一分投入一分得"的道理，在能力提升的路上，不要吝惜汗水和辛劳。

但是，现今为资讯发达的年代，无论是学习还是工作，都要讲究一定的方法。"两耳不闻窗外事，一心闷头做技术"的精神固然可嘉，但未必讨好。如图 3-152 所示，由于 O 形圈直径大而且是软的，不太适合用普通的振动盘来供料，其供料是有一定难度的，那怎么办？如果市场没有成熟方案，为求技术突破，进行研发是必要的，但如果市场已经有现成设备，还费时费力去攻关就没有必要了，可以直接采购，也可以借鉴设计（非专利的情况）。

总之，由于多年的行业积累，现今自动化方面的技术资源实在太丰富了，只要善于发现和甄别，很多资源可以转化为设计素材，从而提升工作效率和作

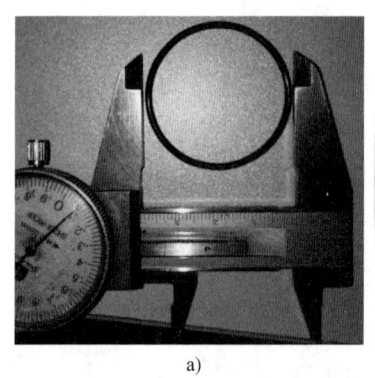 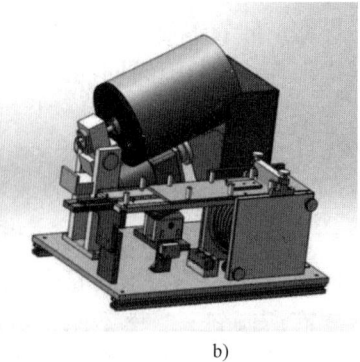

图 3-152 O 形圈的供料
a) 实物　b) 供料机构

品成功率。

3.2.1 模仿能力

很多机械设计者都反对模仿,提倡创新,这是值得肯定的。然而,有两个理由可以充分说明模仿的必要性和重要性。

1)一般企业给设备生产部门的时间有多少呢?普通的项目,从确定执行到设备投产,大概也就三四个月左右。市场机会稍纵即逝,企业推出新产品的速度越来越快,为了适应这样的现状和需要,企业上下都在努力中,设备生产部分没有理由拖后腿。

企业是做产品的,设备只是服务于产品生产,能迅速设计并生产出稳定、高效的自动化设备,就能为本企业赢得先机。至于深入研究或者创新的工作,放在企业这种环境下,确实不太切合实际。

2)模仿本身并不可耻,相反,只有模仿不到家,或者模仿的对象本身就是失败的,才会失笑于人。因此,加强模仿能力,做出甚至超出原创设计水平的设计来,是一个设计人员首先应该追求的目标。我们不能排斥创新,更不能忽略改进,在模仿-应用-改进的工作循环中,事实上已经融合了设计者的思考和经验。

总之,在模仿中,有新的东西产生,即是可以接受的模仿;反之,则只是一种单纯模仿,也即抄袭,是不值得提倡的。

对于行业新人而言,毫无疑问,必须从模仿开始。就像写毛笔字,均是从临摹开始的,能够随便自创一体的人极少,在自动化行业尤其如此。具体到如何模仿,下面给大家一些建议。

(1)见识模型化　自动化从业者,一直在执着地追求着技术的精益求精。

一般来讲，造诣的高低，主要取决于个人悟性、努力和机遇及见识。悟性，表现为积极思考、快速消化和掌握；努力表现为兴趣盎然、乐此不疲；机遇，则是指工作方向和内容有逐步向前往深拓展的空间；而见识，即见多识广视野开阔，这个在自动化行业尤其重要，甚至可以说"熟悉设备三百台，不会设计也能谈"。

见识，其实是同机遇捆绑在一起但又不是决定性关联的。举个例子，甲在一家技术背景雄厚的大公司工作了5年，乙在一个生产技术落后的小厂工作了8年。在同样条件下，结果如何，可想而知。尽管甲的工作时间偏短，但见识可能会比后者要广，一定程度上可以说，甲的机遇比乙的好。但是，不能下结论，甲的见识就一定比乙的深和广。举个例子，同样一款产品的设备制作，乙可能有自己一套虽然拿不上台面但卓有成效的方案，值得甲引用甚至惊叹，而甲可能拘泥于一定的形式或缺乏创意。如果各自固守城墙，则见识具有局限性，或可能成为井底之蛙。如果甲乙相互间有些交流，则容易取长补短，相得益彰。

模型化，即透过现象看本质，将研究对象进行一些归纳和总结，以形成一个通用模型。模型好比一个骨架，需要的时候，只要添加血肉注入精神，就会成为一个活跃的人。我们见到的人，通常是看不到骨架的，具体到设备，更是千差万别，所以，模型化的过程，并非简单的分门别类，而是需要分析和思考。举个例子，目前业界做一些散件组装，其中一种很通用的做法就是"振动盘+分度盘+机械手（气动手指+滑杆/滑块气缸）+普通工艺"的模式。当然，有的可能会有真空吸嘴，也可能采用载具形式，还可能有其他特殊形式。这个时候，不管是做直流插座，还是微动开关，或者是其他产品，只要具备这样的特点，我们都可以纳入该模型。

模型是有技术层次和应用范围的，也就是说，只是一个设备的技术核心和重点所在，需要我们进行技术消化。通常来讲，我们应该着力于掌握最新最先进的模型，但是建议不要放弃所谓过时或落后的模型。可尝试对其进行改进，也可考虑是否引用到现有设计，因为曾经存在的东西，必然会有亮点所在。模型，当然希望是普遍适用的，但并不是漫无边际。例如，上面做散件的模型，事实上是用一种仿手工动作的方式来达到装配的目的，那么适用面是比较广的，但并不是说，手工可以做的，都可以设计成这样。例如，一些精密度较高的场合，这类设备就很难驾驭了。

既然模型如此重要，那么如何对纷繁复杂的各类行业设备进行模型化呢？

回答这个问题前，首先要回到见识的阐述中去。要形成模型，首先得有见识，见识的获取方式是多方面的，或是工作实践，或是教材讲义，或是经验交流……不管通过什么途径，一定要让自己多接触多感受，不管是行业的大公司还是小企业，努力创造机会去"见"，越多越好。在见的同时，一定要注重

"识"，或思考或印证或咨询，方法也是很多的。在不断见识后，我们就会有些积累，或资料，或经验，或感触……也就慢慢地形成了一套套模型的雏形。

何谓模型雏形？顾名思义，是杂乱或不成熟的一些模型组合。我们需要抽取时间去整理和分析，同时通过工作或其他便利，大胆将其实践化，最后再辅以一定的摸索和总结，这就形成自己的模型了。也许有人会有疑问，产品是有差别的，同类产品也有不同设计啊，你这设备又不是万能的？没有错，设备不是万能的，设计人员的重要工作，就是克服设备无法万能的短板，或者尽量使其多功能，当然，前提是，必须掌握这个模型。

追求技术层次的持续提升，可以说是一个增进模型数量和加深模型理解及应用的过程，这里强调三点。

1）必须有谦虚好学的心态。也许自己曾经业绩辉煌，也许受人尊重，也许自我感觉良好，但在技术这个圈子里，永远没有止境，没有满足。也只有这样的心态，才能更好地去管理和优化好自己的技术模型。

2）对于既有行业资源，多做"搜集-整理-思考-应用-整理"的工作，不要仅仅停留在"收集/下载-存放"，那样的意义几乎为零。

3）无论是自己还是别人的技术资料，要上升为模型层次，必须要有自己的理解和观念。这点很重要，没有经过处理的资料，真的要应用起来，会手忙脚乱或错误百出。

（2）模型细节化　　通俗地说，见识模型化是一个学习和储备的过程，体现的是自我提升价值和技术追求的层面；而模型具体化则是构思和调用的过程，体现的是实现价值和能力展示的层面。无论做什么设备，都需要首先找到或构建一个技术模型，然后对其具体化。

模型化，即透过现象看本质，将研究对象进行一些归纳和总结，以形成一个通用技术模型。具体化，则是克服设备无法万能或者尽量使其具有更多功能，也就是一个有针对性的改良修正或创造的过程。模型无处不在，有人在创造，有人在应用，在产品讲究系列化、标准化的趋势下，更是如此。

模型细节化的层次，可以归结为两个，调用模型和构建模型。大多数人目前所做的设备，都是针对有类同或标准特征的产品（如连接器），基本上都属于调用模型；而一些非标设计或保密度较高的行业，则更多的是需要构建模型。很多处于业务扩大期的公司负责人经常抱怨说，找个说自己多厉害的人，经常名不副实，能力一般。究其原因，该所谓厉害的人主要厉害在调用模型方面，而构建模型方面的能力则相对较弱。

作为老板，要求员工在一个陌生领域或困难案子上也表现得如鱼得水，常常会失望，也是不切实际的。例如，找一个在连接器领域经验丰富的高级工程师来公司，结果他可能把某个医疗器械项目搞砸了；或者从哪个医疗行业设备公司请来一个专家，但是对简单的连接器设备项目都开展不了……如果据此就一票否定这个人，这是有些苛刻的，毕竟，人的精力和经验是有限的，不能对个人期望太高。真正高明的老板，应该是这样来发掘和经营人才的：团队战略！

老板应该着力于建设一个业务范围宽广的技术团队，包罗多种人才，也就相当于自己拥有了一个移动的活的"模型库"，然后找一个品德优良、技术功底扎实的人去负责，从简单做起，相信模型库积累到一定程度后，业务也会水涨船高。

而作为技术从业者，当然也要经常自我反省和提升，不要满足于现状。我们可以肯定，自己不会成为万能设计师，但我们非常迫切需要不断去提升自己，不断增长见识，不断模型化，既在本行业，适当也跨行业，力求让自己成为自动化行业里的多面手。

通常，实施设计之前，头脑里要有清晰的模型概念，如果没有，表示缺乏此类经验，需要加强这类设备的学习和查询相关资料。当然，有了模型，要转变为实在的非标设备，其具体化过程，并不是一句话能概括的。如同有了一副骨架，但是要令其为人，需要注入肌肉、皮肤、血液等，同时还需要添加皮肤、毛发，甚至衣服等。但是，明白了这个道理，不见得就能塑造出一个让人喜欢或满意的健康的人。这里有必要给大家分享一下模型具体化过程的一些心得和体会。

首先，需要有主流的或者为客户量身定制的外观设计。很多人会说，设备的关键在功用上，应该推崇简约、实用、低成本，即使外观略差，但生产稳定、效率高就好。但是，客户有它自己的审美观和特定要求，我们一定要秉承客户至上这个重要观念。所以，坚持简约实用观念没有错，但前提是客户导向。在很多情况下，简约实用的观念，如能通过润色或修饰更好地表达出来，会更受欢迎，会有更大的市场。

其次，根据审美标准和客户导向，调动合适的模型，如果找不到，一定要花时间去构建。模型不充分或者不对口，会为后续工作带来一系列问题。模型选取是否准确或好用，则完全取决于平时的提炼和总结了。也许有人会说，我根本没做过，也没有模型，怎么办？答案是，依然需要建立一个模型，只是这个过程对比前者要花更多的精力，某些时候甚至需要演算乃至试验，并且有失败的可能。所以，所谓功夫在平时，就是这个道理，见多识广的人，在面对一些新课题时，即使不能直接调动可用的资源和模型，也能借助从业经验、资料查询、简单推敲而获得一个可靠度较高的模型雏形，通过一定的精力投入，将之具体化出来；或者至少有依据，这个东西能做或不能做。构建模型的结果，也往往伴随着专利或新设计的诞生。

再者，找准模型了，就可以按部就班地着手具体化过程了。这个阶段，其实并不会难倒大多数的从业者，因为有了方向，也就不会有原则上的错误，偶尔偏离方向也可以很快纠正过来。大多数的设计人员，往往这方面的能力比较强。即便他自己的模型储备不多，在遇到新的或困难的项目时不能迅速、正确地找到对应模型，但一旦有人给他一个模型，告诉他怎么做，他就能很好地具体化出来。

事实上，模型具体化过程，主要考验的是设计者的基本能力，以及对机构处理的娴熟程度，虽然不算技术精华部分，但也是一个影响全局的重要阶段。除了个人能力外，好的习惯和态度，是做好细节工作的必备条件。例如作图，有些人做得很细很到位，但另一些人自恃掌控全局而懒于做这种琐屑的事；例如滑槽滑块机构，有些人除了槽块，还会在上面增加减少摩擦的掏料或润滑油槽；例如有些人做插针机构会很仔细去模拟过程，但有些人往往会直接忽视等等。

最后，当然是一个不断检讨和自我提升的心态，模型具体化的过程，可能会出现些疏失，我们有责任将影响或损失减少到最低程度。例如，也许图样检查了好多遍，但偏偏没有察觉某个板缺少一个孔，有没有最快的解决对策？例如，等到做样品的时候才发现原来自己选的气缸小了，切不断料带，但是发生了，怎么最快地去补救？例如，本来一切正常，准备明天交货了，由于误操作损失了一个关键部件，如何快速应对等等。这些都是模型具体化的后续工作，有时非常烦琐，但也很锻炼能力。

细节决定成败，如果在细节上做得非常好，恭喜您，您是一名合格的设计师！如果您的技术模型储备丰富或具备快速构建技术模型的能力，恭喜您，您可以成为设计师的领导者。如果您能提供各种技术模型的先进理念和标准，并能提前预测客户的审美，恭喜您，您真正成为了非标自动化行业的领头羊。

3.2.2 查阅能力

机械常识纷繁复杂，记得住固然很好，记不住就要善于查询资料和表单，并且能读懂能理解。与其说查阅是能力，倒不如说是习惯。无论遇到什么问题，学会思考，学会询问，学会调查，这是一个很重要的习惯。专注机构设计的人，几乎都有也必须有查询的习惯和能力。查询无处不在，通过查询，我们可以获得新知、解决问题，同时增强设计信心。例如，新接一个项目，首先就要做好查询工作，清楚要做什么，有什么要求，是否有先例，如何实施等；例如，电动机能否运转稳定，丝杠精度是否足够，电磁阀为什么不动作，气缸能否实现旋转功能等，解决这些问题都需要查询。

简言之，自动化机构设计人员需要具备的查询能力或者说习惯，主要有三方面：调查，掌握信息数据；查询，应用资料型录；核对，解决问题。

具体到实际工作中，其实只有一个原则，设计中要注意深入调查分析。一台设备，不考虑、工艺排配、机构布局和零件组合因素，大概可分为标准件设备和非标准件设备两类。非标准件设备，顾名思义，就是根据不同情况临时设计的，有很大的灵活性，是设计者可以自由发挥的部分；而标准件设备则具有通用性和稳定性，甚至决定着非标准件设备的布局和机构方式。那么，问题就来了，在设计过程中，例如设计一个机构，作为初学者来说，标准件的选用就常常会成为拦路虎绊脚石。很多人认为型录或说明书是供应商用来推销和介绍产品的，没多大的实用性，要用的时候再去查阅即可，这是一个很大的误解。所谓应用，首先要了解产品特性和功能，如果不事先去熟读和理解厂商的型录或说明书，等到要用的时候就会手忙脚乱，容易用错，会非常被动和耽误时间。相反，平时经常翻阅，做到心中有数乃至烂熟于胸，要用的时候就会轻车熟路，水到渠成。

当然，供应商的型录太多了，建议选较齐全或使用人数较多的，比如气动元件选择SMC品牌，机械元件选择米思米，检测元件选择基恩士等。同类元件原理和应用，其实大同小异，只是规格型号有差别、适应面不同和品质优劣罢了，要抓典型，做类比。

此外，获取资讯时要有所甄选，有所侧重，以消化为原则，以应用为目的，以拓展为手段。

1) 专业性：例如做连接器行业的，有些什么设备类型，那就找这方面资源，重点做这方面的探讨和交流。

2) 规划性：要有个人技术成长规划，循序渐进，逐一攻克，不要"东一锄头西一把"，最忌讳做资料收集员。

3) 实用性：专题研讨，深入探讨，触类旁通，举一反三，重点是关联工作，关联行业。

3.2.3 动手能力

这里的"动手"，有两层意思，一个是实践，是对项目的参与程度；一个是设计人员应该熟悉职业相关的一些基本操作，如工件维修、工具使用、设备调试等。动手能力是机构设计者必须注重提升的重点。设计，不是看看资料画画图，只有和实践紧密结合并通过了实践检验，才是成功的设计。

1. 项目的参与程度

完整的设计，设计人员要从头到尾跟到底，包括设计-组装-做样-量产-验收，每个环节都或多或少会有问题出现，只有积极参与才能在实战中获得能力的提升。

组装环节。在该环节可以发现设计纰漏、确认加工误差、提升装配技巧。一般地，这个工作会由装配技术员来负责，但是作为设计者，尤其是处于成长阶段的设计者，最好能够亲力亲为。

做样（品）环节。可以初步检验设备是否有重大失误，也能锻炼分析、解决问题的能力。如果机构在这个步骤相当顺利，则设计是成功的；反之，如果有些棘手或意外问题，就非常考验设计者快速分析和解决问题的能力了。对于初学者来说，没有问题才是最大的问题，有问题，敢于面对，即便过程磕磕绊绊，也能让自己获得经验的增长。

量产环节。这个阶段尤其需要设计者投入时间精力参与。遗憾的是，现在很多设计者都当自己是设计者，严重缺乏动手意识和能力。很多时候，他们设计出来的东西，让使用者或接收单位啼笑皆非或头疼不已。当设备在运转中常常卡住或停机，当一个"一出二"的机构每次实际只能做一个产品，当设备不同时间段生产出的产品品质不同时……这些问题非常令人头疼，谁来解决？

不能奢望设计者心思超常缜密，更不能苛求设备完美无瑕。但有些明显失误或者不该发生的异常，设计者应该提前防范或及时处理，不然就不是设计者，完全是麻烦制造者。强调动手能力，其意义正在于此。自己组装时，卡住或停机问题是可以早点发现并解决的；参与做样了，有个座子不能同时放两个产品的尴尬还会继续出现吗？跟踪量产了，不稳定的缺陷难道是一个不可逾越的难题吗……

绝大多数设计人员，大概只会打打高度计或者用卷尺、卡尺、千分尺量一下长度，对其他的器具了解不多。另一个原因，可能是认为做机构设计，没必要会那么多的"没用"的工具，要量产品尺寸，找负责品质检查的人员（QC），给他图样，人家更熟练，结果来得又快又可靠。其实这是一个误解，要知道，设备是用来做产品的，如果遇到生产异常或疑难的问题，你需要用尽各种器具来寻找原因和证据时，你会发现，所有这些操作，只有自己去完成才是高效可靠的；找别人去做，因为其专业度有限，要么可能要解释半天教他如何做，要么可能得到一个错误的或不是自己想要的结果。

当然，也要看自己的角色，建议初学者加强操作仪器和分析问题的能力，随着经验的增长，以后需要自己动手的当然会越来越少，但是前期什么都不做，则容易沦为纸上谈兵的空想家。

2. 装配必备工具与常用设备

图3-153～图3-156所示，是从业技术人员需要了解和会操作使用的设备与工具。

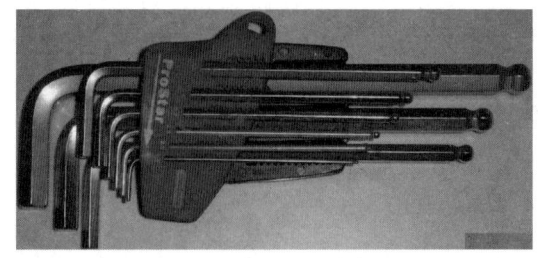

图3-153　内六角扳手

第3章 自动化工程师必修基本功

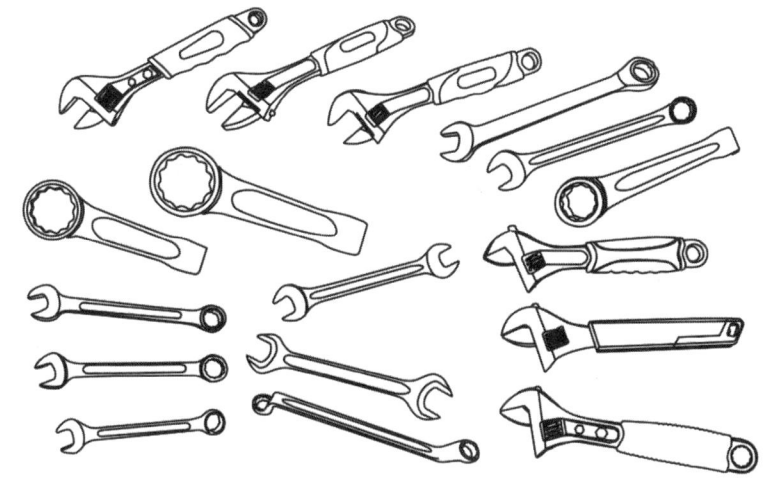

图 3-154 呆扳手与活扳手

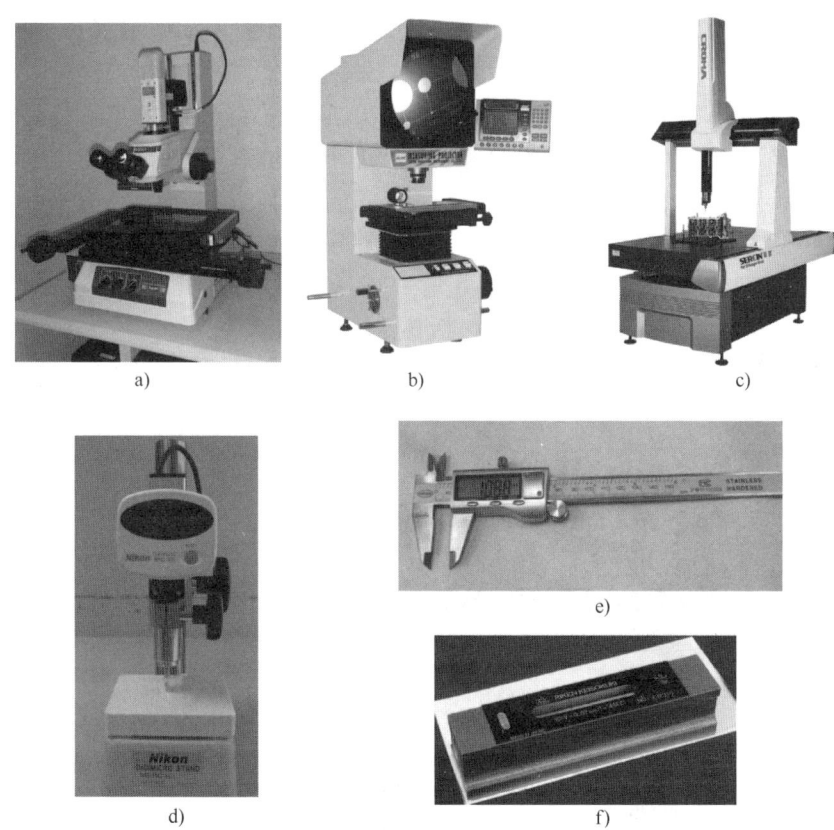

图 3-155 常用测量仪器

a）工具显微镜 b）光学投影仪 c）三坐标测量仪 d）高度计 e）游标卡尺 f）水平仪

图 3-156 常用切削机床

a) 钻床 b) 磨床 c) 铣床

3.2.4 分析能力

如果说从事非标机构设计工作有一个核心的能力，那无疑可以归结为，用机构的方式解决因非标条件和已知约束导致的各种问题。解决问题的一般流程是：分析状况，找到原因，拟出对策，跟进解决，效果确认，形成经验。举个例子，我们为 A 客户成功开发了一台设备，B 客户也要同样的设备，但是他们说，我们车间比较小，希望能把设备的尺寸缩小。这就是一个经常会碰到的典型的非标问题。作为设计者，就需要对设备进行设计检讨和确认，如果问题很简单，手到擒来可以很容易解决，但如果问题很繁琐或要求很严苛，这个过程就需要我们具备一定的逻辑分析能力——这是机构设计人员的必备能力之一，经常要用到辅助工具或理论方法，包括必要的计算。

【案例】 图 3-157 所示是一个"伺服电动机 + 丝杠"搬移机构，功能主

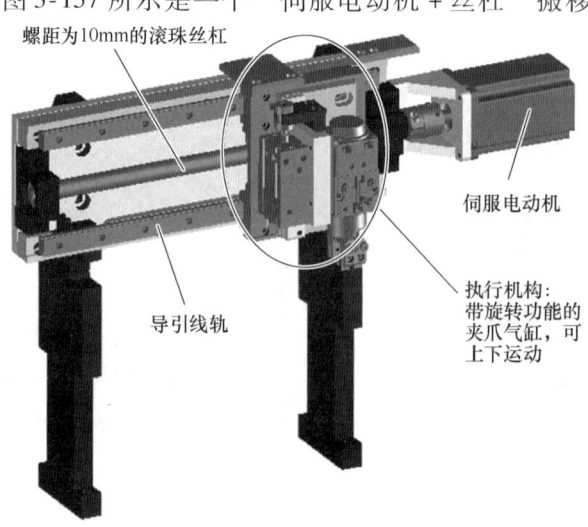

图 3-157 "伺服电动机 + 丝杠"搬移机构

要是实现产品的搬移和取放，最大行程 $s=150\text{mm}$，执行机构（含物料）质量约 1kg。假设原来从一端取一个产品，移动到另一端放产品，然后再回到起点继续抓取产品。每抓取一次大概历时 2s，现在有客户要求将这个时间缩短到 1s，是否可实现？

类似这样的问题，设计的时候就有必要进行分析了，因为稍不留意该项目就可能失败。结合经验，有几个重点是需要把握的（类似专题在《自动化机构设计工程师速成宝典 实战篇》会详述，本篇从略）。

1) 时间方面，进行机构动作的拆解后，运动时间包括夹爪取放产品时间（约 $0.1\text{s} \times 2$ 次 $= 0.2\text{s}$），气缸上下动作时间（约 $0.15\text{s} \times 4$ 次 $= 0.6\text{s}$），执行机构运动规律如图 3-158 所示，姑且忽略加减速时间，只考虑匀速时间。伺服电动机额定转速 3000r/min，即 50r/s，丝杠螺距为 10mm，则平移时间 $t_c = (150 \times 2)/(50 \times 10)\text{s} = 0.6\text{s}$，因此一共需要 $(0.2+0.6+0.6)\text{s} = 1.4\text{s}$，加上预留的保险时间，可以判断，做到 1s 以内是非常困难的。即便速度达到，还有精度、负载等因素。不要简单认为要求变的只是速度，对机构整体性能均有影响。

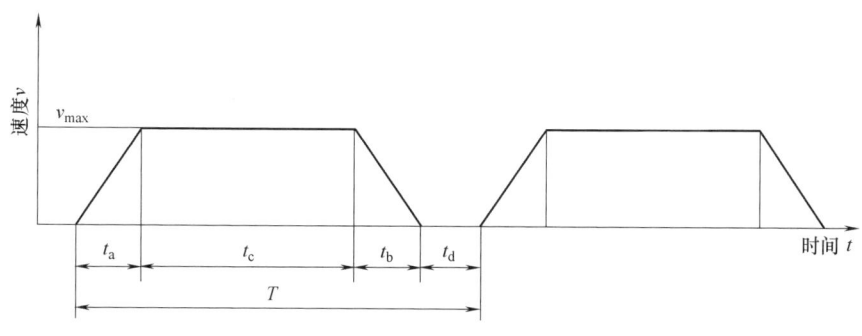

图 3-158 运动规律

以上是一个纯机构的分析结论，事实上还要考虑具体工艺。很多场合，机构速度达到一定程度后，作业会有不稳定的情况。所以，类似夹爪抓取时间有可能要取到 0.15s 或 0.2s，气缸上下动作时间也有可能要取到 0.2s 或 0.3s，平移的速度也有可能要放慢……不同机构（比如执行机构是灵巧还是笨拙也会有影响）、不同工艺，这些都有差别。如果对此缺乏严谨认真的态度，随便把机构拿过来就用，最后可能会因为速度或稳定性达不到要求而失败。

2) 万一一定要按客户的要求来执行怎么办？这就考验到机构方面的积累了，这个做不到，我们可以考虑换一个类型，类似图 3-159 所示的 n 形搬移机构，就有可能做到 1s 左右，但具体可不可行，一样需要进行分析确认。

"伺服电动机 + 移动凸轮的 n 形轨迹"搬运机构原理如下：

① 伺服电动机带动工件 1 摆动（角度可调），通过随动器带动机构沿黄色的 n 形轨道移动，注意此过程机构的上下和水平运动都是直线的。

② 随动器和工件 3 固定在一起，后者和机构（上下两个滑轨）是整体，在随动器带动下，实现水平和竖直方向的移动。

③ 任意瞬间，机构都是水平和竖直方向运动，但是对于固定在上面的夹爪气缸或吸嘴来说，是一种复合运动，在 n 形拐角处获得比较柔性的过渡。

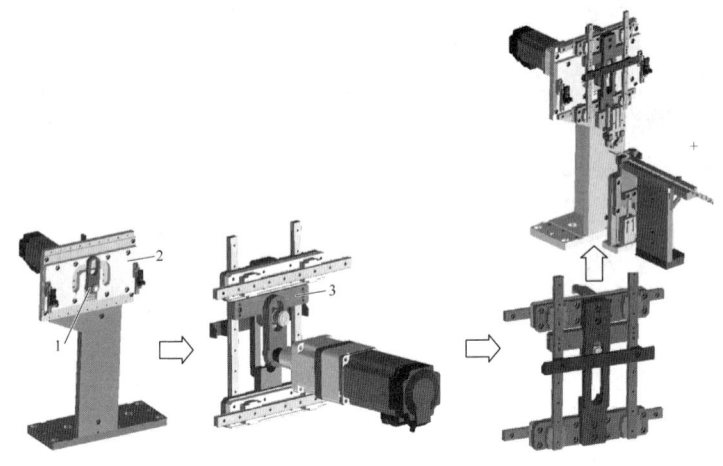

图 3-159　n 形搬移机构

因此，在实际的非标设计工作中，遇到的问题越繁琐要求越严苛，就需要越强的分析解决问题的能力。如果一个设计工程师，连最基本的计算工具都没用过，那只能说明，要么经常在模仿现成机构，要么所做的机构基本没有难度或要求。

当然，也不得不承认，工厂的绝大多数非标设备，受限于投资、交付日期、工艺等实际情况，并不需要用到高精尖技术和过于繁琐的理论分析。很多时候，非标机构的设计工作体现为"经验设计"或者叫作"感觉设计"。当然，所谓感觉，并不是漫无边际或天马行空的想象，指的是设计者在工作中累积起来的经验性的判断能力。

设计者在尊重客观事实的同时，也一定要加强感觉训练。自动化设备上的大量机构，都是靠感觉来完成设计的，只有少数极重要或不确定的场合，才会进行周全细致地运算、论证乃至试验。看着自己的手指，估测大概多粗；桌面上的杯子，重心大概在哪个位置；多大的力量可以将某人抱起来……这些都是感觉。在机械设计中应用感觉，作用和意义非同一般。一个机架是否平衡，一个工件能否受得住外力，一套机构能否达到预期功能要求……由于生产工况复杂，这些内容是很难用计算或论证的方法来确定的，或者说，靠感觉之外的其他方法，可能要大费周折。设计者在遇到具体机构设计问题时，是需要权衡的，有没有必要精确校核，会不会得不偿失？

3.2.5 沟通能力

沟通是人与人之间、人与群体之间思想与感情传递和反馈的过程，以求思想达成一致和感情的通畅。沟通是为了一个设定的目标，把信息、思想和情感在个人或群体间传递，并且达成共同协议的过程。它有三大要素：要有一个明确的目标；达成共同的协议；沟通信息、思想和情感。

这里之所以着重强调沟通能力的重要性，主要是因为：

1）工作中的许多问题都是由沟通不当或缺少沟通而引起的，结果会不可避免地导致误传或误解。例如业务传达了客户的项目预期，希望机构精度达到±0.05mm，自己觉得有难度但又没有提出，最后设备做出来达不到要求，这就是个沟通不畅的问题；反之，如果有理有据反馈给客户，得到认可，争取到±0.08的修正精度，那也许就降低了后面环节的实施难度。所以，通过沟通，相互之间可以得到情感、信息和思想的交流，在共同的协议下，重新确立新的目标，很多原来可能不乐观的结果，也会变成可以接受的情形。这里再补充一点：也许有人会说，客户都很强势，不会轻易改变立场，说再多也没用。确实这样，不少风格强硬的公司都不会给供应商多少"申诉"空间，但作为技术人员，因此就放弃自己的诉求有点可惜。退一步说，即便最后客户不让步，但有这样一个小插曲，日后其实也是有它的积极意义的，万一失败，会有人提起你曾经的建言。

2）技术群体平时大都专注于专业领域，缺乏社交的锻炼，在表情达意方面技巧不足或略显拘谨，经常会出现一些词不达意的情况。如前所述，工厂里几乎所有的项目，都是团队模式来运作的，而自动化机构设计工程师是一个设备制作项目的主导者，如果缺乏沟通能力，无法协调工作和促进团队成员和谐交流，团队的凝聚力和组合效应就会减弱，项目也就不太容易顺利进行。

3）信息、思想和情感方面的沟通，本身就是一种能力，要做到善于倾听、准确描述、有效传达并不是一件容易的事。举个例子，作为机构设计工程师，经常要做项目的方案报告，如果没有考虑受众（给谁看），敷衍了事（页面七拼八凑、观点逻辑混乱），往往会给客户留下负面的评价，影响后续的正常交流；反之如果能抓住客户预期，把报告做得漂亮些，一方面可提高客户对我们的专业印象，另一方面也有利于技术重点和细节的到位陈述。千万不要认为这些沟通的讲究可有可无或没有意义，当一个技术工程师成长到一定阶段后，这些能力会逐渐成为综合能力高低的重要体现。

综上所述，本节介绍了知识、技能和能力的本质与联系，如图3-160所示，并且也给出了具体的提升方向和内容，接下来就靠大家自己的努力了。不要以为这些技术之外的常识无关紧要,恰恰相反,很多职场新人就是这样陷入迷茫或认识误区的。

图 3-160 知识、技能和能力的递进关系

别人可以给你方向指引,或者直接教授知识,但是能否形成技能,并进而变成能力,得靠自己!只懂知识是纸上谈兵,只有技能也未必能办好事,只有形成能力了,才能做好具体工作。因此,大家接下来首先要自我评估,到底自己的能力有多少,技能掌握情况如何,知识面有多宽等。

例如,我们要设计一个凸轮插针机构,遇到以下障碍:

1)完全没概念,不了解工艺,甚至连凸轮都不会画——没知识,没技能。

2)知道凸轮机构工作原理,甚至有较多理解,但自己没做过——有知识,但没技能。

3)模仿性做过类似机构,但做失败或没做好——知识有了,技能也有了,属于能力不足问题。

再例如:

1)到技术社区下载了一台设备的图样,说明你有学习意识,但只是做了知识搬运工。

2)看懂了该设备图样的设计,说明你有知识了,但不表示你有设计技能。

3)依葫芦画瓢复制了一台类似设备,说明你有了技能,但还不能说是能力。

4)有个新设备案子让你做,你做得很成功,虽然有借鉴别人设计的地方,表明你有设备知识,也有做设备的技能,你的能力取决于该设备有多少属于你自己的创意。

5)有个新设备案子让你做,你做失败了,如果有借鉴成功案例,说明你能力差,如果借鉴的是失败案例,说明你知识匮乏,更别说技能和能力了。

从业人员的机构设计基本能力,也可以拆分为图 3-161 所示的内容。我们据此可以解释一些职场新人迷茫的问题。例如，再优秀的毕业生为什么不能马上胜任工作？最主要的原因是缺乏解决实际案例的能力（没实践，没遇到问题，没有感觉和认识，哪来的能力呢？）和行业既有技术资源的储备，当然其他的能力也不太完善。再例如，从生产基层成长起来的员工，即便基本功不行也可以做事，原因何在？基本功不够扎实不体系化，但不等于完全没有，企业最看重的是解决问题的能力，只要有足够的实践，一次不行就两次，实在不行就先试试，只要给机会，总能摸索出一些心得和经验（不一定要符合什么理论，知道怎么做有效果），从而也就能解决问题了。当然了，基本功差，遇到困难复杂的大工程，一定会凸显能力上的短板，所以不经常学习充电，很难在技术上再有突破。

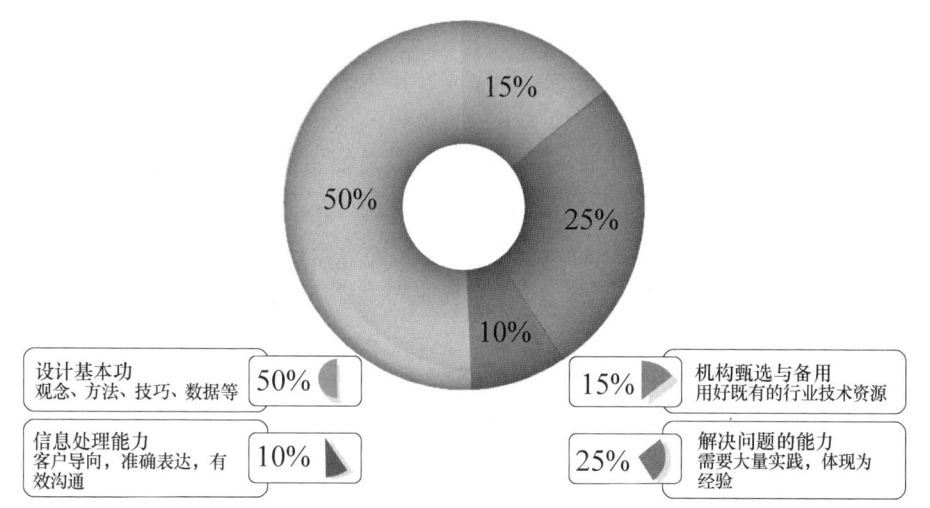

图3-161　机构设计人员基本能力构成

回到机构设计这个行当，要记住，机构设计过程觉得有困难，要研究清楚卡在哪方面了（缺知识、技能还是能力），对症下药，有针对性地去充电学习补漏。

能力，不是做一两件案例就可以获得的，需要经历一个长期渐进的过程，如果用心努力，会加快这个过程，但仍然不能一蹴而就。能力的获得，取决于三个要素：必须经过大脑；必须实践；必须有数量，缺一不可。很多时候，我们懂了，但做起来很困难或做不下去，往往决定性因素就是能力不够。要么是学而不思，要么是纸上谈兵，要么是浅尝辄止。所以，大家一定要充分认识到能力这个概念，对于从事设计工作的重要意义。

能力是需要不断通过实践来加强、更新和巩固的，所以说，技术之路，学无止境，一分辛苦一分才！

第4章 从业观念和学习方法

自动化机构设计这个行当,放到特定的企业环境中,就有它特别的地方,与我们在学校、研究院、服务机构等地方做设计工作,有着本质的差别。或者可以这样说,一台设备在制造企业环境中,会被产品、工艺、品质、现场、要求等条件或因素约束,从而成为非标准或有特定功能的设备,而不是教科书中的原理性设备,其设计与制作当然也不是仅仅精通机械设计理论就能轻易驾驭的。对于刚毕业的学生和从业人员,无论专业基础知识多么扎实,不熟悉企业环境和迎合客户需求,不能充分理解非标设备设计的特质,做起具体的项目设计来,就会无所适从。

本章将结合工作实践和总结,介绍从业观念和学习方法。

4.1 非标自动化设备的特性

4.1.1 企业的设备要求

由于非标设备有量身定制的特性,即便本身的性能可以满足要求,但如果没有很好地匹配到特定客户的实际和需求,就可能会出现不好的结果(客户不满意)。机构设计者在设计之初,就要处处站在客户的角度来考虑问题,充分了解客户项目状况的方方面面,比如了解客户是做什么的,怎么做的,做得怎么样等。

1. 产品

对产品了如指掌,并不是产品设计者的专利,企业中的人员,只要在做与技术相关的工作,包括冲模、注射模、生产技术等,都应该深入了解产品。那么具体有哪些内容需要了解呢?我们仍然以连接器为例来进行介绍。

(1) 结构 连接器是由塑胶和端子组成的。根据功能设计要求,常见的组件还有铁壳、弹片、胶盖、弹簧等,这些不是连接器必需组件,但因为功能需要,有些连接器会配置较多的组件,装配工艺相当复杂,生产线有几十个工站,需上百人作业。那么,对连接器有同样的功能要求时,可否尽量减少组件;同样多的组件,可否尽量减少种类;数量和种类都不能减少,那可否在结构布置和装配设计上进行一些优化……这些表面上看来都是产品设计上的问题,但最终都会影响到产品的生产组装及其生产线自动化的实现,所以是自动化机构设计人员需要关注和重视的内容。

(2)功用 连接器广泛用于各种线缆、电路板、对插接口等,覆盖生活的方方面面,可实现低能耗、可插拔性的信号传输和电流导通,其终端产品几乎可以形容为随处可见(见图4-1)。而作为自动化机构设计者,我们也需要关注产品在客户企业(不仅仅是消费者)处是怎么使用和生产的,相应地,就会了解一些机构设计的注意点和侧重点。例如,企业电路板生产工艺有两大类,如图4-2所示,一种是SMT,是将无引脚或短引线表面贴装元器件安装在PCB的表面或其他基板的表面,通过回流焊或浸焊等方法加以焊接组装的电路装连技术;一种是波峰焊,将元件插入相应的PCB元件孔中,再经过焊炉与高温液态锡接触达到焊接目的,其主要焊接材料是焊锡条。显然,SMT制造流程对端子焊脚的共面度、位置度、正位度等尺寸要求较高,需要着重管控,确保焊脚和金手指位置对应;而过波峰焊的产品则通常只需重点关注焊脚的正位度(确保能插入焊孔)和长度。以上尺寸如果不符合要求,则在客户生产线的插件生产制造流程中可能会有较高的不良品率(空焊、连焊等坏品多)乃至无法使用。那么,我们设计的机构,如何能确保产品的组装和检测品质达到上述要求呢?

图4-1 连接器的终端产品

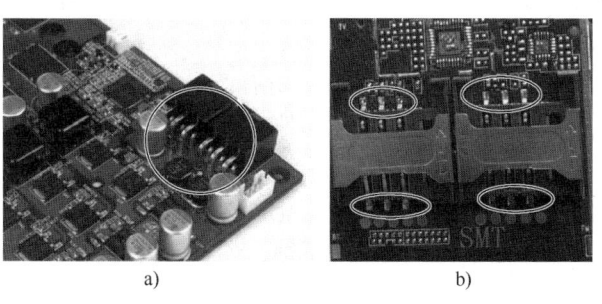

a)   b)

图4-2 不同工艺生产出来的PCB

a)波峰焊 b)SMT

(3) 特性

1) 塑胶特性：有些刚从模具出来的塑胶较脆，装配过程受端子刺入时会产生裂纹，所以需要放置一两天后再用于生产；有些塑胶尺寸随温度变化大；有些塑胶空置会吸水易导致过焊炉后起泡（如PA46）；有些塑胶质地较脆，受力容易断裂（如PA6T）等。

2) 端子特性：如图4-3所示，端子材质一般为磷青铜或铍铜，表面一般要电镀（接触区一般镀金，其他区域镀锡或镀镍），镀层受外物摩擦容易被刮掉；有时端子会有残余应力（模具工艺问题），进行折弯之类工艺后，端子常有规律性歪斜或扭曲现象；端子倒刺和塑胶干涉不足（结构设计问题），在和其他产品匹配对插时容易退针等。

同样是电镀零件（如铁壳），镀雾锡的容易刮伤，不能通过流道传送，镀镍的不容易刮伤，可以通过流道传送，对应的机构形式差异就很大。

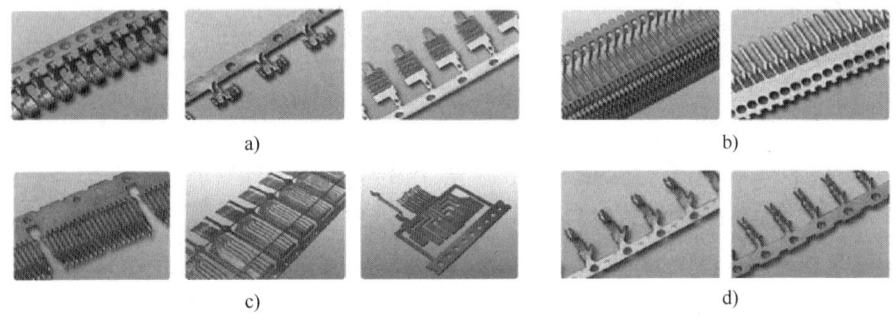

图4-3 连接器基本组件端子
a) 手机 b) 板对板 c) 卡类 d) 线对板

在设备研发过程会遇到很多疑难的问题，熟悉产品及组件特性，有利于分析问题解决问题。例如，调试设备时，发现做出的样品的塑胶有裂纹，但没有从设备上找到原因，焦头烂额之余，如果能想到物料特性，有时问题就迎刃而解了。这种通过企业具体项目积累起来的经验更为宝贵，经验积累多了就能成为该行业的专家。

(4) 品质 品质至上，无可非议，所有产品都有自己的管控方法。然而，品质过剩，也是应当极力避免的，片面地追求高品质，不仅浪费成本，也增加了制造难度。在精密制造行业，有时一个产品的管控尺寸加严0.01mm都会有不良品率增加的困扰。我们在设计自动化机构前，务必了解产品的品质要求是否合理，能否满足，如不合理要及时反馈，如不能满足要有解决对策。假设满足B品质水平不会给客户造成影响，为什么不大胆取消更为严苛的A要求呢？作为机构设计工程师，只要有理有据，应该积极向品质部门提出异议。当然，品质规则和水准确定后，并不是随意就执行，也是一个不断检讨和修正的过程，这一般由企业内的品质工程师来执行。如果品质工程师能够多了解一些自动化方面的知识，在品质管控上会有更多的灵活性和合理性。

（5）**设计**　产品结构设计和设备机构设计一样，也有自己的一套流程和方法。很多企业在产品结构定稿前，会有一个跨部门的设计检讨会议，之后可能还需要依据实验和做样品结果进行多次修正，所以不要放过这些机会，多给研究开发部门提出一些有利于后续生产的建议。当然，前提是我们要对产品设计了解或熟悉，如果自己一片茫然，研究开发部门的人员是不会买账的。例如，将塑胶槽做宽一些可以增加刀具强度，端子哪个部位有必要加宽，铁壳铆合脚应该改为什么形状等类似提法，只要对设备的机构设计有利，同时又不影响产品性能，都可以提出来要求改进。否则，等到产品定型后，遭遇到因为产品设计不合理产生的各种问题时，就会陷入被动局面：改动产品结构，研发部门不同意，因为产品已经投放市场了，不能随便更改；不改动产品结构，有些工艺确实不太容易用机构的方式来处理。

产品设计工程师未必会有自动化方面的认知和意识，如果有我们专业的评估建议，其设计作品一定更有利于后期自动化生产组装的实现。

（6）**地位**　企业中的产品类别分布大概会是：少部分的拳头产品 + 大部分的普通产品 + 少部分的冷门产品。冷门产品要么订单少，要么利润低，要么客户少，要么无前景，是不受公司重视但又时而生产的一类产品。占多数的普通产品，是公司维持日常运作的主要类别，订单、利润、前景都还可以但不是很突出。而剩下的那部分拳头产品，或订单很大能贡献营业额，或利润较高为公司大幅赢利，或前景看好有大订单预期，或客户处于非常重要的地位，这部分产品，处处受公司关注。

那么作为自动化机构设计者，如果有选择的话，应该主动争取参与拳头产品的自动化项目。一方面企业重视，会有较大的投入，容易做出大工程，有更多的学习机会；另一方面，对设计人员来说，同样是付出精力，但做出的贡献更大，受到的关注更多，会有更好的业绩表现。

总之，需要了解的产品知识还有很多，以上只是简单列举了几个。做自动化机构设计，其实最终目标是为了做产品，那么，对产品越了解，将有助于我们更好地做好设备。这些信息和关系，都只有深入到企业内部才能获取，换言之，没有在企业环境中历练过的人，很难做出符合企业要求的设备。不要让我们设计的设备脱离企业的产品，设备是做什么产品的，以及如何实现，这个思考要贯彻始终。

2. 制造流程

制造流程，即产品制造工艺的有机排列。不同产品，制造流程不同，同一产品在不同企业生产，制造流程一般也有差异，有时甚至会很大。不了解制造流程比不了解产品后果还严重，其后果是做不出好设备，甚至是无法做出设备。

首先，制造流程决定了产品能否产出，先有制造流程后有各种设备；设备不过是用来服务制造流程的，可以是甲的设备，也可以是乙的设备。具体工艺上，先压入后冲裁，还是先冲裁再压入；先装端子还是先装弹片；先进行共面度检测还是先进行位置度检测……这些都是工艺工程师应该考虑的问题。但作为自动化机构设计者，如果不了解不精通制造流程，就会被牵着鼻子走或者无从下手。例如，压入冲裁本来可做到一块，为什么要分开来呢？装端子后，弹片无法安装，这个问题难道要等到设备按错误流程做好后才发现吗？如果都没有影响，共面度或位置度的检测，哪个先哪个后，需要费精力考虑吗？优秀的自动化机构设计者，一定首先是个制程/工艺专家。

其次，制造流程的优劣对设备机构设计的影响很大。设计人员有义务也有必要根据设备机构设计的实际需要，对制造流程提出一些改善建议，而当制造流程比较合理时，设备的机构设计也会相应变得顺畅和可靠。

从动作上看，连接器制造流程中常见的装配工站有：端子冲裁/折弯；压端子入塑胶；压弹片入塑胶；压胶盖入塑胶；端子废料切除；装塑胶入贴壳；铁壳和铁壳铆合；各种功能检测。

不同产品，以上不同工站进行合理排列，就构成了所谓的连接器制造流程。流程上有若干工艺，每个工艺都可能需要配置设备或工装夹治具，如图 4-4 所示。

图 4-4　制造流程中的设备与工装夹治具

一般说来，单个工站的设备机构设计，考虑较多的是设计本身，如产品如何定位，刀片怎么设计，动力是否足够等。而多工站尤其它们之间有联系（即构成制造流程）时，就不能单纯认为是在设计机构，还要考虑整条生产线的效率和人力是否协调，哪些工站上的设备可以合并或取消，如将 A 和 B 工站对调是否能使机构设计更简化……注重这些细节的检讨和优化，对简单或普通产品来说，可能没太大的必要，但对结构复杂或要求严苛的产品来说，则技术和经济意义重大。

从新增需求看，制造流程的改善，需要追加设备或工装夹治具的数量，至少占企业设备需求20%以上，如果少于这个比例，说明该企业的制造流程可能有较大的改善空间。从业绩贡献看，修正既有制造流程上的不合理因素，或者对其进行调整改良，往往在节省成本、效率提高方面，效果十分显著。所以，机构设计者如同时对制造流程了解和重视，可在制造流程改善上找到一个职场绩效的突破口。道理很简单：作为公司自动化部门的机构设计人员，如果是新产品的项目进来，你设计和制作了一台设备，那是你的本职工作；但是，如果你改良了一台旧设备或新制了一台设备，对原有的制造流程有效率提升的贡献，并因此能够产生一定的经济价值（比如节省 N 个人力），那对公司来说，这就不是简单的做事了，是有业绩的。

当然，制造流程一般是成熟的，甚至是经过多人检查、改善过的，不合理或待改善之处有很大的隐蔽性。因此，要改变或优化原有制造流程，需要比原制订人有更敏锐的眼光、更独到的见解、更丰富的经验，或者需要花费更多的时间和精力去发现和研究。但不可否认的是，自动化设计者如果懂制造流程，对制造流程的理解、观察、改善具有很大的优势。因为企业分工很细，导致很多的制造流程工程师很少接触或不了解自动化设备，他们做出来的制造流程未必是无懈可击的。

从实践看，经验不足的自动化机构设计者，往往对产品、制造流程等和设计密切相关的因素重视不足或缺乏了解，对于产品和制造流程并不关心，总是狭隘地认为，有项目时，客户会告知该如何组装，到时对号入座来设计机构即可，从而在实际设计中，容易留下一些问题隐患。即使是设计经验相当丰富的设计人员，如果忽略这些因素，或者生搬其他产品项目的套路，也是难以将自己的设计水平展示出来的。所以，无论经验如何，设计自动化机构的过程，务必牢牢抓住产品和制程这两个关键因素。

3. 人机协作

顾名思义，人机协作即协调人与机器的学问。体现在实际工作中，主要有以下几个方面需要把握。

（1）人体尺寸　如身高、坐高、臂长等，脑海里应该有个尺寸概念。举个例子，在做"一出二"的机构设计时，考虑到一般人的手指宽度约20mm，当抓握方向与两个定位座连线一致时，定位座间距必须保证放置产品后，两个产品间距至少在20mm以上（也不需要太大），否则放了一个产品后，另一个产品没法放，手指会被相邻产品挡到，如图4-5所示。

（2）作业空间　例如设备上的触摸屏高度，大概在人站立时手水平伸直略高或略低位置（距地面高度约1.5m），如图4-6所示；机器在生产线上的位置，应该处于人手活动舒服的范围；布置紧凑的机构，要留有足够的设备调试或更换物料的空间等。

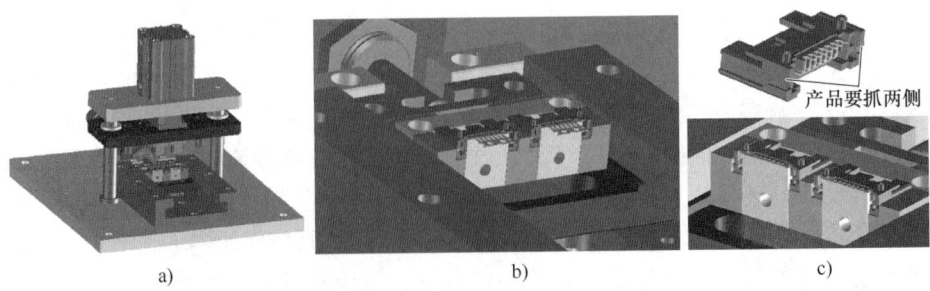

图 4-5　没有考虑产品取放的设计

a) 简易的冲裁治具　b) 将产品依次放到定位座　c) 冲裁后，去除料带

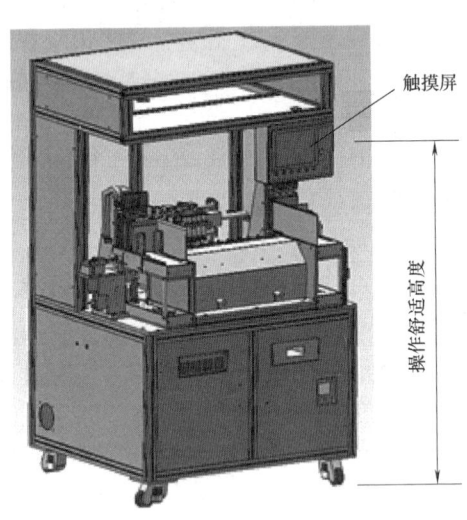

图 4-6　触摸屏的高度要考虑到操作舒适性

(3) 操作负荷　设备的操作要求应充分考虑人的生理负荷，最大限度降低劳动强度。特别是电子行业的产品生产，每天产量都是十分巨大的，每个班组动辄几万个。如果设备需要人工参与（比如手动或半自动化生产方式），几次作业可能是轻松的，但作业员重复动作次数太多，一天下来，其劳累程度可想而知。此外，如果工站本身没考虑到人的负荷能力，有时会使操作员非常辛苦。如图 4-7 所示，类似这些卷盘物料，需要人工更换，如位置设计得太高，就不利于操作员作业。有些公司干脆规定：一般不要高于 1.7m。

(4) 习惯防呆　在研究作业方法时，考虑机构的通用性和最大的适应面是一个原则；但习惯之外的异常或意外，也是必须加以防范的，也就是防呆（见图 4-8）。利用不规则、不对称、不协调等外形特点进行一些可能误操作或漏作业的防范设计，是人机工程的重要应用。

图 4-7 设备要考虑人的操作负荷

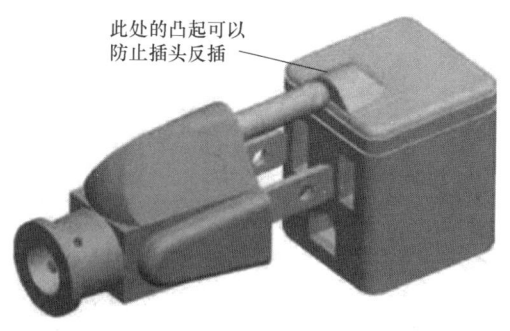

图 4-8 产品设计上的防呆

（5）**安全因素** 在考虑人机因素的方方面面后，所做的安全防范措施必将更加严密。例如给设备加上安全防护罩（见图 4-9），并没有增强设备的功能，是多余的设计还是必要的举措？拉闸开关为什么是往下拉时为断，往上拨时为通？设备上的一些冲裁、铆合、焊接等工站，有没有贴上醒目的"危险"标识等。

类似以上这些，都是老生常谈了，但是大家还是得问下自己，是不是在设计过程中，自己会时不时考虑这些问题，或者成为一个下意识的设计。因为所谓的机构设计，几乎就是在限定的空间里进行合理的机构规划和布局，那合理性何来，人机协作就是一个贯彻始终的重要指导原则。

4. 维护性

非标自动化设备必须方便、容易维护，这是一个非常重要的要求。因为这

图 4-9　防护罩是设备的外衣

类设备不像标准设备,在使用过程中,经常需要根据物料状态、生产条件、运作表现等进行针对性的调试维护,以确保设备正常工作生产出合格产品,如图 4-10 所示。那么,什么样的设计,可以达到这样的要求呢?有几个方面是需要注意的。

图 4-10　非标设备经常需要调试维护

(1) **设计简单原则**　机构设计不能为了显示自己的水平而复杂化,恰恰相反,应该着力于简单、方便、直接。能做平面就不要曲面,能方方圆圆就不要奇形怪状,能三两个工件解决就不要用太多……这是基本的原则。但在实际工作中,很多人都没做到,甚至连做的意识都没有,设计随随便便,像堆积木一样,不仅容易造成浪费,对维护也是弊大于利。

(2) **熟知设计常识和禁忌**　例如,尽量让孔朝上、朝前,避免将工件紧固部分隐藏到其他工件里面去,有维护需要之处须留有足够的工具作业空间和尽量敞露(外向式),可更换部分的安装基准统一和准确,需要频繁调节的地方应设计成可调结构等。

（3）**合理的维护方式和预留调节空间** 所谓合理，就是维护人员在正常情况下在技术上完全可以做到。举个例子，通常运动部件的制动限位机构都是做成可调的（一般靠螺纹进给），在一些非常精密的场合（例如 ±0.02mm），维护人员可能就不好把握，因常见较小的 M3 紧固螺钉，转一圈就会旋入或旋出 0.5mm，因此可以添加带精密刻度的装置（调整可视化）。

（4）**加强机构本身的稳定性** 努力提高设计稳定性，可以有效减少维护，这是最理想的方向。例如避免伸得过长的悬臂机构（增加加强筋），机构的重心扎实（没有头重脚轻的感觉），产品定位准确（公差标注很重要），执行机构限位稳定（固定要够牢靠），零件过渡合理（避免尺寸突变），机台稳定（机架够重）等。

（5）**机构形式和标准机/件的甄选** 这一点大家都知道很重要，可是很少人会有意识地落实到具体设计中去。不同的机构形式，运作起来的性能是有差异的，所以平时要注意搜集和整理，在恰当的时候用恰当的机构。比如高频精密、动作单一的工艺（如连接器的插针），往往用凸轮机构或连杆机构；散件装配、料号较多、机构柔性要求高的工艺，一般用工业机器人；更多的场合，用普通的非标机构。标准件也一样，有一些场合考虑的是价格，有一些场合则更注重品质……这种综合考虑和权衡，也是设计过程的一个环节，机构用得不对，问题会很多，从源头就注定后期的维护性能不会太好。

5. 性价比

曾几何时，国内制造业一片繁荣，很多企业关心机器可否达到功能，能否满足生产需要，是否作业稳定，至于花 5 万元还是 8 万元乃至 10 万元 20 万元，通常都不太在乎。但是，在新形势下，人口红利逐渐丧失，营运利润不断下探，企业内部压力空前巨大，已到了讨价还价甚至节衣缩食的局面，对导入自动化设备的投资预算必然是谨慎而有限度的。因此，自动化机构设计者应该努力追求高性价比的设计，单纯追求设备的技术含量，已不适合市场的实际需求。

另一方面，优秀的机构设计者，有高度的职业道德和社会责任感，有义务也有责任让自己的作品更富有价值，而价值的一个很重要的体现指标就是作品的高性价比。老板对员工的考核，除了其设计所能达成的功能要求外，投入绝对是应该考虑的因素。然而，实际上很多企业部门的机械设计主管，对下属的评估，就忽略了这项（可能认为花再多钱也不是自己出，把事情做好就行了）。这样一来，即便绩效考核做得再客观公正，也不能全面准确反映设计人员的能力。因为单纯追求性能的设计，通常并不是件困难的事；但长此以往，对技术人员的观念和能力提升却不是件好事。

其次，做机械的通常都是技术出身，也经常会遇到行家，如果自己的作品性价比不高,还能跟人说自己具有较高设计水准吗?反过来说,性价比高的设计,往往令人耳目一新,无须自夸,就是比别人水平高。

再者,很多设计者,有机会的时候,可能会走创业之路,可能会为曾经服务的那些企业提供设备。那么,这时的高性价比设计就显得极其重要。企业即便可以容忍内部项目在实施过程中的铺张浪费,却很少能接受来自外部性价比差的交易。为了日后自己可能的自立门户,我们也必须努力提高设备的性价比。

4.1.2 设计工作的特点

从实践看,一个刚毕业的学生,不管学历多高,初期的设计工作绩效可能有时候不及企业内部成长起来的基层人员。这个当然不是智力因素造成的,也不是机械设计基础的原因,而是学生通常对我们前文所说的企业的设备要求和设计工作的特点比较陌生,需要一个过渡期。如果能充分了解企业的设备要求和设计工作的特点,适应时间就可以大幅缩短,从而更好地胜任本职工作。

1. 项目管理的思维

完整意义的机构设计,应该从构思起,直到设备完全稳定生产。这是一个不断创新、修正、总结的过程,最富价值的是经过构思后绘出的草图(或叫构思图)和方案图(包含设计所需各项资料数据,如规格、功能、机构、材料、形状、尺寸、布置、加工、安装、检测等),后续的具体化作业,含金量不高,只能叫辅助设计。甚至可以说,能把方案(图)正确完整表达好的人,设计工作已经做到位了。

然而,是不是从方案(图)往下的部分,设计者就可以不屑一顾呢?不是的。设计者可以将方案(图)以下部分交给新人或能力一般的同事去完成,但他自己一定是很关心或在跟进的。否则,如果自己不把关,设计出来的东西可能会造成很多不必要的浪费和事故。

这是因为,机构设计是有预见性地搜集和规定制造新设备所需的数据和资料,而企业几乎所有项目的实施,都涉及产品设计、物料状态、工艺水平、品质要求、人员素质等因素,是一个多人参与的集体活动,客观上导致预见难免有疏漏之处。这种特性,也注定企业的设备或机构看似简单,实际上难度不小,稍有不慎,项目就会出现很多问题,乃至以失败告终。因此,一个合格的机构设计工程师,要有项目管理的思维,从立项到结案全流程跟进,遇到问题解决问题。这个过程,涉及一个非常重要也是多次强调的概念:沟通。

很多毕业生不能适应工作的原因之一,就是缺乏同事之间或跨部门的有效沟通。企业的设备制作过程涉及的环节太多,每一步都可能让项目失败,而作为设计者,往往是这个项目的责任人,所以要积极主动充当项目领导核心,监控和协调各环节的工作内容和效果,忌讳技术图样"甩"出去后不再关注,不再跟进。

2. 团队模式

稍具规模的企业内部的设备项目，通常都会是以一个团队的模式来开展相关的方案评审、计划导入、样品试做、验收确认等工作。这个团队一般有市场（拿订单）、工艺（提需求）、品质（管控并确认产品质量）、工业工程（布局生产线）、机器维修（维护调试设备）、生产管理（调配和管理生产员工）等跨部门人员。不管设备是内部制作还是外发采购，项目涉及的设备，包括具体的机构设计，往往不是由设计者一人说了算，前期需要有1~2次的团队检讨和确认，才能最终定稿，其后则主要由设计者本人进行进度和品质掌控。

既然是团队模式，那么自然而然的，项目开展过程就难免有各种不同的意见。所以，提醒大家要注意培养一些工作技巧。

1) 不要单打独斗或自以为是，以为自己是专业做设计的，别的部门或同事啥都不懂。倘若有此想法，那就是没有充分理解企业的设备要求了。

2) 无论是方案评审还是会议沟通，要做好相关记录，不要停留在口头说说。决议事项应该罗列清楚，分派合理，有责任人和完成日期，并做好跟进和敦促工作。

3) 团队的意见有不一致或队员不配合的情形，原则上进行规劝和沟通，但坚持正确立场固然重要，还要避免情绪化处理问题，或者将问题放置一边放手不管，必要时可请示上司或老板。

4) 项目的进展过程，有时会遇到阻碍，可能相当一部分来自于团队成员的无知或不配合。所以要掌控全局，就要首先注意处理好成员之间的关系，情商将是这部分相当重要的因素。在企业内部做事和其他环境差别不大，人际关系也一样是比较重要的。有一些问题本来是芝麻大，但如果其他部门或同事要不配合或故意拖延，项目进展的顺畅度就会大大降低。

不要认为这些为人处事的建议无关紧要，在企业里要做好设计工作，除了要有个人能力外，良好的人际关系和工作技巧，也是提高做事效率和工作绩效的重要因素，这些都是需要个人不断加强的。

3. 高负荷/高压力常态

企业的生产任务繁重，设备相关的项目也是一个接着一个，累积多了，工作难免会有一定负荷与压力。问题接踵而至，会议三天两头，电话24h全开，偶尔会通宵奋战。那么，在这种工作状态下，衍生出几个问题：

1) 对于个人的身心素质要求较高，累趴了，气坏了，神经衰弱，暴动多怒……如果本来性格就偏激或桀骜，极容易在职场上出现言行低劣（如一言不合爆粗口）的情形。

2) 学习时间和精力很有限，即便不断提醒自己要充电，真正付诸行动乃至坚持不懈的人，凤毛麟角。当然，工作本身也是一个学习，只是这种学习是被动的，认识往往比较零散或局部，所以工程师普遍有培训需求，就是这个道理。

3）涉及生产的工种，通常除了劳动时间偏长外，突发状况也特别多，经常需要快速应对和解决。这个不仅考验个人综合能力，也对职业素养有很大的挑战。如果是一副"一分钱一分货"的态度，那基本上很难把事情做到位，或做到让企业满意。因为人总是不满意既有薪资福利，总是会有各种不满或抱怨，反映在工作上，就是消极怠工或积极性不高。长此以往，恶性循环，不利于个人成长。

总体来说，技术工程师的工作稍显劳累，所以每年都有人坚持不下去而转行。但是，各行各业都要有人来从事，也一定会有人来从事，看个人是否认同和适合罢了。

4. 面对并解决问题

在工厂内有这样一句话：不做事，就没事，一做事，就来事。这个有点自嘲的味道，但不无道理。设计工程师是一个做事的角色，只要有职业担当，有工作热情，一定会制造出大量的"事儿"（设备）来，不可避免的，也必然伴随各种各样的麻烦。所谓的麻烦，当然指的是生产异常或问题。例如设备上线，各种原因导致不能生产，大家默认为问题是设备设计人员造成的，但很少有人去追究到底是哪个环节的责任。当出现问题或困难时，请不要推脱责任，自己一定是项目的主导者，要善于协调矛盾，影响成员，自己都不尽责，就不要寄希望于团队其他成员可以主动来解决问题，别奢望有一个很好的结果凭空出现。

我们固然不喜欢工厂中一些耍嘴皮子或混日子的一小撮人，但是既然选择了设计工程师这个行当，就要勇于面对敢于承担。或者换个角度来想，就是因为有问题的发生，自己通过问题的处理过程和结果，可以向别人展示自己的技术能力和工作素养。事实的确如此，工程师之间能力差别的表现之一，就是分析和解决问题的速度和效果。

总而言之，如果想在企业把事情做好，个人技术能力是一个重要但不是唯一的指标。想要得到赏识，想要提高待遇，这里有两条建议：

1）提升自我，迎接挑战。
2）付出＝杰出，承担＝成长。

4.2 机构设计的学习策略

4.2.1 以客户实际和需求为导向

制造业的自动化设备机构设计，说难不难，说易也不易。不难，是因为深究起来，没有太多纯机械或技术难题和困扰，多数情况的机构都很实用巧妙但简单直接;不易,是因为它深度整合了行业产品、工艺、品质等内容,并受客户各种现场和要求的约束,具有应用、非标、成熟、速成几个潜在要求。如果不是客户预期和需要的,即便设备应用了再高精尖的技术,也可能没有用武之地,乃至成为一堆废铜烂铁。

我们都听说过"香皂检测"的笑话。

某企业引进了一条香皂包装生产线,结果发现这条生产线存在缺陷:常常会有盒子里没装入香皂。总不能把空盒子卖给顾客啊,于是该企业请了一位自动化专业的博士后设计一个方案来分拣空的香皂盒。博士后组织起了一个十多人的科研攻关小组,综合采用了机械、微电子、自动化、X射线探测等技术,花了几十万元,成功解决了问题。每当生产线上有空香皂盒通过,两旁的探测器都会检测到,并且驱动一只机械手把空皂盒推走。

无独有偶,某乡镇企业也买了同样的生产线。当老板发现同样的问题后大为光火,找了位普通工作人员来解决问题。该工作人员很快想出了办法:他花不足百元在生产线旁边放了一台大功率电风扇,于是空皂盒都被吹走了。

这个例子不是讽刺某企业,也不是赞誉该乡镇企业,而是说明一个道理:根据客户实际情况,采用灵活的解决方案才是王道!对于两个企业来说,各自的解决方案对他们本身都是合理的,但如果对调过来,则是不同的情况。某企业是知名大厂,对香皂包装质量要求很高,技术团队采用的这一高端解决方案是适合他们的生产线的;如果采用电风扇吹的方式,可能会有产品漏检或损伤情况,而且容易造成车间灰尘乱飞和盒子翻滚的脏乱景象,不利于企业品牌形象,因此他们肯定无法接受。而某乡镇小企业生产环境肯定无法相提并论,产品销售价格低廉,对于动辄几十万元的设备根本无力承担,如果用风扇就能有效提高产品良率,那何乐不为。

那么,还有一些别的企业呢?他们可能在品质上有相对高的要求,但是在设备投资上还是略有保守或财力有限,怎么办?这就到考验自动化机构设计能力的时候了,有没有更好的既经济又可靠的方案呢?只须投入十万八万元或三五万元,就能达到很好的检测效果,让大企业和其他中小企业都乐于购买使用呢?这就是非标自动化机构设计的终极目标。

4.2.2 把握设备的发展趋势和重点

近几十年来,国内的自动化行业发展迅猛,目前国内的很多自动化设备公司实力已经很强,不断有新的工程项目被攻关突破,有些成功案例,连国外同行都十分吃惊。单纯从机构设计角度看,自动化设备有几个明显的技术趋势,值得探讨。

1. 适应多种物料的自动化生产线

自动化生产线(见图4-11~图4-13)的投资较大,少则十万八万元,多则数百上千万元,因此企业很希望什么产品都能做,总是希望能尽可能的充分利用。体现在机构设计上,就要充分考量机构的适应性,能够兼容生产形状或尺寸接近的不同物料(编号)的产品。在机构满足不同料号产品生产的前提下,有一个概念是企业最关注的,即更换生产线时间。

图4-11 大型的自动化生产线(一)

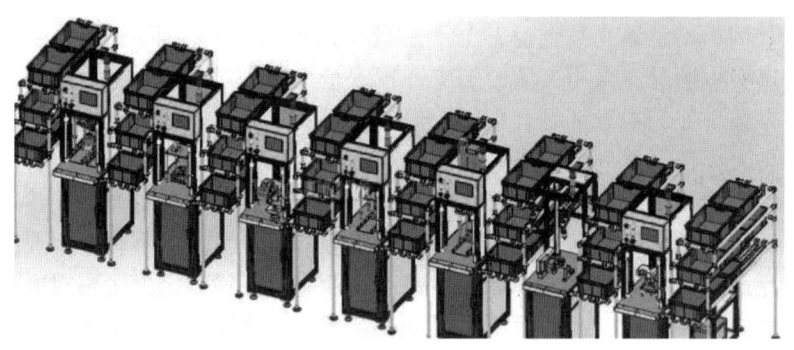

图4-12 大型的自动化生产线(二)

图4-13 常见的自动化生产线布局

客户对时间是有要求的,越快越好,不同料号产品的生产切换,通常大于0.5h,客户就可能会有微词。如果设备切换生产另一种产品,需要更换的零件和调整的时间较多,这个时间通常不太容易压缩下来。因此,一方面是尽量跟客户沟通和确认好,尽量把时间定长一些;另一方面是要非常注重机构细节,大到机构的稳定性和维护性，小到一颗螺钉怎么固定才便于拆装。一台机器，本来可能是简单的，当有不同料号产品共用要求时，这个切换的动作，有时会给设计带来很大的难度。

此外，鉴于未来的产品制造呈现"小批量、多品种、定制化"的趋势，建议大家在学习时，要多看一些柔性、互换性较好的案例，多做做这类工况的总结和练习。例如，应用工业机器人（见图4-14和图4-15）和伺服/步进电动机（见图4-16）的机构，在更换生产线和设备调整上就较有优势。虽然短期投入成本偏高，但是对于企业来讲，如果换线和调整时间得以改善，如果设备不稳定带来的工时损失有所下降，那意义就十分重大。

图4-14 六轴工业机器人的应用（工作站）

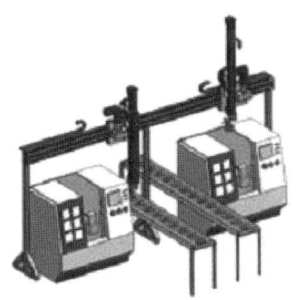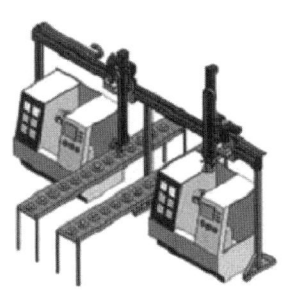

图4-15 三坐标工业机器人的应用（工作站）

总之，能够适应"多料号、小批量"生产的快速换线的设备模式，是需要注重的技术方向之一。要有对应的设计思维和积累相关的经验，灵活应用。

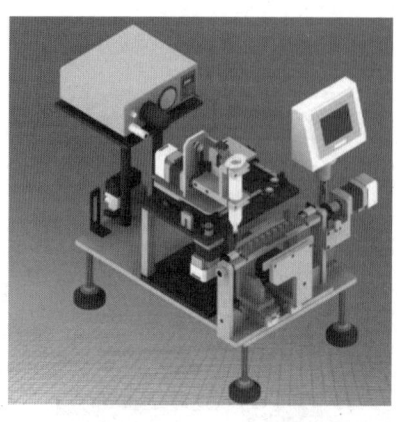 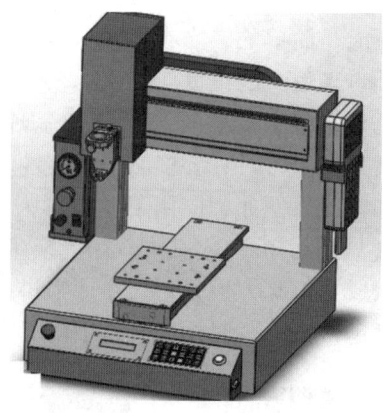

图 4-16　伺服/步进电动机的应用

2. 半自动化为主，自动化为辅的生产模式

从工艺角度来划分生产模式，我们可以认为，自动化程度是以供料能力的高低来定义的，如图 4-17 所示。全自动生产模式固然值得推崇，但成本高、难度大，相比之下半自动化生产模式灵活性更强，经济性更好。

图 4-17　自动化程度的定义

制造业有很多细分的行业，如汽车、微电子、食品、烟草等产品标准化程度较高的行业，自动化程度较高。但是，更多企业的产品订单不均衡，有的产品可能订单很大，有的订单很小，有的订单时有时无，如果设备开动率不足，就缺乏大投资（采购全自动化设备）的必要性，要推行全自动化并不容易；但是完全依赖人工生产作业，也不是一个好办法，许多客户会以设备数量和质量作为一个指标，来衡量供应商是否有足够实力来生产自己的产品。这样，自然而然地，企业会倾向于实现一些局部自动化。例如，可能"20% 的自动化 + 40% 的半自动化 + 40% 的人工"的生产模式，适应面更广。其中的半自动化生

产模式,灵活性很强,也是很多情况的首选,如图4-18所示。有一些产品本身的结构设计就不太容易实现自动化(例如电饭煲的生产,韩国、日本等国也采用的是人工为主、工装夹治具为辅的方式),半自动化生产模式下,虽然还需要作业员参与,但效率比单纯人工生产高许多。

图4-18　适合半自动化生产方式的情况

那么,单纯的人工生产模式呢,未来还会不会存在?个人的观点是:未来很长一段时间,不排除部分企业会有无人工厂,但绝大多数企业仍然离不开人这个关键要素。因为,从未来产品制造的趋势来看,有少量化(可能订单就一两个)和个性化(多种多样)的特征,这与自动化生产条件是矛盾的。自动化生产,要求产品标准化,并且有一定的订单量,不然开动设备,结果做了几十个产品就停下来,浪费非常严重。人工生产线就可以解决这样的矛盾,所以还是会存在于企业,但是不同的一点是,过去一条手工线可能会是几十个员工流水线分布作业,未来更多是培养多面手(熟悉整条线所有工站的技能),身兼数职,也许就那么三五个人,就可以把产品做出来,虽然产能不高,但弹性很强。

3. 优先采用标准化机构/设备

如图4-19所示,设备标准化的概念在多年前就被提出来了,但是做得好

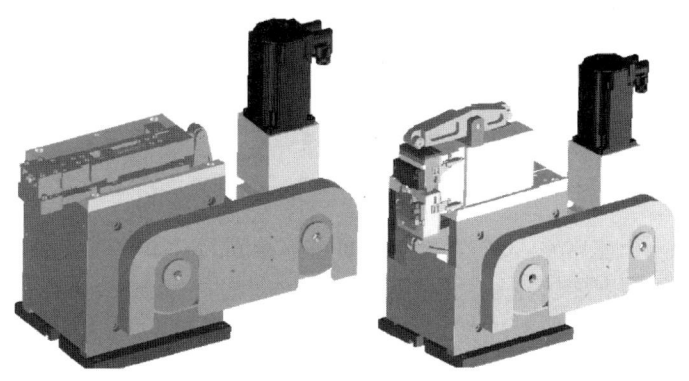

图4-19　设备标准化的概念(框架通用)

的公司并不多,仍需要继续努力。装配成本的控制,除了在人力/制造流程/原材料上进行改善,标准设备的推行,也是一个助益很大的方向。标准化的推行,具有节省投资、提高设备利用率的积极意义:我们只须保留设备关键机构,将标准化部分挪到急用或有用场合,即可大大提高机具利用率,并且不会妨碍生产的顺利进行,因为标准化部分随时可以从其他生产线调用。

4. "精益+设备"整体解决方案

随着人力成本的逐渐上升,企业希望看到"车间无人",更希望一条条的生产线都实现自动化。由于生产线一般是根据精益管理(丰田生产方式的一种管理哲学)的方式,进行有序的生产线布局和见缝插针式地穿插设备,来实现效率的综合提升,在推行自动化的过程中,设计工程师便不能再单一地考虑设备本身,还应当糅合精益改善、物流优化弹性生产等多层面要素,给客户提供一个完整的自动化实施方案(见图4-20),不能停留在客户让做哪个局部改善就做哪个设备的被动局面上。

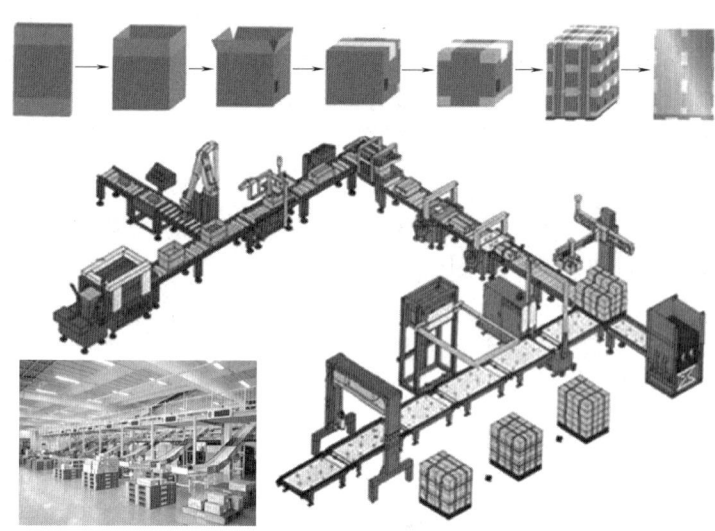

图 4-20 基于精益改善、物流优化的生产线布局

4.2.3 熟悉机构设计的性能指标

1. 精度

精度是一个非常重要的概念。例如在连接器行业,产品的正位度、位置度、共面度的精度要求,是设备机构设计同时也是产品制造的难点。暂且不考虑物料段的精度,一般对连接器的大致装配公差要求是(具体客户或产品的要求都不同):

压入深度:0~0.05mm;

冲裁飞边（最大）：0.10mm；
折弯：±2°；
共面度（最大）：0.08mm；
位置度：0~0.15mm；
正位度：0.1~0.3mm。

看了这些数据，应该有些基本的精度概念：要做出这样的产品，除了必须以更严格的公差控制物料段外，机器精度又如何保证呢？没有该行业的工作实践或者缺乏别人经验指导，即使经验十分丰富的机械工程师，也很难保证能做好自己手头的工作。感触最深的是，笔者在第一家台资公司服务时，部门不时会从人才市场招聘有三五年机械设计背景的其他行业的工程师，结果发现他们绝大多数人的作品要么难以使用到现有生产线，要么感觉很奇怪，最后还得改来改去。

为什么会有这种状况呢？一个很重要的原因就是，精度这个概念放在特定的行业里，不太容易拿捏得恰到好处！这些工程师可能做惯了1mm或1μm公差的产品，或者根本就没有精度的感觉，因此也就无法在头脑中形成对应的机构乃至设备，精度不足或过于精确，都是不可取的，前者影响品质，后者造成浪费。机构种类繁多，同样的机构，哪怕公差不同，实际动作效果也会不一样，选择或设计一个精度合适或足够的机构十分重要！

2. 速度

速度与机构形式和动力类型等有关系，这里不做详细介绍。

3. 稳定性

稳定性，同样是一个极其重要的概念。很多设备，做做样品还可以，但一旦投入大量生产时，就问题百出了：尺寸波动大，工件磨损快，产能上不去……这些问题都是生产部门需要面对的，有时是比较棘手甚至痛苦的；而作为设计者，往往已经"上岸"（一般设备量产前有个移转程序，设备最终是交给生产部门负责管理）。不管怎样，问题的根源是设备稳定性不够，可能原因众多，难以一一罗列，但机构没设计好往往是最有可能的原因。设备不稳定主要是什么原因造成的呢？

1）机构部分，模型没有选好（没有设计好），装配调试不到位，标准件选型不适当等。

2）控制部分，程序有缺陷，参数设置错误，电路干扰，接线松脱等。

像以上这类问题，设计者完全可以解决也应该及时解决。没有人设计设备可以一步到位，但出现问题应该及时得到解决，这是原则！不论设计怎样，最后能够高效、稳定服务于生产的设备，才是成功的作品。严格地讲，衡量设计者水平的标准，应该是投入和成功率。设计一台设备，投入包括成本、时间，但由于设备制作的目的是服务生产，只要达到了，哪怕中间有一些属于"浪费"

的修补工作，也是不被看重的。换言之，该设计起码是可以的，但如果设计不佳，连修补的工作都不做或做不好，那表明设计者连基本的要求都达不到，这是很严重的事。因此，在此总结了一下：在相同投入情况下，成功的设计＝高稳定性＝接近或达到量产要求＋最少量的修补或完善工作。为了提高稳定性，必须在设计伊始就下足功夫，尽量避免或减少失误，然后尽心尽责做好修补工作。当然，不需要修补就已经成功的设计，是值得褒扬和鼓励的，只是，很遗憾，很少能看到这样的设计，因为面对的是非标设备。

4. 安全性

设备的指标还有很多，外观、效率、产能、可调性、安全性等。但这些笔者认为都没必要再强调了，除了安全性。可以肯定，凡是做机构设计的，都知道安全性的重要性，但实际状况呢？制造业发达的珠三角和长三角地区，每天仍然有一线工人残肢断指，包括笔者所在公司，偶尔也会有安全事故发生。不可否认，这其中至少有一半以上属于误操作或违反规程所致，但仍要说明，从某种程度上来看，设计者的安全考虑还不够，或者防护措施没有落实好。

笔者看来，对安全事故，首先从设计上就要周密考虑加严预防，其次在生产管理和员工培训上更需要下足力度。由于后者不属于机构设计问题，就不在此讨论了。在安全防护方面，常见的做法有：

1）双开关，即作业员必须两手同时按开关，设备才会动作。

2）加护罩，设备危险部分，用罩壳包住。

3）加感应器，只要有东西（如手）在非安全区出现，设备就不会动作。

4）转移位置，出于安全考虑或受限于空间，设备有平移机构，即放置产品和作业部分处于不同位置。

方法还有很多，但原理基本只有一个：从时间或空间上，将操作者的肢体和设备危险部分隔离开来。只要抓住这个原理，安全设计是有很多方式的，也行之有效。

机构设计肯定是要追求高效率的，但这样就容易弱化安全性，使后者成为摆设。打个比方，甲作业员一手放产品，一手按开关，乙作业员放完产品，再两手按开关，两者效率比较如何？显然甲作业员占优势，但也埋下了安全隐患。从某种意义上讲，效率和安全是个设计矛盾。为了解决这个矛盾，设计者需要费些心思和精力，否则结果要么效率不足要么存在安全隐患。例如，有没有一手放产品，一手按开关，而又比较安全的方式呢？答案是肯定的，只是另一种方式显得更加有效，即转移位置：操作者一手放产品，然后另一手将产品推到执行机构处作业（该过程中，肢体和危险部分是隔离的），再拉回进行下一个作业，此过程使用感应开关，安全性和效率都较高。

4.3 夹治具设计是入门钥匙

所谓的夹治具，如图 4-21 所示，简单地说，就是为解决生产问题或实现某项功能而针对性制作的辅助性装置。特点是结构简单，应用广泛，种类繁多，可以是一块铁片，也可以是一台简易设备。

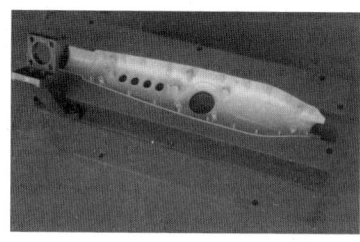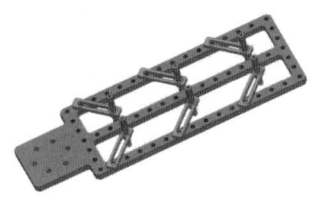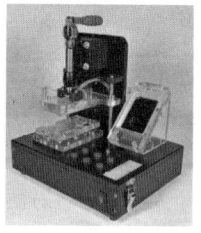

图 4-21 各种各样的夹治具

电子行业的夹治具，大致可分为压入、折弯、切断、铆合、熔接、测试、固定等类型，当然，也可以分为普通和特殊两类。可以断言，有电子厂的地方，就会有夹治具；没有电子厂的地方，夹治具也比比皆是。相应地，这类工作需求是比较大的，由于入门相对容易，也比较适合学历层次稍低或者作为转业自动化行业的一个突破口。

夹治具的设计内容，相对比较复杂的设备而言，会比较单一一些，但特别能锻炼分析异常情况和解决问题的能力，为什么这么说呢？

其一，夹治具在设计上以简单、好用和安全为原则，体现在结构或者某个工件上。所以，如果清楚怎么做，从作图到组装再到调试成功，几乎不会很费力。然而，夹治具服务的对象，往往是些不能实现自动化而又纯手工作业困难的产品，一旦出现较为复杂的生产品质异常问题，处理起来也是很棘手的。

此外，大量企业生产的基本工序目前大都仍是人在主导，夹治具发挥的是辅助性作用。由于结构相对简单，当要实现某个复杂功能或解决某些疑难问题时，这就要考验个人的分析和解决问题的能力了。

其二，通常设计夹治具，考虑最多的，往往不是机构本身，而是产品、制造流程、工艺等方面，无论怎么做，每套夹治具的成本差别不大；如具备丰富的产品、制造流程、工艺等经验，往往能洞悉先机，在未生产时就对生产可能会发生的问题提出建议，同时拟出一套合理高效的生产方案，然后再细化到各工站的夹治具制作，也就能长远性地保障成本控制和效率的提升，这部分是企业最在乎的。同一个工站的夹治具，会有很多实施方案，有时需要综合考虑产品特性、产能要求、成本控制等因素才能确定，这个过程其实更多是一种机构以外的分析能力,而不单纯是所谓的设计能力。换言之,优秀的夹治具设计人员应该同时对产品、制造流程、工艺都了解,不懂产品,不了解制造流程,不熟悉工艺的设计工程师,设计不出好的夹治具。

笔者一直认为,设计工程师拟定一套设计方案需要考量的因素很多,很大一部分是机构之外的。机械技术发展到今天已经非常成熟,为什么还会遇到各种棘手的问题,为什么还会有些技术难题难以逾越?在很大程度上,与这些发展更快、日新月异的机械以外的因素有关。例如,有些连接器端子共面度要求,从以往的 0.15mm 提升到 0.1mm,直到目前的 0.08mm,可谓难度不断提升,但机械技术呢?更别说作为个体的设计能力和经验了。当然,强调机构以外的问题分析和解决能力,并非淡化机构本身的功用。相反,设计工程师必须以设计能力和水平来武装自己,而且要注意不断查缺补漏,从各个层面提升自己,否则很容易落伍。

夹治具设计的过程,第一步是了解产品。对产品深入了解,其实对做夹治具好处甚多。如果一开始就把握好产品,那么可以少走弯路,也可以发现很多以后可能发生的问题,为公司减少浪费。

设计的第二步是设计构思。虽然夹治具简单,但是正如前文提到的,有时还是要耗费一些精力的。设计构思涉及的东西很多,归纳为一句话:定位准,限位稳,取放易,结构巧,够安全。这几个字综合了成本、人机、机构等相关内容。具体到实际设计工作中,用的东西就更多了,凸轮、连杆、弹簧、气缸、电动机、轴承等。需要考虑的也很多,刀具是否有较强的互换性,机架是否能撑得住,定位槽的间隙留得是否合适,万一卡料了如何处理等。

再接下来,是边绘图边检查,图作好就可以去加工了,再接着,等工件回来就装上试试,有问题及早维修、修改,免得耽误交付日期。然后就是做样品阶段了,可能会很顺畅也可能有麻烦,遇到问题要费心思琢磨,把问题解决了,把样品送出去,设计基本完成了 60%(至少说明没有致命错误),还有 30% 则要留待正式生产时才能发现和解决。只有经过量产确认的夹治具才是成功的,设计到此也就基本结束。那么还有 10% 呢,请注意,绝对不会有完美的夹治具,毕竟个人的智慧和精力是有限的,这 10% 留给生产线去改善,直到产品订单做完,设计才宣告完成。

夹治具虽然简单,但夹治具设计的流程,恰恰体现了非标设备开发流程最核心最重要的部分,也是入门必修课,只有做好这个,才能更好地去做更复杂的设备机构。

有夹治具必有产品,往往也体现生产工艺,做不好代表自己的角色没有摆对,说明自己更多充当的是纯粹的技术员或绘图员。

夹治具是为解决实际问题或实现某个功能的,因此常做这一类设计,有益于培养分析和解决问题的能力。

很多初学者一开始就挑复杂设备来学习，对于自身能力的提升益处不大，基本功得不到加强。下面对夹治具的设计精髓，再做一些简单介绍。

1. 定位准

所谓定位，就是对工件的一个或数个自由度进行限制，以达到确定方位的效果。绝大多数工艺，都需要待加工产品具有确定的方位，所以需要对产品进行定位，当然精准度越高越好。针对精准度，要有以下这些基本认识。

（1）几个重要的概念

1）自由度：空间物体共有 6 个自由度，包括沿 x 轴平移，沿 y 轴平移，沿 z 轴平移，绕 x 轴转动，绕 y 轴转动，绕 z 轴转动，如图 4-22 所示。

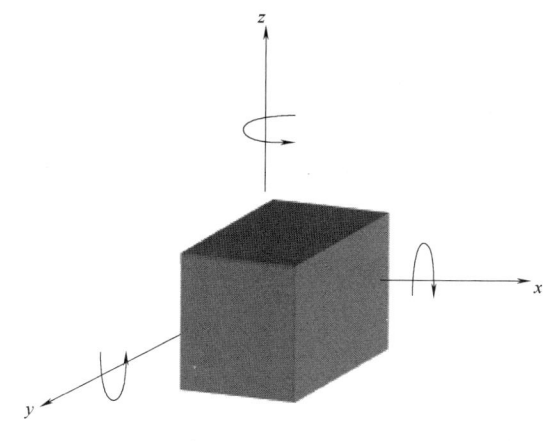

图 4-22 空间的 6 个自由度

2）约束：是对物体活动空间的约束，故约束度为自由度的减少量。

3）六点定位原则：定位系统的功能，就是限制工件的一个或数个自由度，以达到安装或加工的位置要求。

4）定位原理：

① 面定位：一个平面可以限制一个方向的移动和两个方向的旋转，通常作为空间定位的第一基准。

面构成：三点组成一个平面；两条平行的直线构成一个平面。实际应用中通常由若干个点或小平面共同构成一个大的定位平面。

应用注意：定位面与工件的接触面积尽量小，以减小因加工误差和工件外形误差及表面脏污带来的影响，如图 4-23 所示；用点支承构建定位平面时，除定位用的三点外，其余支承点应设置成浮动支撑。

② 线定位：一条直线可以限制一个方向的移动和一个方向的旋转，通常作为第二基准。空间的任意两点可构成一条直线。实际应用中通常由两段圆弧顶点来构建一条直线，构成线元素的定位点应尽量小，间距尽可能大，以满足

定位的稳定性，如图 4-24 和图 4-25 所示。

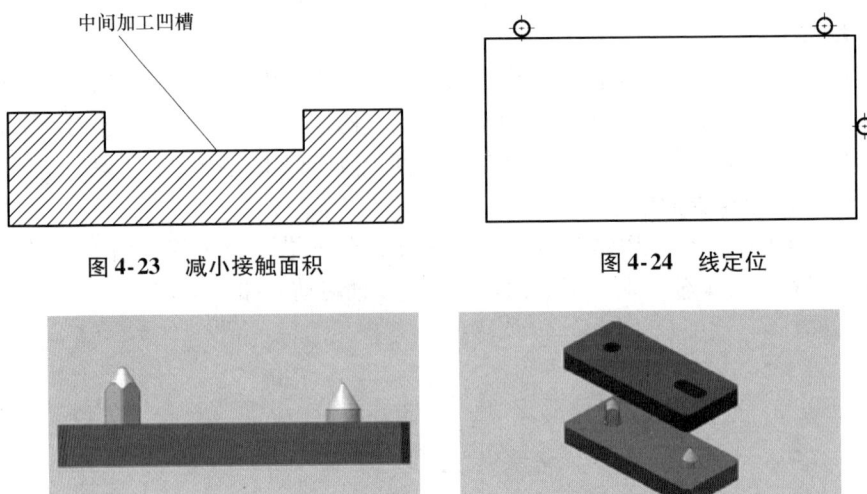

图 4-23　减小接触面积　　　　　图 4-24　线定位

图 4-25　销钉定位

③ 点定位：一个点可以限制一个方向的移动，一般作为空间定位第三基准。实际的应用以圆弧的顶点或极小平面来代替点定位，如图 4-26 ~ 图 4-28 所示。

应用注意：定位元素与工件的接触面积应尽量小；减少磨损带来的影响。

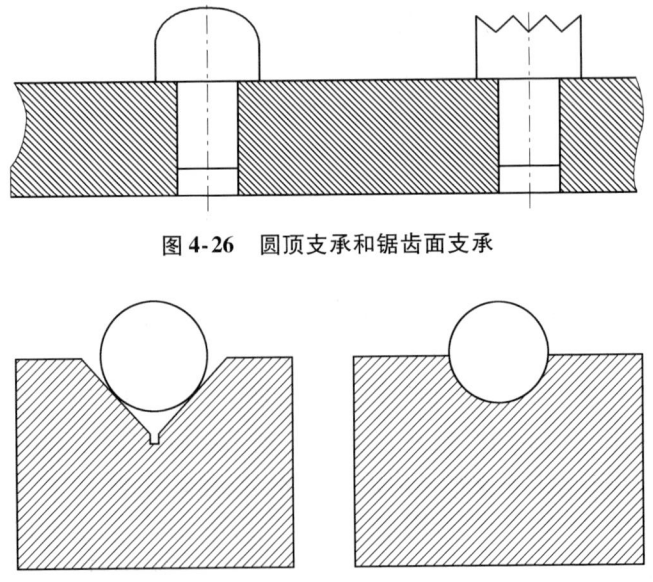

图 4-26　圆顶支承和锯齿面支承

图 4-27　V 形块同时定心

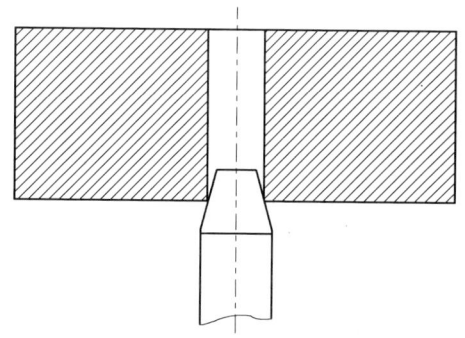

图 4-28　用于工件圆孔大小有变动，但要求以孔中心精确定位的场合

由于定位涉及精度问题，所以除了要考虑方式外，还要注意如何保证达到预期的效果。这会涉及基准、公差、尺寸链等内容，具体请参考相关理论书籍的论述。例如定位销，是连接定位件和固定件的桥梁，在公差标注和安装时就要注意合理性，销本身是有不同规格的，根据要求选用。此外建议：

a) 避免过定位和定位约束不足，一般情况下，只须限制工件加工尺寸方向的位置。

b) 定位系统的设计精度应该高出加工件精度至少一个等级。

c) 定位精度的核算，总定位误差 = 定位元件误差 + 工件定位面误差 + 两者间隙。

d) 加工件定位面的选择，应与设计基准、加工基准一致；选择外形尺寸相对稳定（耐磨性、硬度、强度或刚性较好）的元素为定位基准。

（2）设计构思应注意的几点

1) 寻找合理的定位元素，比如检测时模拟客户使用场合，受力场合尽量选粗壮的部位来支持，在产品平稳/平衡性较好的状态来定位，尽量选受物料波动影响较小的元素等。

2) 定位效果须稳定维持，例如保证传送过程方位不变，行走过程不受惯性影响，重心落在支撑面上，减少外界因素（如振动）的影响，机构可靠固定，标准件运行稳定，避免重复定位等。

3) 定位要求与工艺匹配，例如精度满足工艺要求（如二次定位、构件公差），能够确保外观品质，降低多工序间的相互影响。

2. 限位稳

限位，这里指的是使受力运动的物件在设定的位置停下；稳是指准确停在指定位置而且没有偏离的趋势。于是，对于机构设计来说，问题就变成了，要让机构实现这样的预期，有怎样的实现方式和技巧。

（1）设计要点

1) 负载上，一个 $\phi 100$mm 的气缸，一个 $\phi 16$mm 的气缸，显然改变运动状态难易程度相差很多。

2）精度上，特别精密的场合，限位最好有调节装置，并且带有可视刻度。

3）速度上，改变状态的瞬间速度越大，冲击力也越大。

4）空间上，空间的大小，在布局限位机构时难易程度相差很多。

(2) 设计原则

1）经常撞击的构件，不仅要求强度好（不能松动，更不能摇晃），而且是要经过热处理的高硬度的构件。

2）尽量维持平衡，就像桌脚一样，可以取掉一个，剩下三个呈三角布置；若去掉两个，那剩下两个就要粗一些；去掉三个，那剩下这个就要更粗，粗到不会翻倒为止。

3）一个限位机构，不是单纯考虑做得多粗壮，还要兼顾动力的性质和大小。如图4-29所示，即便限位没有问题，但固定气缸的工件容易受力摇晃，故需要设置加强筋。

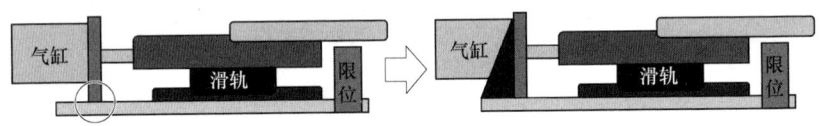

图4-29 考虑动力的限位机构设计

3. 取放易

由于夹治具多数是手工或半自动操作的，正如我们之前提到的，人工参与的工作，要注意操作的便利性和舒适性，体现在夹治具上，最直接的要求就是取放要很直接很容易。这里包含两层意思，一个是生产线员工的作业强度，一个是工序本身操作的难易度。如何尽量做到合理？概括来说，应该多围绕以下"三点一线"来实现。

(1) "三点"（考虑要点）

1）最好从产品和工艺上先分析，从根源上避免装配过程中的取放困难问题。

2）留意相关工位操作员的操作手法，看有无不合理之处，及时纠正。

3）假设自己是操作员，模拟一下如何才能更便利、更舒适，并体现在具体的机构设计上。

(2) "一线"（生产线合理布局和平衡的方案）

运用精益制造的观点，从制造流程、物流优化、人机协作、现场改善等方面进行综合评估，然后给生产线一套行之有效的合理布局和生产线平衡的方案。例如以下这些考虑：

1）产品上有线材，先把线材理顺再锁螺钉，还是先锁螺钉再来整理线材，哪个更合适。

2) 一个工位要组装几个类似的零件，经常拿错装错，有没有很好的方式来避免。

3) 生产线上某个员工总是手忙脚乱，那到底是什么原因造成的？

4) 如果两个组件导向性不好，如何辅助装配到一起？

4. 结构巧

所谓巧，就是不笨拙，很灵活，有想法，功能好。从夹治具着手，关注细节用心斟酌，将有助于我们机构设计能力的提升。

从构成看，夹治具不是很复杂，设计量相对较少，适合初学者打基本功。现在有很多设计者，在学习机构时，往往会认为夹治具简单而倾向于找一些复杂的设备模型，这是一个误区。

1) 自己还停留在一知半解的水平，看复杂设备本身就不太容易消化，只能看一下外形、留一个印象，而且未必看得懂、用得上。

2) 同样的时间精力下，我们可以通过夹治具学习获得更多。比如产品是如何定位的，××问题是什么原因，把××切断的方法，快速换线的改善方案……要看懂别人的机构是不困难的，要理解机构做法的缘由，对初学者来说，却是有一定困难的，根源就在于缺乏这种机构之外的基本功，如果不从简单做起，基础反而不容易夯实。

3) 很多设备构思要以产品为核心，要从工艺入手，那么夹治具无疑在这方面具有优势，因为它和产品工艺关联性高。多做一些夹治具，就代表多认识了一些产品，多了解了一些工艺，这些东西积累多了，对该行业就会更熟悉，从而有助于将来做设备的细节考量。

4) 用来解决生产问题的夹治具，其设计一般是有难度的，大小而已。比如产品不太好定位，比如会改变操作员的习惯，比如成本投入有限……这些问题都会成为设计夹治具的无形约束和困难，如果平时多设计一些这样的夹治具，则机构设计、解决问题的能力将会得到增强。

5. 够安全

毫不夸张地说，80%以上的设备安全事故都来自于操作工或员工自身的原因，比如工作散漫开小差，比如身体疲惫走神了，比如技能不熟练误操作……但这不意味着作为设计者来说，仅仅需要担负剩余20%的责任。毕竟项目负责人是机构设计人员，出现安全事故，在舆论上会处于被动，如果潜在事故根源是设计人员的疏忽造成的，那就更说不过去了。所以需要非常注重安全性这方面，不要有侥幸心理。

(1) 遵循行业标准或客户要求　如果没有按这个依据去严格执行，一旦出现安全事故，会被客户投诉；反之，则客户可能更多会去检讨自身管理上或员工上的疏失。但不可否认的是，出了安全事故，在客户端产生的恶劣影响将持续相当长的时间。

(2) **评估安全事故严重度** 假设一个 φ16mm 的气缸，即便被压着、撞着，可能问题也不严重，但是如果带有一把切刀，那问题就严重了，两者对安全的防护级别有差别。特别危险和严重的场合，要注重防护措施的可靠性，包括机构和程序两方面，都要加强。

(3) **尽量减少操作者的参与度** 最好的安全防护，就是不碰或少碰危险的东西。这个原则体现在我们的机构上，就是让员工尽量远离或隔绝危险源。

(4) **充分考虑各种不可能** 想到的就不叫意外了，例如我们会想，机器正常运作，肯定不存在安全问题，那异常或断电停气呢？必须要有预防措施。

(5) **操作培训执行到位** 这个可能不是设计人员的直接责任，客户自身必须从管理制度上给予保障，但是设计方是可以间接提供支持的。例如提供一份简明易懂的操作说明书，比如在设备危险区域粘贴危险警示标识。

综上所述，要说夹治具是非标设计的入门钥匙，一点都不为过。虽然夹治具看起来简单，但设计过程的机理、流程、构思等，与相对比较复杂的设备，在本质上没有差别。作为初学者，在个人基本功和从业经验不足的情况下，从夹治具设计入手，是最好的途径，建议行业新人不要好高骛远。即便是做大设备，也是要求机构要定位准、限位稳、取放易、结构巧、够安全，不是吗？而由于资历原因，在企业内一开始基本上不会有做大工程的机会，那么就只有从夹治具着手。通过对夹治具的认识和学习，能更全面掌握自己所处行业的技术特性和重点。

从另一个角度来说，也不是每一个大项目，都很震撼。比如一个工业机器人上料或码垛的项目，除了生产线布局或工艺方案外，表现在机构上的，往往就是固定在上面的夹治具。再例如很多人可能未来不一定会直接从事设备的机构设计，如果做得是制造工程师或工艺改善类的职位，那处理的机构对象几乎就是夹治具了。

所以，必须对夹治具进行学习，虽然它是一个基础机构类别。以下做一下总结：

1) 深刻理解十五字的归纳。
2) 检讨公司生产线现有夹治具。
3) 搜集行业常见的做法、模型，并进行消化。
4) 如果有项目，不能轻视，要做得有板有眼，有理有据。

4.4 标准机/件是最好的老师

4.4.1 标准机件应用广泛

标准机，指的是注射机、电测机、点胶机、焊接机、振动盘之类独立工作的标准设备；标准件指的是应用于机构上起到动力、导引、定位、紧固、安全

第4章 从业观念和学习方法

等功能的标准组件。跟学校纯机械的教学内容不同，在企业从事自动化机构设计，现今越来越多会采用标准件/机，既简化了设计，也提高了效率。

我们以一个生产线的简易冲模（三维设计图见图4-30，标准件清单见表4-1）为例来进行一个介绍。模具的高精度高稳定性，很大程度来自于标准件的贡献，比如标准件厂商米思米的模具用零件资料，其中大到导柱导套，小到定位针，都有很多类型可选。只要平时多翻翻相关的产品型录，把整理和总结的工作做到位，熟悉都有哪些标准件，以及具体如何使用，在设计具体机构时，就可以直接调用零件，只须核对参数和性能，不再需要费力去做额外的设计。

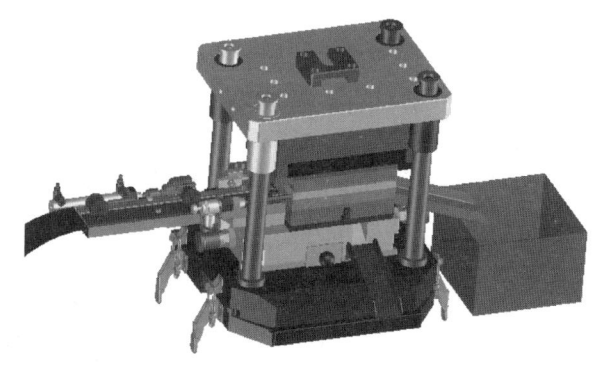

图4-30 简易冲模的三维设计图

表4-1 简易冲模的标准件清单

序号	标准件名称	型号/规格	数量	品牌	备注
1	导柱	SGPWH13-60-50-B15	4	米思米	—
2	钢球固定挡块	SSTK13-10	8	米思米	
3	导套	SGBBS13-20	8	米思米	
4	钢球衬套	MBSH13-35	8	米思米	
5	等高螺钉	SGMSB8-25	4	米思米	
6	台阶式调整块	DCLS-D12-V8-H16-T4-L8.5	4	米思米	
7	卸料弹簧	SWN14.5-40	4	米思米	
8	上模销钉	MSTH6-40	4	米思米	负公差
9	导正销	L-SPT1.6-15.0-P1.49	10	米思米	
10	钢球衬套用弹簧	BSWP13-60	8	米思米	
11	浮料用内六角止动螺钉	MSSU10-12	10	米思米	
12	浮料用弹簧	UF8-20	10	米思米	
13	固定下模用定位销衬套	JBAFP12-P8.00-L7.0	2	米思米	
14	下模销钉	MS6-60	2	米思米	
15	下模销钉	MS6-50	2	米思米	

4.4.2 标准机/件的特点和意义

标准机/件事实上是一个机构模块，可以直接整合到设备中去，如图 4-31 所示。当然也可以自己设计，但别人提前做好，价格也有优势，方便直接选用。

标准机/件的应用特点如下：

1）一般地，标准机/件一定是比自己设计制作要专业和经济，所以优先选用。

2）用不了标准机/件有两种情形：设计功能要求特殊；供应链管理不完善。

标准机/件具有以下几个应用优势。

图 4-31　自动化设备上的标准件

1）标准：从零件到组件，标准机/件都有一套标准体系（设计/制造方面）。

2）成熟：即使推出新品，也是基于市场导向和客户应用，一般都是经过实践检验的。

3）专业：标准机/件通常都是由一些颇具实力的专业公司提供，有良好的品质保证和售后服务。

4）速成：为了实现某个功能，自动化机构一般都需要非标定制，但如果可以在机构中应用现成的标准机构/件，就可以大大缩短设计周期和设备交付期。

此外，近年来标准件厂商的产品在慢慢地向组件化、系统化拓展，如图 4-32 和图 4-33 所示。其已逐渐将单纯的标准零件整合到标准机构的层次，不仅在成本上有优势，也大大提升了设计效率，从而让我们有更多精力聚焦于非标部分的设计工作。

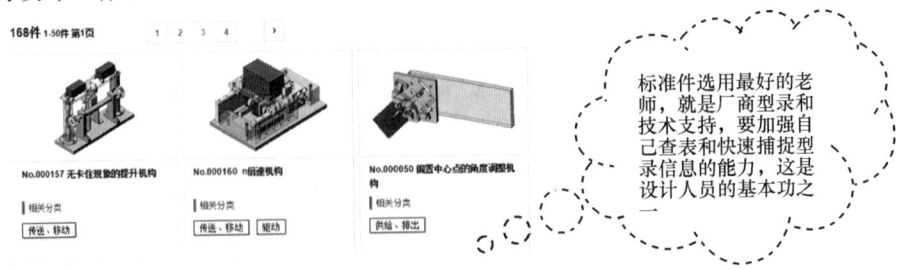

图 4-32　米思米型录中的标准机构一

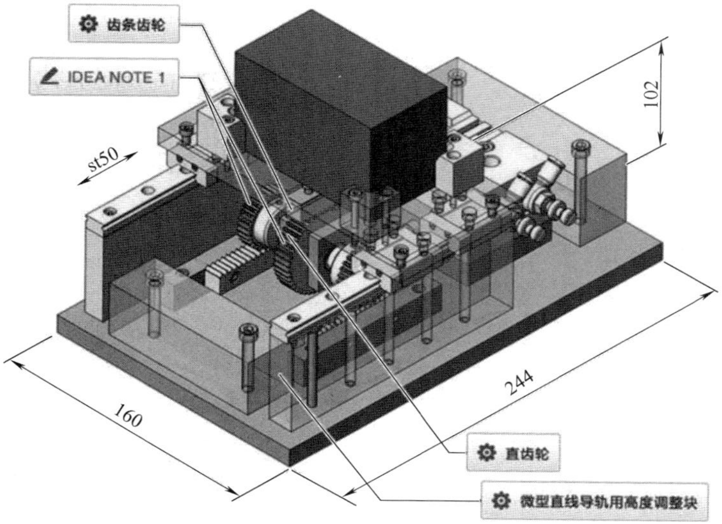

规格

目的 动作
- 气缸伸出后,直齿轮1旋转20st。此时,在固定齿条(下侧)的上方旋转并伸出,使其旋转后,通过由齿轮(小)和导向轴连接的不同齿数的直齿轮(大)的旋转,伸出移动侧的齿条。
- 该直齿轮(小)与齿轮(大)的齿数比为1:1.5,因此直齿轮(小)旋转20st时,直齿轮(大)旋转30st。工作板底座距离为20°气缸行程=30 直齿轮(小)与(大)之比设为1:n后,可将行程转换为n倍。
- 即,将齿轮(小)与(大)之比设为1:n后,可将行程转换为n倍。

对象工件
- 形状: 滑块
- 材质: 钨
- 工件规格:50×55×90mm

特点
- 规格尺寸: 20mm
- 气缸前进行程: 20mm
- 移动侧齿条行程: 50mm
- 外形尺寸: L244×W160×H102mm
- 精度 负载
- 负载: 47N

图 4-33 米思米型录中的标准机构二

类似这些机构,在厂商的官网都有详细介绍,数量会越来越多。虽然机构还停留在"传动、夹紧、检测、定位"等基本功能的层面,但在配套服务方面,已经往前走出了一大步。

4.4.3 标准机件的选用依据

标准机/件的重要特点是标准化,它是有既定标准的,设计时不得不受其制约,所以必须熟悉各种常用件的方方面面,包括原理、方法、性能和注意等,否则机构的效果会打折扣,严重时会以失败告终。

如果从机构设计的角度来看,标准机/件的选型和应用,无疑是占据相当大比重的,约 1/3 ~ 1/2,也是比较考验能力的部分。机构怎么做,零件如何成形,因为是非标设备,有时是有争议的,但是标准机/件则不然,是有所依据的。

另外,标准机/件使用不当,容易造成无谓的浪费。所以不是因为是厂商提供的,就可以不考虑。标准机/件,原本也是我们的设计内容,只不过是这部分交给厂商来完成了而已。对于该部分的机构和工艺,一样要非常熟悉,不然也经常会出问题。在设计元素中,标准件是一个相对稳定的因素,换言之,一旦标准件选错或使用不当,往往需要改变设计或进行修补。所以,一方面要尽量选对标准件,另一方面要尽量避免低级错误。例如机构某个位置,需要用一个带磁环的气缸(如气动品牌 SMC 的 CDU 气缸系列),但是调用气缸时,没有进行检查确认,实际用了 CU 系列的气缸。如果该机构空间很有限,如图 4-34 所示,换回 CDU 系列时,将会是一场灾难(两者长度相差 10mm)。如果设计时稍作确认,这类问题完全可以避免。

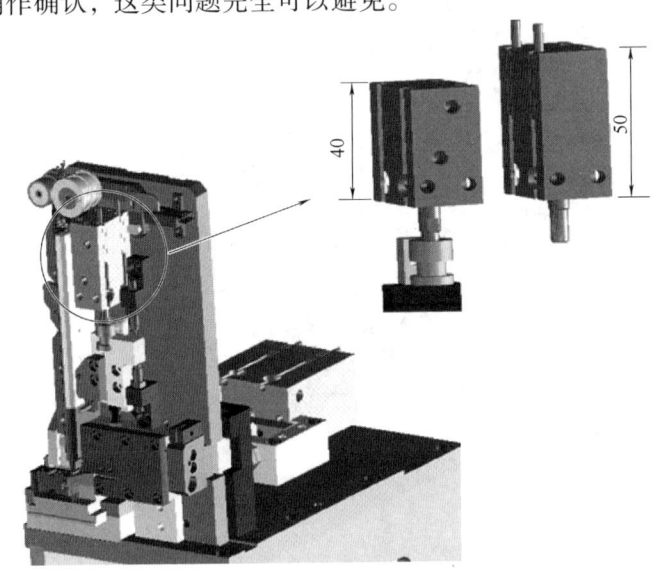

图 4-34 选错气缸

标准件的选用，必须以型录或说明书为依据，但是在具体设计过程中，是否有去贯彻，这还需要留一个疑问。希望大家在平时多翻翻型录，"熟"在平时，用时生"巧"。

1. 型录的时效性

现在厂商的产品经常更新换代，有的直接废止了，所以查阅标准机/件的型录时要注意时效性。一般最好每年都跟厂商要到最新的型录，同时更新自己设备的图样。另外一个重要的原因是，标准机/件都有大量客户在使用，厂商会根据客户反馈和市场反应，不定期进行一些优化和改进，所以同类的标准件，越新的规格，在性价比上一般更有优势。

2. 把握性能重点

对做自动化机构设计来说，需要关注以下几个重点：
1）负载能力。
2）精度级别。
3）速度表现。
4）特长优势。
5）安装方法。

3. 工况分析最重要

如果这一步没做或没做好或确定不了，后续的工作基本上很难保证。很多初学者以为，如果自己不熟悉标准机/件，可以找专业厂商来协助选型，这是一个误区。例如，某铆压工艺需要用到电动机，如果告诉厂商要多大的转矩或负载以及其他要求，厂商的确可以给到对应的选型建议；但如果告诉厂商，现在要实现这个工艺，但并不知道需要多大动力，厂商一般都爱莫能助。又例如，假设让厂商帮忙选择分割器，但他们一定会先要问很多条件，或者需要先填表单，就是需要自己来定义出基本信息，假如我们给出的使用条件和信息数据不正确，结果肯定会造成选型的偏差乃至错误。这个主要是因为，一方面厂商可能对特定产品工艺不太了解（专业度是有限的），另一方面也想规避给出不恰当建议的风险。所以，如果有可能，工况分析这个工作，最好还是由自己认真细致地完成。

4.4.4 标准机/件的选型 ≠ 选用

标准件选型 ≠ 选用，厂商只能帮助选型，应用得靠自己。如何用得合理用得巧妙，是需要一些基本功的，有时甚至比较困难（体现在对已知条件的提炼和工况的判断上）。因此，平时设计就要有意识去多做些分析和总结，积累多了就会有经验有感觉，忌讳用而不思，不思则难以进步。例如图4-35所示的两种情况：误操作时，丝杠机构可能会冲撞到轴承座，前后加上胶质零件可防止损坏；同样是一个气缸，可有多种布置方式，外观效果是有差异的。这些更多来自平时的实践经验。

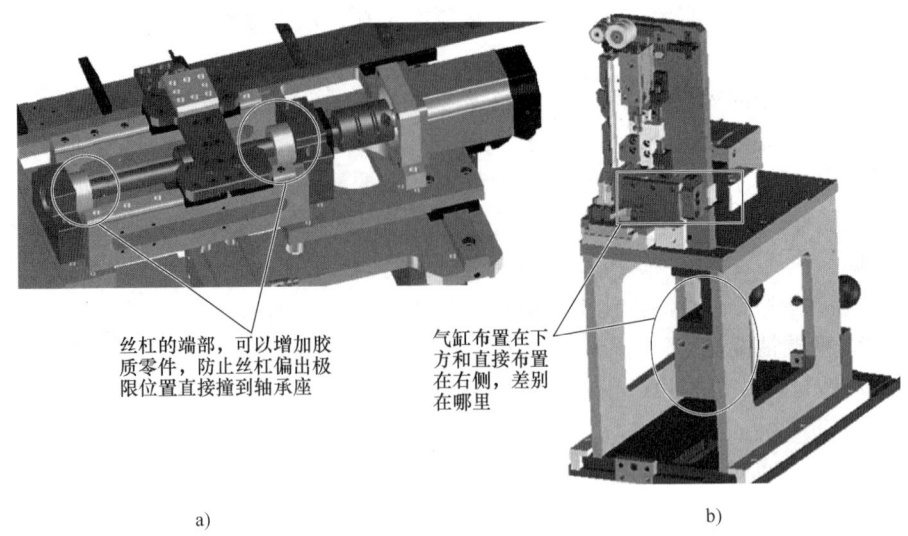

　　　　　a)　　　　　　　　　　　　　　　　b)

图 4-35　标准件的灵活应用

a）增加胶质零件　b）变方向布置气缸

4.4.5　标准机件的选用案例

下面以联轴器选用的学习为例,只要稍微认真整理一下厂商米思米的型录资料,认识上就会比较清晰。

1. 几个重要概念

背隙：联轴器各部分相对于旋转方向上的松动间隙。当用作高精度定位、正反转用途时，采用零背隙的膜片式或沟槽式。例如同样是和轴联接作旋转，接电动机和旋转气缸，背隙要求往往不一样。

静态扭转刚度：向联轴器施加转矩时，输入轴和输出轴的旋转方向的相位差。该值越大，响应性越高，并能实现高精度的旋转控制。

容许转矩：联轴器可连续传动的转矩。确保使用负载扭矩在联轴器的容许转矩以内。

轴滑移转矩：选择部分联轴器（如 GCPW \ C-SCPS \ C-SCPW 系列等），发生轴与联轴器空转而滑动的转矩。

刚性：受力时抵抗变形的能力。刚性越高，越不允许偏心，安装时要做好调整。

2. 分类与特点

如图 4-36 所示，联轴器有膜片式、沟槽式和十字形三种，各有特点。

1）要求零背隙时，选膜片式或沟槽式，不能选十字形。

2）要传递高转矩时，膜片式和十字形占优。
3）伺服电动机多配膜片式，而步进电动机则多选沟槽式。
4）十字形常用于气缸作动场合，精密性能略逊，如图 4-37 所示。

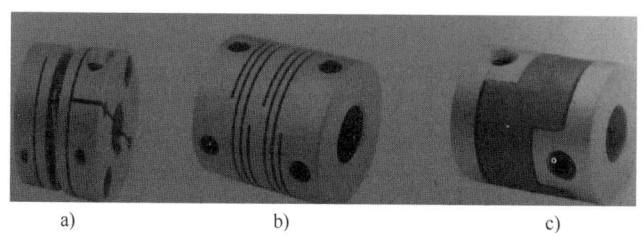

图 4-36 米思米销售的联轴器类型
a）膜片式 b）沟槽式 c）十字形

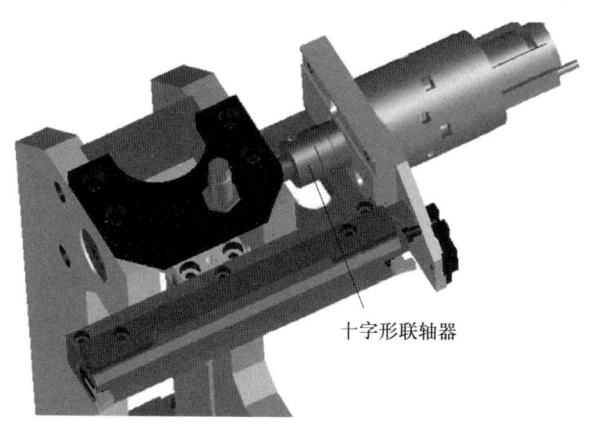

图 4-37 旋转气缸常用十字形联轴器

3. 选用方法

联轴器的选用要注意下方法，大致步骤是：
1）根据负载工况，先大致选一个类别。
2）计算补偿转矩，例如用伺服电动机，其最大转矩为 T_{max}，则 $T_{补} = 2T_{max}$。
3）接着由容许转矩（应大于 $T_{补}$）、偏心量（偏角、偏心、轴向振幅）、空间允许尺寸等条件进行具体型号的选取。
4）最后确认联接两端的轴孔大小（有多个规格选择）。

总而言之，标准机/件是从事设计工作最好的老师。

1）标准机/件也是机构形式，是设备零部件，所以也有它的技术性，但经过专业厂商的持续优化后，无论是性能还是外观，都比较有亮点，所以即便从模仿的角度，也有很多可以借鉴之处。

2）厂商的说明书、型录描述的内容，有产品性能特点、使用方法，也有大量技术原理和理论（并且是技术领域中实用性较强的部分）。例如翻开米思米型录后面的技术附录，能看到平时认为用处不大的理论，一直在制约着我们的设计，很多人都不太关注。

3）和身边的前辈往往有私心或比较保守相比，标准机/件厂商更希望我们了解相关知识，懂了就可能购买他们的产品。所以与这些厂商的技术人员交流，可以获得一些实在的资讯和帮助。

4.5 观念左右优劣，细节决定成败

何谓观念和细节呢？

有一句话说得好：在人的潜意识里，总是有一种优劣等级的观念左右着人们。那么对于设计机构呢，也同样会有这样的潜意识表现，优劣等级观念会左右着机构的设计水准和层次。

观念，是人们在实践当中形成的各种认识的集合体。人们会根据自身形成的观念进行各种活动，利用观念系统对事物进行决策、计划、实践、总结等活动，从而不断丰富生活和提高生产实践水平。观念具有主观性、实践性、历史性、发展性等特点。形成正确的观念有利于做正确的事情，提高生活水平和生产质量。观念也就是人们通常所说的叫法，不同的人对同一事物的看法是不一样的，而不同看法在不同领域又有不同的叫法，如政治观念、人文观念、经济观念、法律观念等。

细节，指的是不容易引起注意的小环节、小事，或者能影响全局的细微的易被忽略的物件或行为。在很多设计相关的教材讲义中，细节这个词多次出现，可见它的地位。简单地说，细节可理解为能影响全局的细微的设计或做法，或者说是一种工艺的实现形式。同样的方案，细节处理不同，结果可能会有差异。细节是专业与考究的体现，在技术普及的背景下，细节处理成为提升技术竞争力的一个重要手段。

常见机构细节包括观念细节（大致可细分为3个重点：安全性、维护性、人性化）、功能细节（任何机器都有功用，但光有功用还不够，还要比拼效率、品质、价格等）、外观细节（除了功用，都想把机器做得美观些）、其他细节。安全细节的呈现如图 4-38 所示。

任何一项工程，都可以分解成为无数个细节，任何一台设备，都由若干个机构（细节）组合而成。把每一件简单的事做好就是不简单，把每一件平凡的事做好就是不平凡，细节决定成败！

1. 观念和细节的作用

在机构设计这个行为范畴内，可以这样狭隘地来理解：设计观念，就是我们认为符合美学、满足需求、超越期望、正确合理的策略和方法，而设计细节则是产品和工艺的机构展现形式。换言之，设备怎么设计才算好，很大程度上

第4章 从业观念和学习方法

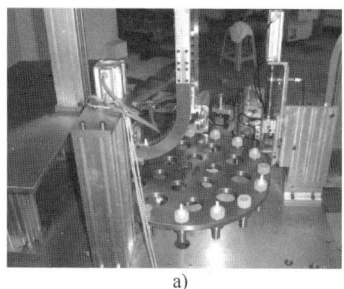 

图 4-38 设备总有细节呈现

a) 没有安全性考虑　b) 有安全性考虑

取决于我们的主观看法，即观念，观念是否正确，会左右我们的设计优劣；不同行业，不同产品工艺，会有不同的机构细节，同一行业同样的产品，有时也有很多机构形式可以选择，需要去发现、摸索、总结。

观念左右优劣，细节决定成败。这里不妨以对比的方式看看两组设备。

1) 第一组，如图 4-39 ~ 图 4-41 所示。

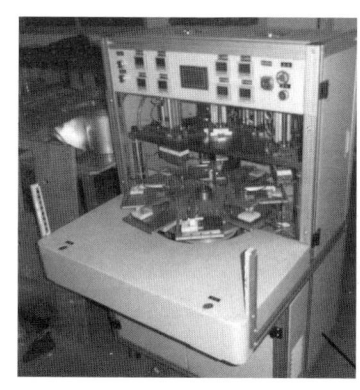 

图 4-39 设备的安全光栅没有全面防护　　图 4-40 设备为低成本模式类型（简单粗糙）

图 4-41 设备的布线、布管凌乱

2)再看第二组,如图4-42~图4-44所示。

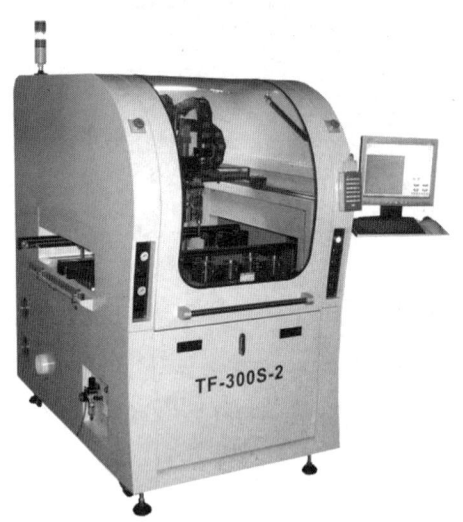

图 4-42 外观漂亮兼顾安全性(一)

图 4-43 外观漂亮兼顾安全性(二)

图 4-44 外观漂亮兼顾安全性(三)

相比而言,第二组设备无论外观还是安全性方面,都有更专业的考虑,从细节上就反映出良好的设计观念。也可以在平时进行总结:论主色调,如果客户没有要求,以黑白搭配或纯米白颜色为佳(很少有2种以上主色);具体到材料和表面处理上,可以软材发黑,硬材镀铬,机架烤白漆;设备最好加罩壳等。

2. 观念如何把握

观念要靠细节来诠释和保证,而细节则受限于设计人员具备的观念层次和程度。所以,作为一个机构设计者来说,把握好自己的设计观念,非常重要。而观念通常是在实践或借鉴中形成的,对于初学者而言,何来观念?这就需要各种学习了。

例如,如何设计一台外观漂亮的设备?能完整回答这个问题的人不多,这个和从业多少年做过多少台设备没有必然联系。一切从观念开始，没有一个把设备做漂亮的观念，没有在这种观念下的一些细节积累，没有不断修正和自我要求的精神，想要做出好看的设备，并非易事。技术上的设备美感，更多依靠见识、学习和总结。

1）多看看国外一些优秀的设备，国外做得比较早也做得比较好，也可以参加一些展会，看看同行的优秀作品。

2）多留意身边现有的东西，尤其生产线上一些标准设备，标准机在外观上是学习的重要典范。

3）多向行业经验较丰富的人请教，他们总会有自己的一些独到见识和理念。

4）如果身边有人说自己的设计难看，不要灰心，虚心接受批评或建议，"检讨+改进"是上策，只要坚持不懈，总有一天，自己的作品会获得赞誉。

总之，不能闭门造车或自以为是，美是需要发现的，也建立在一定的经验沉淀上，不是自己想象出来的。

3. 细节如何锤炼

细节是实实在在的东西，平时要多学习和积累，或者形象来讲，细节做得好不好，取决于：

1）见识。没有丰富的阅历，思路自然也是狭隘的，做非标设备尤其如此。

2）对所见所闻的理解。只有消化了的，才能成为细节，例如一个机构，没有弄懂，就没细节。

3）应用。建立在基本原理或一定依据的前提下，不是凭想象，是有良好预期和自我要求的。

在平时的学习中，要注意搜集和总结细节，途径有很多。

1）设计图样评审，头脑风暴，发挥团队力量，善于倾听和吸收别人的建议。

2）设备持续改善，记录下大量的改善点，融入设计后将极大增强设计可靠性。

3）客户投诉时，将解决方案记录下来，可形成实用的教训细节。

4）搜集技术资料，认真阅读，消化其中的细节元素，化为己用。

5）留意行业动向，如展会、论坛、竞争对手产品，多渠道了解一些好的细节做法。

在评价一个人的设计能力时，往往会用经验这个词，但是否经验就一定要自己经历呢？这种观念已经落伍了，现今是信息共享的时代。例如，大家访问我们的网站（www.combolink.cn），就可以下载很多行业技术三维图样（均为技术同行无私分享），结合针对图样的介绍和交流，只要认真揣摩和学习，就可以掌握很多机构的细节做法，包括宝贵的实践经验。

大家可以自我评估一下，自己心中都有什么样的观念，存放着多少细节？或者，简单地问下自己，做一个××设备，怎么做才是好的，具体又有那些实现形式。如果很紊乱或没有头绪，那代表真得下点功夫去梳理下了；如果思路很清晰或有见地，那做具体设计时，其实是一个资源整合的过程罢了。

很多观念，都可以从前辈、同行那里吸取过来，但是真正落到细节深处，则取决于基本功是否扎实。

别人看作品，一般会着眼于细节，设计细节，往往来自于自己的观念，所以，一定不要以为观念是一个说教的概念。当然，有好的观念未必能做好细节，那取决于你的基本功是否扎实，这个则有赖于平时的努力！

4.6 学无止境，养成良好习惯

4.6.1 资源泛滥是一个灾难

关于机械设计，可谓仁者见仁，实际操作中，也因人而异。然而，有一点可以肯定，机械设计的本质在于创新和改进。设计，就是有预见性地收集和规定制造新产品所需的数据和资料。预见性从何而来，主要是个人经验、相关资料、他人指导（很多人不懂设计，正是缺乏这三种资源及学习）。个人经验，来自于自己在工作中的体会和提炼，很难从他人处获得；相关资料，一种是工作中不断收集和整理出来的，一种是从网络获得的，前者比后者更加实用；他人指导，当然来自于各方面，但需要甄别和检验。如果设计者不断完善这三种资源，再下一些苦功夫，相信获得较高的机械设计能力和水平，只是时间问题。于是乎，对于初学者而言，寻找学习资源成为首要大事。如图4-45所示，能力提升的起点是资源。

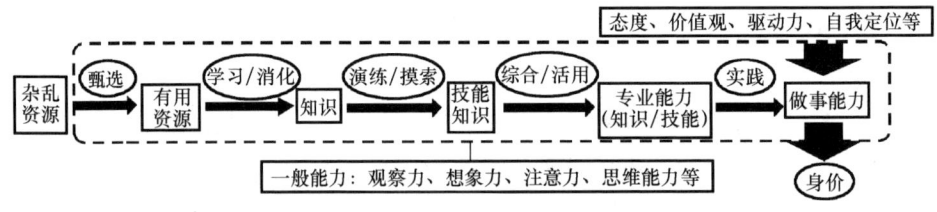

图4-45 能力提升的起点是资源

上述流程，可以解释行业新人经常会遇到的困扰和问题。

1）为什么我成功复制了一台设备，老板并不满意？因为这个不能证明你有专业能力，只是有些知识和技能。

2）为什么我看懂了别人设计，但自己来做时却困难重重？因为这是正常的，你技能不够，需要一个演练摸索的过程。

3）为什么我看了很多理论书籍，但无法应用到工作中？因为你没有真正消化，没有将理论转化为知识，更没有转化为技能。

4）为什么我在一家小公司做了多年设计，很认真专注，却感觉能力不够？因为知识面狭窄，技能再精深，能力自然有限。

5）为什么我做了很多非标设备，都成功了，还是感觉杂而不精？因为各行业知识面太广，人的精力有限，无法全面覆盖。

6）为什么我精通 A 行业设备，到了 B 行业仍然感到困惑？因为新环境新资源，你需要通过学习将资源转化为新的知识/技能。

7）为什么某人专业能力很好，却总是做不好具体项目？因为专业能力只是办事能力的直接影响因素，但非决定性因素，还有从业素质，也会影响结果。

……

1. 资源泛滥的年代

资源是指一国或一定地区内拥有的物力、财力、人力等各种物质要素的总称。分为自然资源和社会资源两大类，后者包括人力资源、信息资源以及经过劳动创造的各种物质财富。而我们这里提到的属于人力资源、信息资源，特指从业自动化机构设计所涉及的方方面面的资料和信息，例如技术图样、表单、方案等，还有一个容易忽略的，就是人（包括前辈或同行）。

1）技术资源从无到有、从少到多的生产过程，势必呈现杂乱无章的状态。

计算机和网络技术的面世，让信息呈现辐射式传播，资源/知识的雪球越滚越大也越快。自动化机构这方面，曾几何时，要想找简单的工装治具图样都很困难，但现在有很多。换言之，经过多年的发展和积累，经过无数前辈的摸索和总结，目前的自动化技术资源已相当丰富。所以，从这点看，现在的从业者是幸运的，无论学习还是工作，都有很多现成或类似的模型可供参考。

另一方面，国内自动化技术起步晚、底子薄，兼之从业者良莠不齐，客观上会造成技术资源的精华和糟糠并存的局面。因此，作为行业新进者，在庆幸前人留下的大量技术财富的同时，也不得不面对现实，这些财富大部分难以直接继承（不能直接套用）。

2）从业者的学习投入程度（金钱、时间、精力等）相当有限。

勤劳、任劳任怨的品质和观念，间接导致从业者对于充电学习投入的缺失，没有时间，没有精力，吝于投入；反过来，由于劳动技能的不足或技术层次较低，又会影响个人的发展。在这样一个背景下，可以说，从事技术的人员，对于学习的资源，普遍有速成、免费、便利的潜在要求。实际情况呢，廉价和免费的资源虽然越来越多，但也越来越泛滥和空虚。

2. 我们如何寻找资源？

面对浩如烟海的资源，我们在庆幸资源丰富的同时，如果不讲究一些原则和方法，会很容易就迷失在求知的道路上。无论资源是原始的还是现成的，都需要做有心人，要筛选、学习、消化，如图 4-46 和图 4-47 所示。

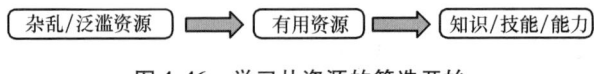

图 4-46　学习从资源的筛选开始

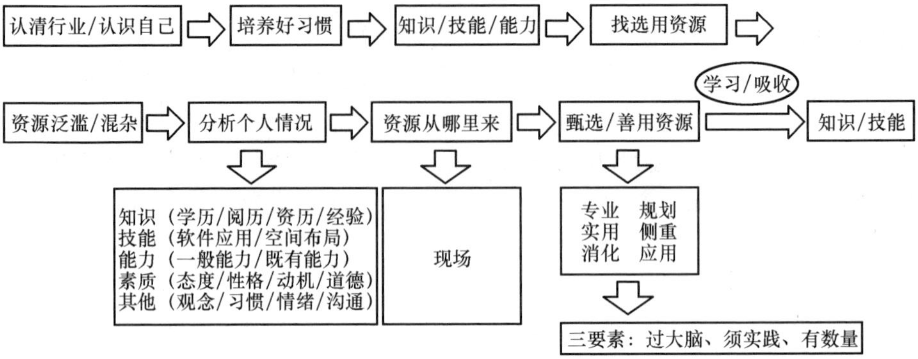

图 4-47　能力的源头是各种资源

一般的教材讲义或培训课程能够给予的，通常只是资源或知识。举个例子，某人给了一套设备的图样，然后详尽介绍了该设备的设计机理，自己也听懂了，但并不表示自己就有做该设备的技能或能力了。

能力提升的起点是资源，对于初学者而言，寻找学习资源成为首要大事。在资源泛滥的年代，要懂取舍和侧重，要清楚自己需要哪些资源。资讯获取能力的培养是有内在规律的，资源寻找也应该有一定的原则。将资源最终转化为办事能力的过程，必须发挥主观能动性，不要吝啬汗水和精力。别人可以给我们方向上的指引，甚至直接传授知识（资源），但是能否形成技能，并进而变成专业能力，最终得靠自己。

能力是需要不断加强和巩固的，所以说，技术之路学无止境，一分辛苦一分才！

4.6.2　从良好的习惯开始

1. 自动化行业没有通才

自动化行业是一个庞杂而深无底的行当，不仅设备本身种类繁多，而且应用遍及各行各业。不要说熟练掌握机构相当不容易，即便完全驾驭机构设计了，还有很多产品、工艺、品质之类的内容，需要去学习和加强，所以说从事这行的，没有通才，只有在某一领域或某一方向上的专才、能人。

2. 永远不要自居高手

既然做不了通才，那做专才可以了吧？当然可以。但是所谓专，可不是单凭有些成功设计案例，也不是单纯掌握机构就可以了，而是要上至产品，下至工艺，无所不晓，兼通品质、管理乃至市场等。对任何一个与设备相关的内容，都有独到而精深的理解、方法，但是，谈何容易啊。

所以，永远不要自居高手，否则就是在催眠自己，高手就在前方，高手是一个目标。

自动化行业没有高手和通才，只有熟手和专才，精益求精，学无止境。

3. 养成良好的从业习惯

学习是一个漫长的过程，因此，有一些良好的习惯，将有助于提高学习效率和质量。以下列举一些好习惯，仅供参考。

1）记录的习惯：记录他人或自己的设备的持续改善点和对策，记录脑中一闪而过的概念或巧妙的设计案例，经常翻阅检讨，这些记录往往能成为设计素材。

2）充电的习惯：天天重复做着事，但是没有接受新的信息，没有交流互动，没有学习和消化，很容易落伍。

3）设计的习惯：例如设计时，不是首先想着机构怎么做，而是要想产品怎么做。3D图档的组件排列采用模型树结构，零件命名要体现材料。不要为了省事，而去用速标之类的软件，没有软件可以取代设计者，尤其2D图样隐含着大量技术信息，标注的过程，既有检查确认的好处，有时还能产生灵光一闪的火花，进而修正设计，这种情况也很常见。

出完图样后，等待加工采购的过程，要习惯于有空但不刻意就翻翻检查一下，标错尺寸了，及时修正，可以避免后续维修工件的麻烦。还有就是漏标件或型号错了，能及时改过，后面会减少很多不必要的麻烦。

4）文件保存的习惯：设计的过程，要保存不同时段的文件。因为有时需要不断修改，最后可能面目全非，也有改了多次回到原地的情形，及时保存文件可以减少无用功。

5）客户导向思维习惯：习惯于从客户的角度/立场去思考，要虚心听取客户的反馈。客户的声音，是我们成长和提高最好的动力和方向。

6）项目管理的思维习惯：经营自己的每一个项目，绝对不要认为设计工程师把图样出完就可以了。方案评估、3D设计、输出图样和采购清单、加工装配调试、上线试产量产、设备维护保养等，每一个环节做不好，都可能让项目失败，起码会影响到项目的效益和进度。

7）到一个陌生行业去，首先不是看他们工厂的设备，而是先看看产品的构成、装配、品质要求，然后看看物流、工装，并进行思考和总结，最后再去看这个行业涉及的设备类型和做法。

8）勇于承担责任的习惯：不要找借口，不要推卸责任，项目有阻滞或问题发生，以最快的速度去解决，不要抱怨，不要发牢骚。

4.7 练好基本功,大胆向前冲

4.7.1 练好基本功

每个人所拥有的知识和技能是有差异的,一个人在不同阶段的知识和技能也是有差别的,通过学习,基本功可以不断得到增加和修正。任何一个设计工作,都不会脱离自己的认知和能力范围,偶尔会灵光一闪,也是基本功沉淀到一定程度的爆发。所以,基本功有多扎实,设计就有多稳重。

可以这样认为,所谓基本功扎实,一定是相对来说的,例如在某个阶段或时期,例如某个具体项目,例如某个职能工作。假设要设计一台转盘机,那么必须具备哪些基本功?涉及的能力很多,一言难尽。以下仅以其中一个核心组件转盘/转台为例,来阐述基本功扎实的意义。

工厂最常见的转盘机采用的是凸轮分割器,如图 4-48 所示,有些要求不高的人工线或半自动线采用的是气动分度盘,如图 4-49 所示。

 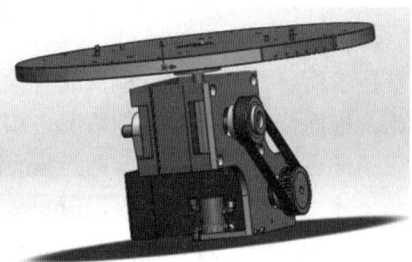

图 4-48 采用凸轮分割器的转盘机

 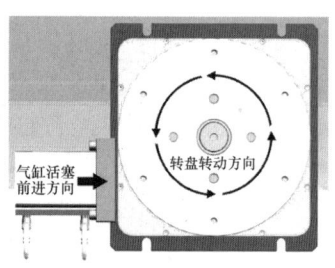

图 4-49 采用气动分度盘的转盘机

转盘机的基本架构如图 4-50 所示。

转盘机的核心部分是移料机构,采用凸轮分割器的类型,拆解后如图 4-51 所示。

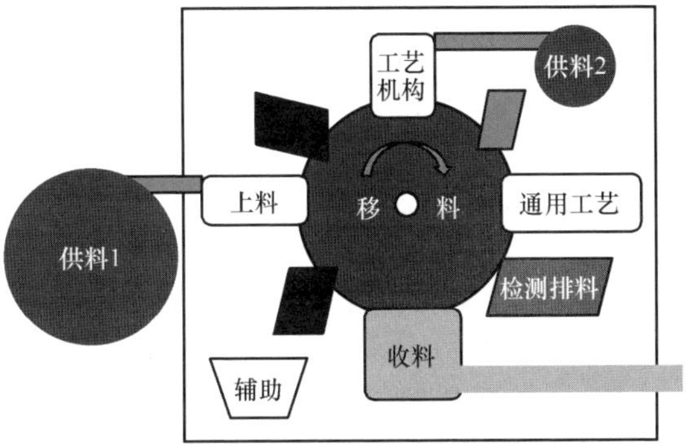

第4章 从业观念和学习方法

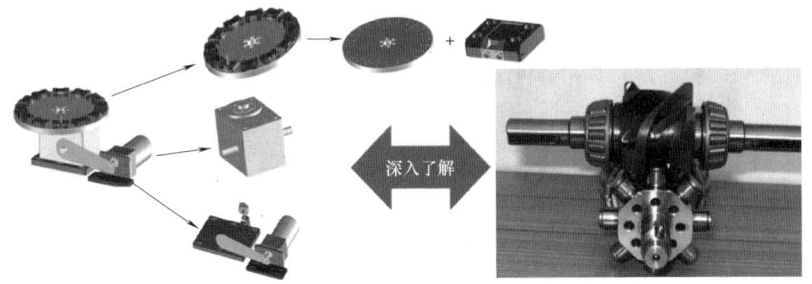

图 4-50　转盘机的基本架构

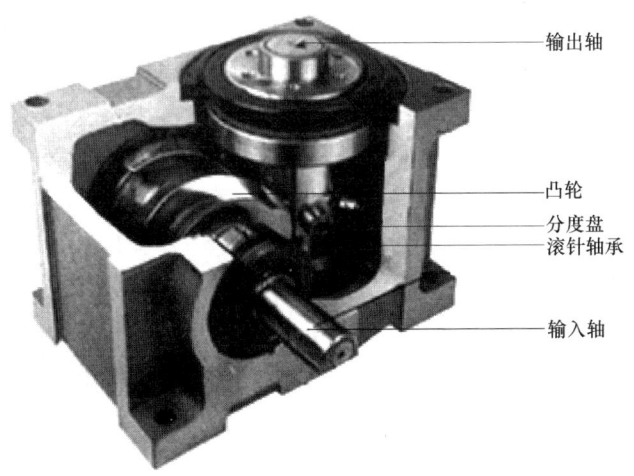

图 4-51　移料部分的机构拆解

凸轮分割器是转盘机移料机构的核心，其内部结构如图 4-52 所示。

图 4-52　凸轮分割器的内部结构

除了上述形式，类似的转动移料机构还有很多其他的形式，常用的形式见表 4-2。

表4-2 常用的转动移料机构形式

形式	类别	特点	应用	外观
分割器	凸轮式（分度方式）	1. 工位时间固定且电动机连续运转场合。 2. 动力装置须有制动功能但不用精确停止。 3. 负载、精度俱佳，但机构较占空间。 4. 分割数有2、3、4、5、6、8、…	与攻丝机、钻床、铆钉机、超声波、烫金、丝印、移印、CNC数控加工或其他工作机配合，实现自动组装、加工； 2. 驱动方式一般是采用带制动功能的电动机（异步电动机）或步进电动机	
分度盘（非凸轮分度）	电动（类似分割器）	1. 电动盘常用伺服电动机驱动。 2. 气动分度盘控制简单，反应速度快，标准等分有4、6、8、12、24、48等。特殊分割数可定制，如2、3、5、7、9、10、11等。 3. 气动分度盘可取代分割器，但负载、精度略差，价格低，有噪声和冲击	与攻丝机、钻床、铆钉机、超声波、烫金、丝印、移印、CNC数控加工或其他工作机配合，实现自动组装、加工 多使用在加工中心等数控机床上来实现手摇分度	
	气动（实现正反转，占用空间小）			
	手动			
旋转台（任意分度）	伺服电动机驱动（或电动分度盘）	伺服电动机+减速机+非标转台	1. 旋转角度和时间可控，灵活性高。 2. 机构空间布局自由，适应性强。 3. 精密场合电控性能佳	
		直接驱动电动机		
	步进电动机驱动制动电动机驱动	步进电动机+（减速机）+非标转台带制动功能电动机+非标转台		

注：1. 应从内在构成去理解这些叫法各异的机构形式。
2. 多数分度场合用分割器，但任意分度场合旋转台适应性更高。

类似这类总结，看别人总结好的时，比较苍白无力，但如果是经过自己思考得到的，就要深刻得多。所以，建议大家在消化知识的同时，不要忘记自己动手，做类似的总结。例如，什么情况下要用转盘机，什么情况下不能用转盘机，或者两者都可以用时，又如何选择等。这类工作做多了，自然会形成思路，思路多了，设计流程自然而然就顺畅了。

本书反复提到的基本功，是作为初学者应该着重加强的部分。而且，随着学习的深入和工作经验的增长，基本功还需要往深处钻研，例如前面所说的分割器，是有很多力学指标的，设计时还需要进行一些工况分析和计算等。

4.7.2 大胆向前冲

学习和工作是相辅相成的，这点在技术领域，表现得尤其强烈。作为初学者，迟早是要上"战场"的，所以，有机会发挥的时候，也不要畏手畏脚，要大胆向前冲。只要基本功有了，刚开始做起具体项目来，即便会磕磕绊绊，也不会轻易失败的，这点要有自信。

1. 确定自己具备起码的基本功

自动化设备需要根据具体的使用场所、行业特征，以及用途进行独立设计，不同类型客户，其工艺要求和生产状况均不相同。这种量身定制的特性，客观上要求设计者需要抓住不同设备的共通原理、类似机构、基本原则等；接触新产品或进入新行业，通过再学习，基本功也可相应得到补充和加强。

上一节介绍了关于转盘/转台的内容，也就是所谓的基本功。当然，这是相对来说的，对于初学者，这些基本功是必需的，如果是对进阶者，则略显不足，需要更深一些、更广阔一些的基本功。反过来说，如果对转盘/转台基本没有概念，认识上一空二白或了解模棱两可，就是基本功不够。在缺乏基本功的情况下，去开展具体的项目，不仅自己会因为面对一些异常状况或困难而倍感棘手、困惑，而且一不小心项目容易失败，让公司蒙受损失，所以建议是：

1）基本功是有可塑性的，需要通过不断学习来拓展和修正。不同技术经验层次，对基本功的理解和掌握程度是有差别的。换言之，今天自我感觉很好的基本功，到了明年可能就觉得薄弱或欠缺了，所以技术学无止境，功夫在平时，不要等到需要时才临时抱佛脚。

2）到赶鸭子上架（要做项目）时，务必自我审视一下，基本功缺失或确实太差，能放弃则放弃，如果不能放弃，可考虑找朋友、同事协助；基本功是有的，只是信心不足或经验不够，则可大胆进行，总要有第一次的。

3）在学习到一定阶段后，要主动向公司争取做项目的机会，没有实践，能力就上不去。因为能力，就是知识和技能在具体项目的灵活应用。

2. 清楚项目的来龙去脉

要成功做好一个项目，不是光靠扎实的专业基本功就行的，还需要胜任能力，即同时需要具备一些非技术性的基础能力或从业素质。其中有一项很重要，就是沟通能力。通过沟通交流，可以获取必要的信息，这个在设计工作中也是必需的。具体做项目时，需要了解项目的前因后果，简言之，就是要弄清楚客户需要的是什么设备，该怎么来进行，然后设备所包含的各种要素都是什么等。总之要掌控设计流程中所经历的各个环节，不仅知其然，而且要知其所

以然，尤其不要让一些关键环节的来龙去脉成为认知死角。例如

1）客户的要求是通过老板或业务人员传达的，有一些自己没弄明白的，要主动去跟进了解。

2）产品的组装工艺有几种方式，哪一种是比较有可行性的，或者说是符合客户制程要求的，务必有一个清晰的认识。

3）设备用什么形式，有哪些核心机构要素，自己有没有很清楚。

……

以上仅做了简单的列举，设计过程的方方面面，自己都要清楚，要掌控。

3. 善用现有资源

在知识爆炸、个人时间碎片化的年代，做事要讲究效率、讲究方法，有一个很重要的原则，就是善用现有资源。这里的资源，指的是机构设计方方面面的资料和信息（图样、表单、方案等），还包括人。平时就要有强烈的善用现有资源的意识，将"寻找-挑选-消化-备用-应用"作为一个方法。

单从自动化专业领域的技术资源看，康博连接网就有非常丰富的资源。如图 4-53 和图 4-54 所示，经常访问，经常和同行交流，进步就会很快。

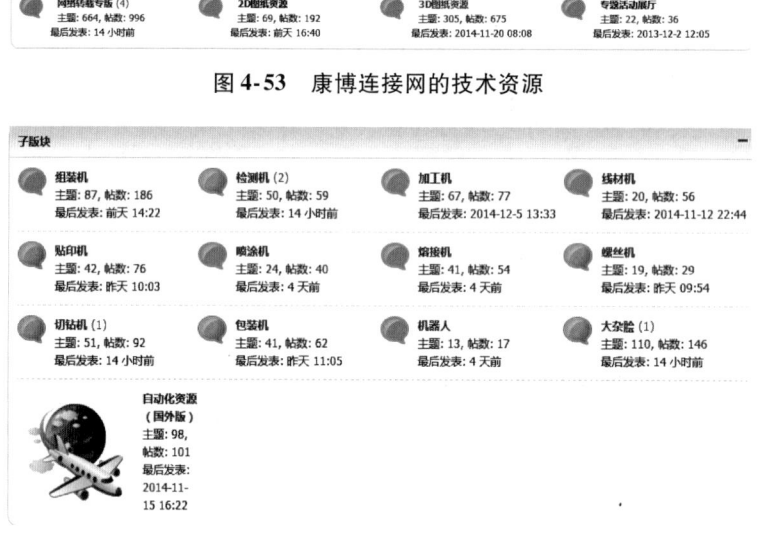

图 4-53 康博连接网的技术资源

图 4-54 康博连接网的图纸分类板块

4. 不要羞于求助

行业新人的前几个项目，无论自己如何信心爆棚，如果有条件，建议还是找资深的朋友或同事讨论乃至确认下。尤其是第一个重要的项目，务必非常认真投入地去开展，务必非常珍惜重视处女作。万一失败了很容易成为职业阴影，抹之不去。

1）想到了跟做出来，不是一回事，做的过程会发生很多想不到的状况。

2）既然是第一次，在项目实施过程中，不可避免会有各种各样的问题发生，很多也许自己能解决掉，但如果遇到困难一点的呢？要适当寻求帮助。

3）对于非标设计来说，每个项目都只允许成功，所以压力很大，必要时求助于前辈或达人，没有必要觉得羞愧，项目成功才是王道。

5. 面对、分析和解决各种问题

没有听说过，有谁开展自动化项目不会遇到问题或障碍，或多或少都会遇到。这时候，态度和习惯非常重要，如果不端正态度或有悖常理，轻则拖延项目的达成，重则造成项目的彻底失败。那么，一旦问题发生了，作为一个机构设计者，首先是要直面问题，不要害怕问题，智者千虑，必有一失，何况普通人，问题或多或少，也不可避免，发生了就发生了，面对就好。

但面对问题还不够，最终目标是解决问题，让项目成功达成，那中间就有一个关键的环节：分析问题。别看这简单的几个字，真要做起来，有时是比较繁琐而困难的。

只知道问题原因和真相也不够，要及时处理问题，不管是谁的责任，自动化机构设计工程师一般都是项目的主导者，有义务组织和协调团队/成员解决问题。

6. 经验也好，教训也罢，及时总结消化

从事机构设计工作，其实真正有设计量的，一年做不了多少，那些说自己年产几十台设备的，大多带有浮夸的成分。

笔者的看法是，做多少设备是一回事，每做一台设备，都要让自己有成长，这是最重要的。如何成长呢？还是要学习，在工作中学习，不要做完项目后，就把资料放在一边，什么都不理了。

总之，鼓励大家大胆向前冲，但前提是修好基本功。所以，入门相当重要，如果连门都没入，那要逼自己去做设计项目，真的不太可取。事实上，要入门、要具备起码的基本功，也不是件遥不可及的事。例如，参考本书，以之为线索和指引，多多摸索和总结，多多请教和消化，多多思考和拓展，我们的知识面和能力就会上去。

光说不练不行，个人设计能力的提升，很大程度上取决于大量的实践。实践是检验理论的唯一标准，本身也是一种学习方式，面对挑战，要勇敢也要坦然。

后 记

自动化行业非常庞杂，要在有限篇幅内覆盖足够的技术深度和广度，几乎是不可能的。《自动化机构设计工程师速成宝典 入门篇》论述上近乎是以漫谈的形式，因此很多内容都是点到即止，甚至有点杂乱肤浅，这不能不说是一个缺憾！但有两个方式可以很好地弥补，广大读者可以持续关注。

1. 《自动化机构设计工程师速成宝典 实战篇》的出版

与"入门篇"定位为行业新人介绍自动化职业应知必会的常识和基本观念不同，"实战篇"着重梳理与机构设计实践相关的流程、方法、技巧和经验等，两者相辅相成、缺一不可，共同构成广大自动化机构设计读者设计入门的速成指引。"实战篇"目录如下：

第1章 自动化设备的制作剖析
 1.1 自动化设备的功能模块
  1.1.1 供料机构
  1.1.2 上料机构
  1.1.3 移料机构
  1.1.4 工艺机构
  1.1.5 收料机构
  1.1.6 其他机构
 1.2 自动化设备的制作指标
  1.2.1 产能
  1.2.2 品质
  1.2.3 成本
  1.2.4 交期
  1.2.5 其他
 1.3 如何制作自动化设备
  1.3.1 项目的评估
  1.3.2 方案的制定
  1.3.3 机构的设计
  1.3.4 工程图样和表单的制作
  1.3.5 组装和调试

1.3.6　设备的导入和验收

第2章　标准机/件的选用

2.1　标准机/件的设计意义及要点

2.2　气动元件的选用

2.2.1　气动元件简介

2.2.2　气缸及其配件的选用

2.2.3　真空发生器及其配件的选用

2.2.4　气动元件选型的建议

2.3　电动机的选用

2.3.1　电动机的基本常识

2.3.2　伺服电动机

2.3.3　步进电动机（特殊的感应电动机）

2.3.4　直驱电动机

2.3.5　电动机应用案例

2.4　凸轮分割器的选用

2.4.1　应用掠影

2.4.2　设计相关

2.4.3　选型计算

2.5　其他标准件的选用

2.5.1　轴系标准件

2.5.2　导引标准件

2.5.3　紧固标准件

师傅教导

第3章　常见的机构传动方式

3.1　螺旋传动

3.1.1　基本认识

3.1.2　滚珠丝杠选型设计

3.2　带传动

3.2.1　基本认识

3.2.2　同步带选型设计

3.3　链传动

3.3.1　基本认识

3.3.2　链传动选型设计

3.4　齿轮传动

师傅教导

第4章　自动化设备的设计方法和技巧

4.1 非标机构设计的思路是怎么炼成的
　4.1.1 非标机构设计的定制性
　4.1.2 非标机构设计的实战流程
　4.1.3 非标机构设计的思路和技巧
　4.1.4 非标机构设计构思案例
4.2 如何做好非标设备的细节设计
　4.2.1 细节设计的意义
　4.2.2 细节设计的类别
　4.2.3 细节设计的案例
4.3 如何设计出美观的设备
　4.3.1 基本认识
　4.3.2 如何设计
4.4 问题机构剖析
师傅教导

2. 技术社区的支持

笔者经营着一个自动化生产技术门户——柯工网站（www.18zke.com），网站的案例库已积累多年，内容很丰富。后续可以和广大读者继续探讨交流，有选择性和针对性地发起一些深入的专题论述，例如凸轮自动机的设计，工业机器人的集成应用设计，常见的生产问题解决案例等。

最后，愿读到这两本书的朋友，可以有所收获，或信心，或知识，或启发……学无止境，精益求精，在表达自己经验和感悟的同时，也是自己学习和消化的过程。若有不妥之处，恳请读者批评指正，也期待着和大家共同进步！

编　者